建设工程资料填写与组卷系列丛书

建筑分项工程资料填写与组卷范例
主体结构工程

本书编委会　编

中国建材工业出版社

图书在版编目(CIP)数据

建筑分项工程资料填写与组卷范例. 主体结构工程/《建筑分项工程资料填写与组卷范例》编委会编. 一北京：中国建材工业出版社，2008.1

ISBN 978-7-80227-377-1

Ⅰ. 建… Ⅱ. 建… Ⅲ. ①建筑工程一技术档案一档案管理②结构工程一技术档案一档案管理 Ⅳ. TU712 G275.3

中国版本图书馆 CIP 数据核字(2007)第 188970 号

内 容 提 要

本书对主体结构工程中混凝土结构工程、预应力混凝土工程、砌体工程、钢结构工程、木结构工程及建筑屋面工程的资料编制作了详细介绍。为帮助广大读者能更好地进行建筑主体结构工程资料的编制，书中对工程资料编制过程中所需的各种表格进行了示范性填写。

本书可供建筑施工、设计、监理人员在编制工程资料时参考使用。

建筑分项工程资料填写与组卷范例——主体结构工程

本书编委会 编

出版发行：中国建材工业出版社

地　　址：北京市西城区车公庄大街 6 号

邮　　编：100044

经　　销：全国各地新华书店

印　　刷：北京密云红光印刷厂

开　　本：787mm×1092mm 1/16

印　　张：23

字　　数：619 千字

版　　次：2008 年 2 月第 1 版

印　　次：2008 年 2 月第 1 次

书　　号：ISBN 978-7-80227-377-1

定　　价：45.00 元

本社网址：www.jccbs.com.cn　**网上书店**：www.kejibook.com

本书如出现印装质量问题，由我社发行部负责调换。电话：(010)88386906

对本书内容有任何疑问及建议，请与本书责编联系。邮箱：dayi51@sina.com

《建设工程资料填写与组卷系列丛书》

主要编写人员所在单位

中国建筑科学研究院
北京市建筑科学研究院
中国建筑工程总公司
中铁建设集团总公司
中建一局集团有限公司
北京建工集团有限公司
北京市政建设集团有限公司
北京城乡建设集团有限公司
北京住总集团有限责任公司
北京城建设计研究总院
北京市政工程设计总院
北京工业设计研究院
北京市建设职工大学
北京市双圆监理咨询公司
北京市方园监理咨询公司

建筑分项工程资料填写与组卷范例——主体结构工程

编委会

前 言

近年来，随着建筑行业的迅猛发展，建筑工程资料发挥着重要的作用。建筑工程资料作为展示工程项目的管理水平和体现规范标准力度的载体，逐渐引起了建筑业主管部门及管理者的重视。建筑工程资料是建筑工程施工过程中形成的各种工程资料，并按照一定原则分类、组卷，最后移交到城建档案部门归档的整个建筑工程的历史纪录，是工程建设不可缺少的技术档案。

但是，现在有很多建筑施工企业，乃至建设单位、监理单位的工程资料管理水平极不平衡，仍存在严重的偏差，例如：对种类繁多、数量巨大、来源广泛的工程资料无法科学地分类；对现行标准规范的了解程度不够，缺乏灵活运用的方式方法；缺乏必要的工程资料管理经验等。同时，广大有志于从事建筑工程行业的人士，很想在短时间内对工程资料的编制与管理有全面了解，但又苦于没有接触工程技术资料的机会。为此，我们组织有关方面的专家学者编写了《建筑分项工程资料填写与组卷范例》系列丛书。

本套丛书包括以下分册：

《地基基础工程》

《主体结构工程》

《装饰装修工程》

《机电安装工程》

《钢结构工程》

丛书主要根据《建筑工程施工质量验收统一标准》(GB 50300—2001)、《建设工程文件归档整理规范》(GB/T 50328—2001)以及建筑工程各分部分项工程的相关标准规范进行编写。整套丛书均以范例的形式进行阐述，具有很强的可读性。而且丛书中还附有大量施工质量验收记录表格，这样可以方便广大建筑工程施工人员及管理人员更好地了解和掌握标准规范的内容和要求。

本套丛书与市面上其他图书比较。主要具有以下特色：

1. 工程资料填写内容和要求标准化：丛书资料充分借鉴了近年来新颁布或修订的建筑工程法规、规范、标准，将新的标准规范与工程资料紧密地结合起来，而且丛书中将工程施工过程中形成的重要资料均一一列出，并归纳总结出了详细的工程资料编制管理与归档要求，参考性很强。

2. 专业分包工程资料管理的标准化：本丛书涵盖了建筑施工中涉及的大多

数专业工程，详细列出不同专业的管理程序、资料组卷、填写内容等(例如，支护、桩基、钢结构、机电安装、装饰装修等)，具有很强的实用性。

3. 资料编目、组卷标准化：丛书结合《建设工程文件归档整理规范》(GB/T 50328—2001)，借鉴许多工程资料管理的编目及组卷方法，推出一套实用性极强的目录，贯穿于每一分册，使内容非常条理化、标准化。

4. 工程资料分类、编号的标准化：尤其是针对施工物资、隐蔽工程验收等资料管理混乱的问题，有了明确的要求，突出了实用性。

在本套丛书编写过程中，我们收集了一些具有较高实用价值的工程资料编制填写实例及相关资料表格，丛书因限于篇幅，没有全部予以采用。为方便读者更好地理解本丛书的内容，以及能参照本丛书的内容更好地进行工程资料编制工作，我们将陆续对收集的部分工程资料编制填写实例及相关表格进行归纳、整理及补充，并放在相关网站上(www.jccbs.com.cn)，以供广大读者免费下载，敬请读者关注。

丛书语言简练、重点突出、内容翔实，且整套丛书编写形式统一，方便使用，具有较强的指导作用和使用价值。丛书适合于工程施工、监理、设计等广大技术人员在编制工程资料时使用。由于编者水平和知识的有限，书中难免会出现错误和疏漏，恳请专家和有关人士批评指正。

丛书编委会

目　录

第一章　工程资料管理概述

第一节　工程资料的组成

工程资料是指在工程建设过程中形成的各种形式的信息记录，包括基建文件（A类）、监理资料（B类）、施工资料（C类）和竣工图（D类）四大类，如图1-1所示。

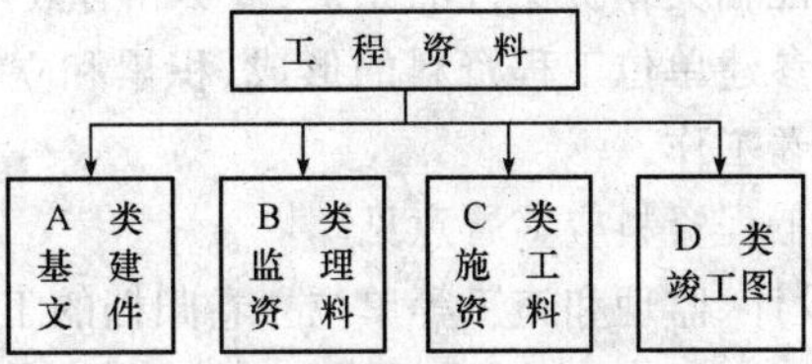

图1-1　工程资料组成示意图

1. 基建文件

建设单位在工程建设过程中形成的文件，分为工程准备文件和竣工验收等文件。

(1)工程准备文件。工程开工以前，在立项、审批、征地、勘察、设计、招标投标等工程准备阶段形成的文件。

(2)竣工验收文件。建设工程项目竣工验收活动中形成的文件。

2. 监理资料

监理单位在工程设计、施工等监理过程中形成的资料。

3. 施工资料

施工单位在工程施工过程中形成的资料。

4. 竣工图

工程竣工验收后，真实反映建设工程项目施工结果的图样。

第二节　工程资料管理职责

一、通用职责

(1)工程资料的形成应符合国家相关的法律、法规、施工质量验收标准和规范、工程合同与设计文件等规定。

(2)工程各参建单位应将工程资料的形成和积累纳入工程建设管理的各个环节和有关人员的职责范围。

(3)工程资料应随工程进度同步收集、整理并按规定移交。

(4)工程资料应实行分级管理，由建设、监理、施工单位主管(技术)负责人组织本单位工程资料的全过程管理工作。建设过程中工程资料的收集、整理工作和审核工作应有专人负责，并按规定取得相应的岗位资格。

(5)工程各参建单位应确保各自文件的真实、有效、完整和齐全，对工程资料进行涂改、伪造、随意抽撤或损毁、丢失等的，应按有关规定予以处罚，情节严重的，应依法追究法律责任。

二、工程各参建单位职责

1. 建设单位职责

(1)应负责基建文件的管理工作，并设专人对基建文件进行收集——————、整理和归档。

(2)在工程招标及与参建各方签订合同或协议时，应对工程资料和工程档案的编制责任、套数、费用、质量和移交期限等提出明确要求。

(3)必须向参与工程建设的勘察、设计、施工、监理等单位提供与建设工程有关的资料。

(4)由建设单位采购的建筑材料、构配件和设备，建设单位应保证建筑材料、构配件和设备符合设计文件和合同要求，并保证相关物资文件的完整、真实和有效。

(5)应负责监督和检查各参建单位工程资料的形成、积累和立卷工作，也可委托监理单位检查工程资料的形成、积累和立卷工作。

(6)对须建设单位签认的工程资料应签署意见。

(7)应收集和汇总勘察、设计、监理和施工等单位立卷归档的工程档案。

(8)应负责组织竣工图的绘制工作，也可委托施工单位、监理单位或设计单位，并按相关文件规定承担费用。

(9)列入城建档案馆接收范围的工程档案，建设单位应在组织工程竣工验收前，提请城建档案馆对工程档案进行预验收，未取得《建设工程竣工档案预验收意见》的，不得组织工程竣工验收。

(10)建设单位应在工程竣工验收后3个月内将工程档案移交城建档案馆。

2. 勘察、设计单位职责

(1)应按合同和规范要求提供勘察、设计文件。

(2)对须勘察、设计单位签认的工程资料应签署意见。

(3)工程竣工验收，应出具工程质量检查报告。

3. 监理单位职责

(1)应负责监理资料的管理工作，并设专人对监理资料进行收集、整理和归档。

(2)应按照合同约定，在勘察、设计阶段，对勘察、设计文件的形成、积累、组卷和归档进行监督、检查；在施工阶段，应对施工资料的形成、积累、组卷和归档进行监督、检查，使工程资料的完整性、准确性符合有关要求。

(3)列入城建档案馆接收范围的监理资料，监理单位应在工程竣工验收后两个月内移交建设单位。

4. 施工单位职责

(1)应负责施工资料的管理工作，实行技术负责人负责制，逐级建立健全施工资料管理岗位责任制。

(2)应负责汇总各分包单位编制的施工资料，分包单位应负责其分包范围内施工资料的收集和整理，并对施工资料的真实性、完整性和有效性负责。

(3)应在工程竣工验收前，将工程的施工资料整理、汇总完成。

(4)应负责编制两套施工资料，其中移交建设单位一套，自行保存一套。

三、城建档案馆职责

(1)应负责接收、收集、保管和利用城建档案的日常管理工作。

(2)应负责对城建档案的编制、整理、归档工作进行监督、检查、指导，对国家和各省市重点、大型工程项目的工程档案编制、整理、归档工作应指派专业人员进行指导。

(3)在工程竣工验收前，应对列入城建档案馆接收范围的工程档案进行预验收，并出具《建设工程竣工档案预验收意见》。

第三节　工程资料管理规定与流程

一、基建文件管理规定与流程

1. 基建文件管理规定

(1)基建文件必须按有关行政主管部门的规定和要求进行申报、审批，并保证开、竣工手续和文件完整、齐全。

(2)工程竣工验收应由建设单位组织勘察、设计、监理、施工等有关单位进行，并形成竣工验收文件。

(3)工程竣工后，建设单位应负责工程竣工备案工作。按照关于竣工备案的有关规定，提交完整的竣工备案文件，报竣工备案管理部门备案。

2. 基建文件管理流程

基建文件管理流程如图 1-2 所示。

二、监理资料管理规定与流程

1. 监理资料管理规定

(1)应按照合同约定审核勘察、设计文件。

(2)应对施工单位报送的施工资料进行审查，使施工资料完整、准确，合格后予以签认。

2. 监理资料管理流程

监理资料管理流程如图 1-3 所示。

三、施工资料管理规定与流程

1. 施工资料管理规定

(1)施工资料应实行报验、报审管理。施工过程中形成的资料应按报验、报审程序，通过相关施工单位审核后，方可报建设(监理)单位。

(2)施工资料的报验、报审应有时限性要求。工程相关各单位宜在合同中约定报验、报审资料的申报时间及审批时间，并约定应承担的责任。当无约定时，施工资料的申报、审批不得影响正常施工。

(3)建筑工程实行总承包的，应在与分包单位签订施工合同中明确施工资料的移交套数、移交时间、质量要求及验收标准等。分包工程完工后，应将有关施工资料按约定移交。

2. 施工资料管理流程

(1)施工技术资料管理流程如图 1-4 所示。

(2)施工物资资料管理流程如图 1-5 所示。

(3)施工质量验收记录管理流程如图 1-6 所示。

(4)分项工程质量验收流程如图 1-7 所示。

(5)子分部质量验收流程如图 1-8 所示。

(6)分部工程质量验收流程如图 1-9 所示。

(7)工程验收资料管理流程如图 1-10 所示。

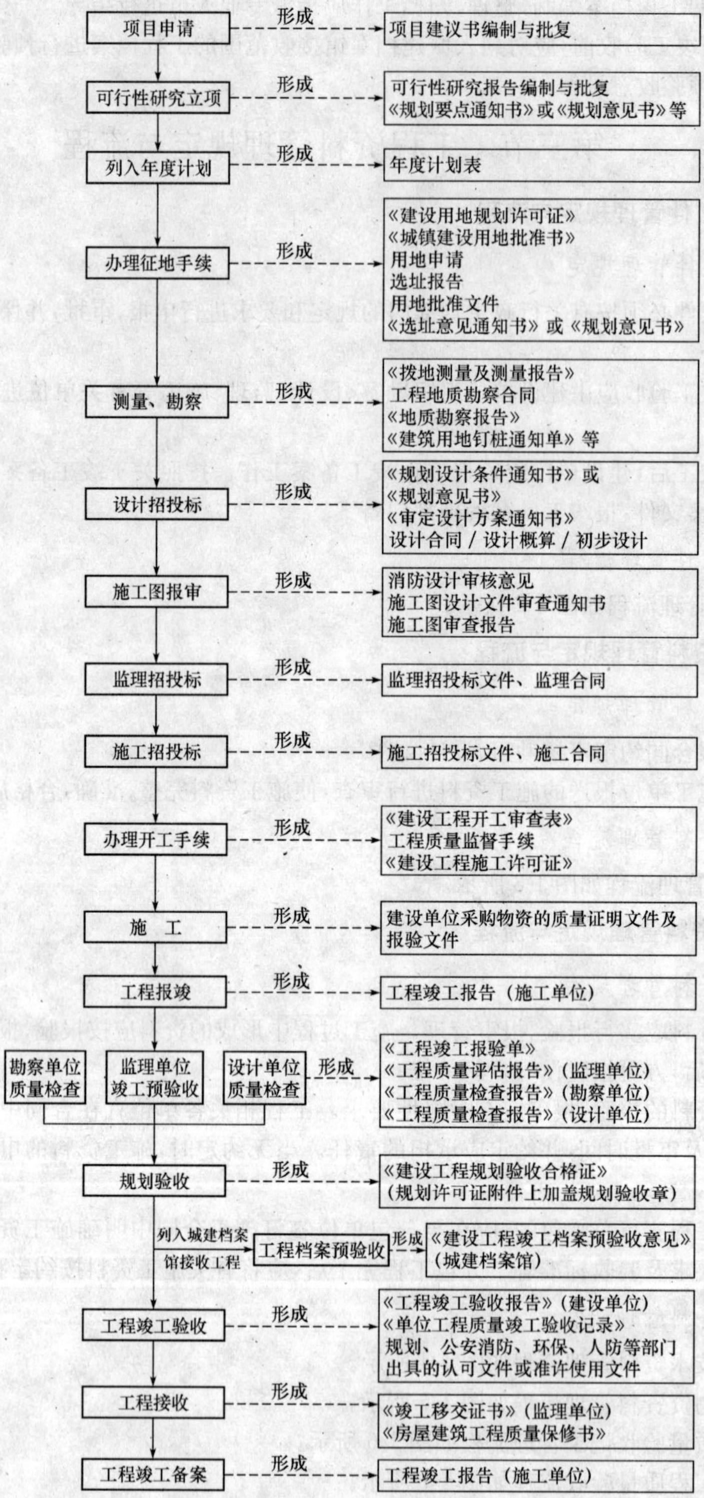

图 1-2　基建文件管理流程

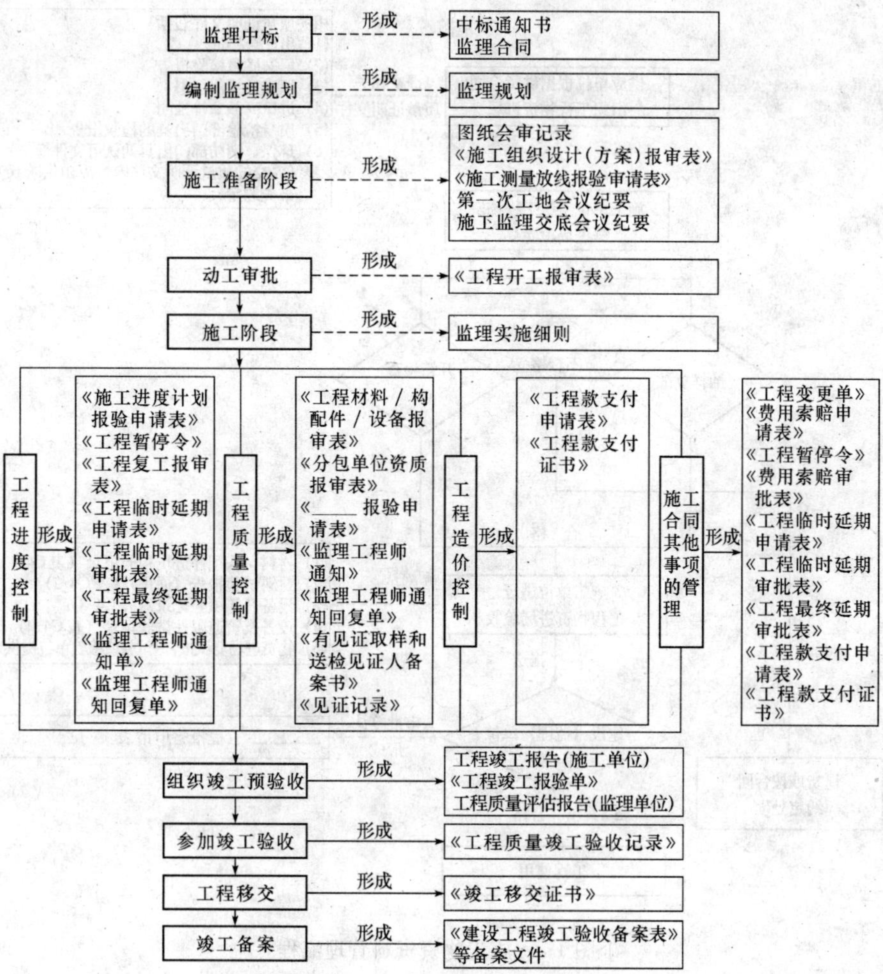

图 1-3　监理资料管理流程

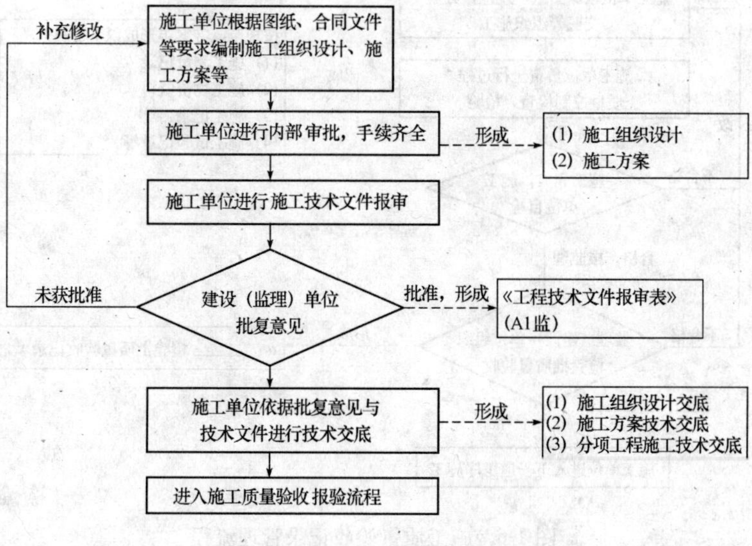

图 1-4　施工技术资料管理流程

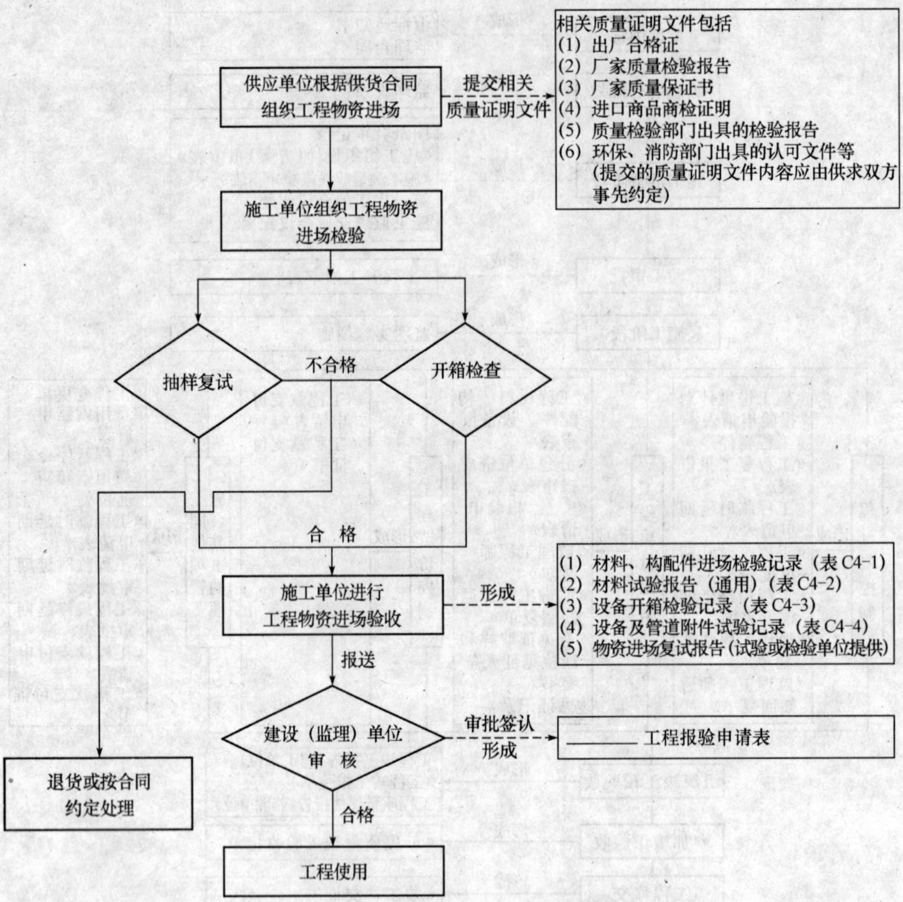

图 1-5 施工物资资料管理流程

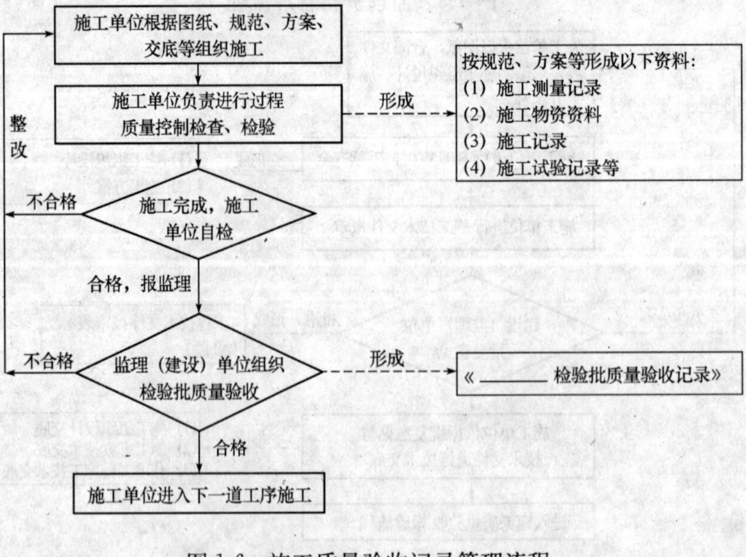

图 1-6 施工质量验收记录管理流程

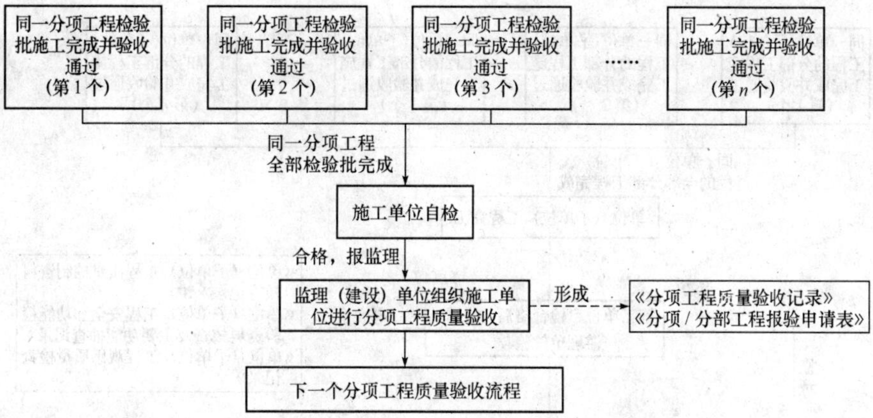

图 1-7　分项工程质量验收流程

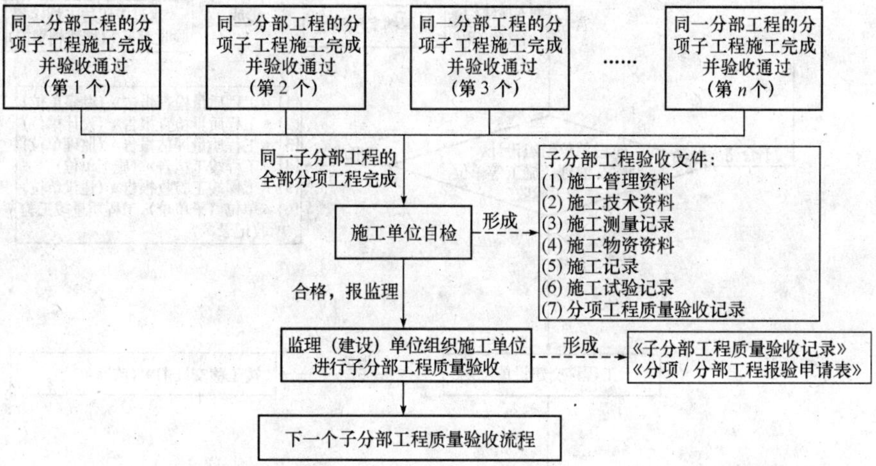

图 1-8　子分部工程质量验收流程

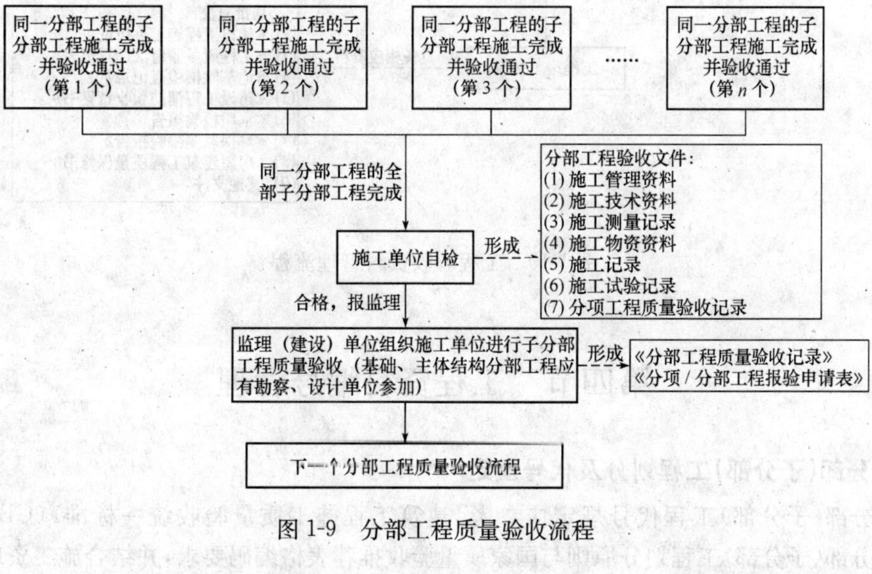

图 1-9　分部工程质量验收流程

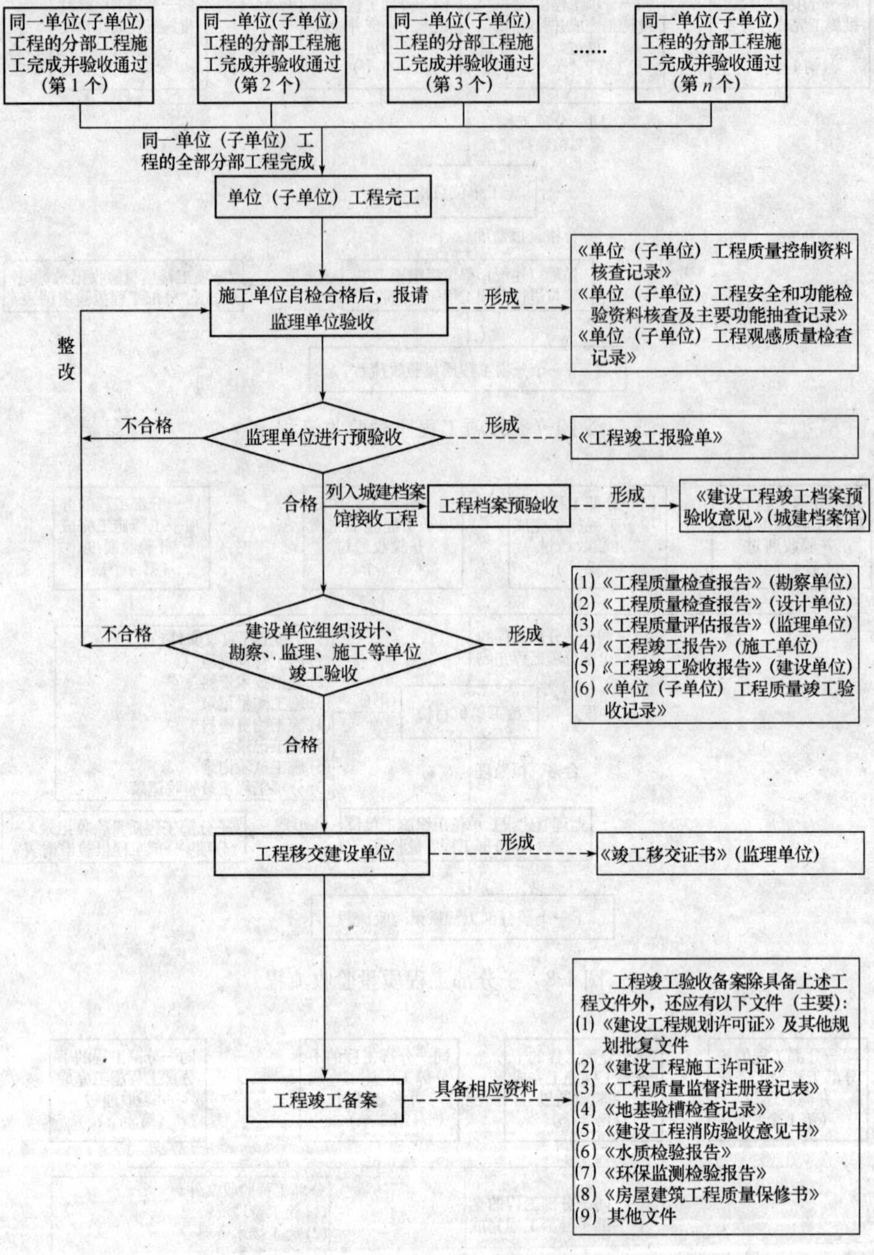

图 1-10　工程验收资料管理流程

第四节　工程资料编号管理

一、分部(子分部)工程划分及代号规定

(1)分部(子分部)工程代号规定应参考《建筑工程施工质量验收统一标准》(GB 50300—2001)的分部(子分部)工程划分原则与国家质量验收推荐表格编码要求，并结合施工资料分类编

号特点制定。

(2)建筑工程共分为九个分部工程，分部(子分部)工程划分及代号见表 1-1。对于专业化程度高、施工工艺复杂、技术先进的子分部工程应分别单独组卷。须单独组卷的子分部名称及代号见表 1-1。

表 1-1　　分部(子分部)工程划分及代号

序号	分部工程名称	分部工程代号	应单独组卷的子分部	应单独组卷的子分部代号
1	地基与基础	01	有支护土方	02
			地基(复合)	03
			桩　基	04
			钢结构	09
2	主体结构	02	预应力	01
			钢结构	04
			木结构	05
			网架与索膜	06
3	建筑装饰装修	03	幕　墙	07
4	建筑屋面	04		
5	建筑给水排水及采暖	05	供热锅炉及辅助设备	10
6	建筑电气	06	变配电室(高压)	02
7	智能建筑	07	通信网络系统	01
			建筑设备监控系统	03
			火灾报警及消防联动系统	04
			安全防范系统	05
			综合布线系统	06
			环境	09
8	通风与空调	08		
9	电　梯	09		

二、施工资料编号的组成

(1)施工资料编号应填入右上角的编号栏。

(2)通常情况下，资料编号应 7 位编号，由分部工程代号(2 位)、资料类别编号(2 位)和顺序号(3 位)组成，每部分之间用横线隔开。

编号形式如下：

××—××—×××　　——→ 共 7 位编号
①　　②　　③

①为分部工程代号(共 2 位)，应根据资料所属的分部工程，按表 1-1 规定的代号填写。

②为资料的类别编号(共 2 位)，应根据资料所属类别，按表 1-2 规定的类别编号填写。

③为顺序号(共 3 位)，应根据相同表格、相同检查项目，按时间自然形成的先后顺序号填写。

举例如下：

分部工程代号（2 位）
资料的类别编号（2 位）
顺序号（3 位）

地基钎探记录 表 C5-7	编　号	01-C5-001

表 1-2　　工程资料分类表

类别编号	工程资料名称	表格编号（或资料来源）	归档保存单位			
			施工单位	监理单位	建设单位	城建档案馆
A 类	**基建文件**					
A1	**决策立项文件**					
A1-1	项目建议书	建设单位			●	●
A1-2	项目建议书的批复文件	建设主管部门			●	●
A1-3	可行性研究报告	工程咨询单位			●	●
A1-4	可行性报告的批复文件	有关主管部门			●	●
A1-5	关于立项的会议纪要、领导批示	组织单位			●	●
A1-6	专家对项目的有关建议文件	建设单位			●	●
A1-7	项目评估研究资料	建设单位			●	●
A2	**建设用地、征地、拆迁文件**					
A2-1	征占用地的批准文件和对使用国有土地的批准意见	政府有关部门			●	●
A2-2	规划意见书及附图	规划部门			●	●
A2-3	建设用地规划许可证、许可证附件及附图	规划部门		●	●	●
A2-4	国有土地使用证	国有土地管理部门			●	●
A3	**勘察、测绘、设计文件**					
A3-1	工程地质勘察报告	勘察单位	●	●	●	●
A3-2	水文地质勘察报告	勘察单位	●	●	●	●
A3-3	建筑用地钉桩通知单	规划部门	●	●	●	●
A3-4	验线通知单	规划部门	●	●	●	●
A3-5	规划设计条件通知书及附图	规划部门			●	●
A3-6	审定设计方案通知书及附图	规划部门			●	●
A3-7	审定设计方案通知书要求，征求有关人防、环保、消防、交通、园林、市政、文物、通讯、保密、河湖、教育等部门的审查意见和要求取得的有关协议	有关部门			●	●
A3-8	初步设计图及说明	设计单位			●	
A3-9	施工图设计及说明	设计单位		●	●	

续表

类别编号	工程资料名称	表格编号（或资料来源）	归档保存单位			
			施工单位	监理单位	建设单位	城建档案馆
A3-10	设计计算书	设计单位			●	
A3-11	消防设计审核意见	消防局		●	●	●
A3-12	施工图设计文件审查通知书及施工图审查报告	规划部门		●	●	●
A4	**工程招投标及承包合同文件**					
A4-1	勘察招投标文件	建设、勘察单位			●	
A4-2	设计招投标文件	建设、设计单位			●	
A4-3	施工招投标文件	建设、施工单位	●	●	●	
A4-4	监理招投标文件	建设、监理单位		●	●	
A4-5	勘察合同	建设、勘察单位			●	
A4-6	设计合同	建设、设计单位			●	
A4-7	施工合同	建设、施工单位	●	●	●	
A4-8	监理合同	建设、监理单位		●	●	
A5	**工程开工文件**					
A5-1	年度施工任务批准文件	建设主管部门			●	●
A5-2	修改工程施工图通知书	规划部门			●	●
A5-3	建设工程规划许可证、附件及附图	规划部门	●	●	●	●
A5-4	建设工程施工许可证	规划部门	●	●	●	●
A5-5	工程质量监督手续	质量监督机构	●	●	●	●
A6	**商务文件**					
A6-1	工程投资估算文件	工程造价咨询单位			●	
A6-2	工程设计概算	工程造价咨询单位			●	
A6-3	施工图预算	工程造价咨询单位	●	●	●	
A6-4	施工预算	施工单位	●	●	●	
A6-5	工程结(决)算	合同双方	●	●	●	●
A6-6	交付使用固定资产清单	建设单位			●	●
A6-7	建设工程概况				●	●
A7	**工程竣工验收及备案文件**					
A7-1	建设工程竣工验收备案表	建设单位	●	●	●	●
A7-2	工程竣工验收报告	建设单位	●	●	●	●
A7-3	由规划、公安消防、人防、环保等部门出具的认可文件或准许使用文件	主管部门	●	●	●	●
A7-4	《房屋建筑工程质量保修书》	建设与施工单位	●	●	●	
A7-5	《住宅质量保证书》、《住宅使用说明书》	建设单位			●	
A7-6	建设工程规划验收合格证	规划部门	●	●	●	●

续表

类别编号	工程资料名称	表格编号（或资料来源）	归档保存单位			
			施工单位	监理单位	建设单位	城建档案馆
A7-7	建设工程竣工档案预验收意见	城建档案馆		●	●	
A8	**其他文件**					
A8-1	合同约定由建设单位采购的材料、构配件和设备的质量证明文件及进场报验文件	建设单位	●	●	●	
A8-2	工程竣工总结	建设单位			●	●
A8-3	工程未开工前的原貌、竣工新貌照片	建设单位			●	●
A8-4	工程开工、施工、竣工的录音录像资料	建设单位			●	●
B类	**监理资料**					
B1	**监理管理资料**					
	监理规划、监理实施细则	监理单位		●	●	●
	监理月报	监理单位		●	●	
	监理会议纪要	监理单位	●	●	●	
	监理工作日志	监理单位		●		
	监理工作总结（专题、阶段和竣工总结）	监理单位		●	●	●
B2	**监理工作记录**					
	施工组织设计（方案）报审表	表A2	●	●	●	
	施工测量放线报验申请表	表A4	●	●	●	
	施工进度计划报验申请表	表A4	●	●	●	
	工程材料/构配件/设备报审表	表A9	●	●	●	
	工程开工报审表	表A1	●	●	●	
	分包单位资格报审表	表A3	●	●	●	
	分项/分部工程报验申请表	表A4	●	●		
	工程复工报审表	表A1	●	●	●	
	工程变更费用报审表		●	●	●	
	费用索赔申请表	表A8	●	●	●	
	工程款支付申请表	表A5	●	●		
	工程临时延期申请表	表A7	●	●	●	
	监理工程师通知回复单	表A6	●	●		
	监理工程师通知单	表B1	●	●		
	不合格项处置记录		●	●	●	
	工程暂停令	表B2	●	●	●	
	工程临时延期审批表	表B4	●	●	●	
	工程最终延期审批表	表B5	●	●	●	

续表

类别编号	工程资料名称	表格编号（或资料来源）	归档保存单位			
			施工单位	监理单位	建设单位	城建档案馆
B2	费用索赔审批表	表 B6	●	●	●	
	工程款支付证书	表 B3	●	●	●	
	旁站监理记录		●	●	●	
	质量事故报告及处理资料	责任单位	●	●	●	●
	见证取样备案文件	监理单位	●	●	●	
B3	**竣工验收资料**					
	工程竣工报验单	表 A10	●	●	●	
	竣工移交证书		●	●	●	●
	工程质量评估报告	监理单位	●	●	●	●
B4	**其他资料**					
	监理工作联系单	表 C1	●	●	●	
	工程变更单	表 C2		●	●	
C 类	**施工资料**					
C0	**工程管理与验收资料**					
	工程概况表	表 C0-1	●			●
	建设工程质量事故调(勘)查记录	表 C0-2	●	●	●	●
	建设工程质量事故报告书	表 C0-3	●	●	●	●
	单位(子单位)工程质量竣工验收记录		●	●	●	●
	单位(子单位)工程质量控制资料核查记录		●	●	●	
	单位(子单位)工程安全和功能检查资料核查及主要功能抽查记录		●	●	●	
	单位(子单位)工程观感质量检查记录		●		●	
	室内环境检测报告	检测单位提供	●		●	
	施工总结	施工单位编制	●		●	●
	工程竣工报告	施工单位编制	●	●	●	●
C1	**施工管理资料**					
	施工现场质量管理检查记录	表 C1-1	●	●		
	企业资质证书及相关专业人员岗位证书	施工单位提供	●			
	见证记录	监理单位提供	●	●		
	施工日志	表 C1-2	●			
C2	**施工技术资料**					
	施工组织设计及施工方案	施工单位编制	●			
	技术交底记录	表 C2-1	●			
	图纸会审记录	表 C2-2	●	●	●	●
	设计变更通知单	表 C2-3	●	●	●	●
	工程洽商记录	表 C2-4	●	●	●	●

续表

类别编号	工程资料名称	表格编号（或资料来源）	归档保存单位			
			施工单位	监理单位	建设单位	城建档案馆
C3	**施工测量记录**					
	工程定位测量记录	表 C3-1	●	●	●	●
	基槽验线记录	表 C3-2	●		●	●
	楼层平面放线记录	表 C3-3	●			
	楼层标高抄测记录	表 C3-4	●			
	建筑物垂直度、标高测量记录	表 C3-5	●		●	
	沉降观测记录	测量单位提供	●	●	●	●
C4	**施工物资资料**					
	通用表格					
	材料、构配件进场检验记录	表 C4-1	●			
	材料试验报告（通用）	表 C4-2	●		●	
	设备开箱检验记录（机电通用）	表 C4-3	●			
	设备及管道附件试验记录（机电通用）	表 C4-4	●		●	
	建筑与结构工程					
	出厂质量证明文件					
	各种物资出厂合格证、质量保证书和商检证等	供应单位提供	●		●	
	半成品钢筋出厂合格证	表 C4-5	●		●	
	预制混凝土构件出厂合格证	表 C4-6	●		●	
	钢构件出厂合格证	表 C4-7	●		●	
	预拌混凝土出厂合格证	表 C4-8	●		●	●
	检测报告					
	钢材性能检测报告	供应单位提供	●		●	●
	水泥性能检测报告	供应单位提供	●		●	
	外加剂性能检测报告	供应单位提供	●		●	
	防水材料性能检测报告	供应单位提供	●		●	
	砖（砌块）性能检测报告	供应单位提供	●		●	
	门、窗性能检测报告（建筑外窗应有三性检测报告）	供应单位提供	●		●	
	吊顶饰面材料性能检测报告	供应单位提供	●		●	
	饰面板材性能检测报告	供应单位提供	●		●	
	饰面石材性能检测报告	供应单位提供	●		●	
	饰面砖性能检测报告	供应单位提供	●		●	
	涂料性能检测报告	供应单位提供	●		●	
	玻璃性能检测报告（安全玻璃应有安全检测报告）	供应单位提供	●		●	
	壁纸、墙布防火、阻燃性能检测报告	供应单位提供	●		●	

续表

类别编号	工程资料名称	表格编号（或资料来源）	归档保存单位			
			施工单位	监理单位	建设单位	城建档案馆
C4	装修用粘结剂性能检测报告	供应单位提供	●		●	
	防火涂料性能检测报告	供应单位提供	●		●	
	隔声/隔热/阻燃/防潮材料特殊性能检测报告	供应单位提供	●		●	
	钢结构用焊接材料检测报告	供应单位提供	●		●	
	高强度大六角头螺栓连接副扭矩系数检测报告	供应单位提供	●		●	
	扭剪型高强螺栓连接副预拉力检测报告	供应单位提供	●		●	
	木结构材料检测报告（含水率、木构件、钢件）	供应单位提供	●		●	
	幕墙性能检测报告（三性试验）	供应单位提供	●		●	●
	幕墙用硅酮结构胶检测报告	供应单位提供	●		●	●
	幕墙用玻璃性能检测报告	供应单位提供	●		●	
	幕墙用石材性能检测报告	供应单位提供	●		●	●
	幕墙用金属板性能检测报告	供应单位提供	●		●	
	材料污染物含量检测报告（执行 GB 50325—2001）	供应单位提供	●		●	
	复试报告					
	钢材试验报告	表 C4-9	●		●	●
	水泥试验报告	表 C4-10	●		●	●
	砂试验报告	表 C4-11	●		●	●
	碎（卵）石试验报告	表 C4-12	●		●	●
	外加剂试验报告	表 C4-13	●		●	●
	掺合料试验报告	表 C4-14	●		●	
	防水涂料试验报告	表 C4-15	●		●	
	防水卷材试验报告	表 C4-16	●		●	
	砖（砌块）试验报告	表 C4-17	●		●	●
	轻集料试验报告	表 C4-18	●		●	
	预应力筋复试报告	检测单位提供	●		●	●
	预应力锚具、夹具和连接器复试报告	检测单位提供	●		●	
	装饰装修用门窗复试报告	检测单位提供	●		●	
	装饰装修用人造木板复试报告	检测单位提供	●		●	
	装饰装修用花岗石复试报告	检测单位提供	●		●	
	装饰装修用安全玻璃复试报告	检测单位提供	●		●	

续表

类别编号	工程资料名称	表格编号（或资料来源）	归档保存单位			
			施工单位	监理单位	建设单位	城建档案馆
	装饰装修用外墙面砖复试报告	检测单位提供	●		●	
	钢结构金相试验报告	检测单位提供	●		●	●
	钢结构用钢材复试报告	检测单位提供	●		●	●
	钢结构用焊接材料复试报告	检测单位提供	●		●	
	钢结构用高强度大六角头螺栓连接副复试报告	检测单位提供	●		●	
	钢结构用扭剪型高强螺栓连接副复试报告	检测单位提供	●		●	
	木结构材料复试报告	检测单位提供	●		●	
	幕墙用铝塑板复试报告	检测单位提供	●		●	●
	幕墙用石材复试报告	检测单位提供	●		●	●
	幕墙用安全玻璃复试报告	检测单位提供	●		●	
	幕墙用结构胶复试报告	检测单位提供	●		●	●
	建筑给水、排水及采暖工程					
	管材的产品质量证明文件	供应单位提供	●		●	
C4	主要材料、设备等的产品质量合格证及检测报告	供应单位提供	●		●	
	绝热材料的产品质量合格证、检测报告	供应单位提供	●		●	
	给水管道材料卫生检测报告	供应单位提供	●		●	
	成品补偿器预拉伸证明书	供应单位提供	●		●	
	卫生洁具环保检测报告	供应单位提供	●		●	
	锅炉（承压设备）焊缝无损探伤检测报告	供应单位提供	●		●	
	水表、热量表的计量检定证书	供应单位提供	●		●	
	安全阀、减压阀的调试报告及定压合格证书	分别由试验单位及供应单位提供	●		●	
	主要器具和设备安装使用说明书	供应单位提供	●		●	
	建筑电气工程					
	低压成套配电柜、动力、照明配电箱（盘柜）出厂合格证、生产许可证、试验记录、CCC认证及证书复印件	供应单位提供	●		●	
	电力变压器、柴油发电机组、高压成套配电柜、蓄电池柜、不间断电源柜、控制柜（屏、台）出厂合格证、生产许可证和试验记录	供应单位提供	●		●	

续表

类别编号	工程资料名称	表格编号（或资料来源）	归档保存单位			
			施工单位	监理单位	建设单位	城建档案馆
C4	电动机、电加热器、电动执行机构和低压开关设备合格证、生产许可证、CCC认证及证书复印件	供应单位提供	●		●	
	照明灯具、开关、插座、风扇及附件出厂合格证、CCC认证及证书复印件	供应单位提供	●		●	
	电线、电缆出厂合格证、生产许可证、CCC认证及证书复印件	供应单位提供	●		●	
	导管、电缆桥架和线槽出厂合格证	供应单位提供	●		●	
	型钢和电焊条合格证和材质证明书	供应单位提供	●		●	
	镀锌制品（支架、横担、接地极、避雷用型钢等）和外线金具合格证和镀锌质量证明书	供应单位提供	●		●	
	封闭母线、插接母线合格证、安装技术文件、CCC认证及证书复印件	供应单位提供	●		●	
	裸母线、裸导线、电缆头部件及接线端子、钢制灯柱、混凝土电杆和其他混凝土制品合格证	供应单位提供	●		●	
	主要设备安装技术文件	供应单位提供	●		●	
	智能建筑系统工程					
	（执行现行标准、规范）	专业施工单位提供	●		●	
	通风与空调工程					
	制冷机组等主要设备和部件的产品合格证、质量证明文件	供应单位提供	●		●	
	阀门、疏水器、水箱、分集水器、减震器、储冷罐、集气罐、仪表、绝热材料等出厂合格证、质量证明及检测报告	供应单位提供	●		●	
	板材、管材等质量证明文件	供应单位提供	●		●	
	主要设备安装使用说明书	供应单位提供	●		●	
	电梯工程					
	电梯设备开箱检验记录	表C4-19	●		●	
	电梯主要设备、材料及附件出厂合格证、产品说明书、安装技术文件	供应单位提供	●		●	
C5	**施工记录**					
	通用表格					
	隐蔽工程检查记录	表C5-1	●		●	●
	预检记录	表C5-2	●			

续表

类别编号	工程资料名称	表格编号（或资料来源）	归档保存单位			
			施工单位	监理单位	建设单位	城建档案馆
C5	施工检查记录(通用)	表 C5-3	●			
	交接检查记录	表 C5-4	●	●		
	建筑与结构工程					
	基坑支护变形监测记录	专业施工单位提供	●			
	桩(地)基施工记录	专业施工单位提供	●		●	●
	地基验槽检查记录	表 C5-5	●		●	●
	地基处理记录	表 C5-6	●		●	●
	地基钎探记录(应附图)	表 C5-7	●		●	●
	混凝土浇灌申请书	表 C5-8	●	●		
	预拌混凝土运输单	表 C5-9	●			
	混凝土开盘鉴定	表 C5-10	●			
	混凝土拆模申请单	表 C5-11	●			
	混凝土搅拌测温记录表	表 C5-12	●			
	混凝土养护测温记录表(应附图)	表 C5-13	●			
	大体积混凝土养护测温记录(应附图)	表 C5-14	●			
	构件吊装记录	表 C5-15	●			
	焊接材料烘焙记录	表 C5-16	●			
	地下工程防水效果检查记录	表 C5-17	●		●	
	防水工程试水检查记录	表 C5-18	●		●	
	通风(烟)道、垃圾道检查记录	表 C5-19	●			
	预应力筋张拉记录(一)	表 C5-20	●		●	●
	预应力筋张拉记录(二)	表 C5-21	●		●	●
	有粘结预应力结构灌浆记录	表 C5-22	●		●	●
	钢结构施工记录	专业施工单位提供	●		●	
	网架(索膜)施工记录	专业施工单位提供	●		●	
	木结构施工记录	专业施工单位提供	●		●	
	幕墙注胶检查记录	专业施工单位提供	●		●	
	电梯工程					
	电梯承重梁、起重吊环埋设隐蔽工程检查记录	表 C5-23	●		●	●
	电梯钢丝绳头灌注隐蔽工程检查记录	表 C5-24	●		●	●
	电梯导轨、层门的支架、螺栓埋设隐蔽工程检查记录	表 C5-25	●		●	●
	电梯电气装置安装检查记录(一)、(二)、(三)	表 C5-26	●		●	

续表

类别编号	工程资料名称	表格编号（或资料来源）	归档保存单位			
			施工单位	监理单位	建设单位	城建档案馆
C5	电梯机房、井道预检记录	表 C5-27	●		●	
	自动扶梯、自动人行道安装与土建交接预检记录	表 C5-28	●		●	
	自动扶梯、自动人行道的相邻区域检查记录	表 C5-29	●		●	
	自动扶梯、自动人行道电气装置检查记录（一）、（二）	表 C5-30	●		●	
	自动扶梯、自动人行道整机安装质量检查记录	表 C5-31	●		●	
C6	**施工试验记录**					
	通用表格					
	施工试验记录（通用）	表 C6-1	●		●	
	设备单机试运转记录（机电通用）	表 C6-2	●		●	●
	系统试运转调试记录（机电通用）	表 C6-3	●		●	●
	建筑与结构工程					
	锚杆、土钉锁定力（抗拔力）试验报告	检测单位提供	●		●	
	地基承载力检验报告	检测单位提供	●		●	●
	桩检测报告	检测单位提供	●		●	●
	土工击实试验报告	表 C6-4	●		●	●
	回填土试验报告（应附图）	表 C6-5	●		●	●
	钢筋机械连接型式检验报告	技术提供单位提交	●		●	
	钢筋连接工艺检验（评定）报告	检测单位提供	●		●	
	钢筋连接试验报告	表 C6-6	●		●	●
	砂浆配合比申请单、通知单	表 C6-7	●			
	砂浆抗压强度试验报告	表 C6-8	●		●	
	砌筑砂浆试块强度统计、评定记录	表 C6-9	●		●	●
	混凝土配合比申请单、通知单	表 C6-10	●			
	混凝土抗压强度试验报告	表 C6-11	●		●	
	混凝土试块强度统计、评定记录	表 C6-12	●		●	●
	混凝土抗渗试验报告	表 C6-13	●		●	●
	混凝土碱总量计算书	混凝土供应单位提供	●		●	●
	饰面砖粘结强度试验报告	表 C6-14	●		●	
	后置埋件拉拔试验报告	检测单位提供	●		●	
	超声波探伤报告	表 C6-15	●		●	●
	超声波探伤记录	表 C6-16	●		●	●
	钢构件射线探伤报告	表 C6-17	●		●	●

续表

类别编号	工程资料名称	表格编号（或资料来源）	归档保存单位			
			施工单位	监理单位	建设单位	城建档案馆
C6	磁粉探伤报告	检测单位提供	●		●	●
	高强螺栓抗滑移系数检测报告	检测单位提供	●		●	
	钢结构焊接工艺评定	检测单位提供	●		●	
	网架节点承载力试验报告	检测单位提供	●		●	
	钢结构涂料厚度检测报告	检测单位提供	●		●	
	木结构胶缝试验报告	检测单位提供	●		●	
	木结构构件力学性能试验报告	检测单位提供	●		●	
	木结构防护剂试验报告	检测单位提供	●		●	
	幕墙双组分硅酮结构胶混匀性及拉断试验报告	检测单位提供	●		●	
	给排水及采暖工程					
	灌（满）水试验记录	表 C6-18	●			
	强度严密性试验记录	表 C6-19	●		●	●
	通水试验记录	表 C6-20	●			
	吹（冲）洗（脱脂）试验记录	表 C6-21	●			
	通球试验记录	表 C6-22	●		●	
	补偿器安装记录	表 C6-23	●			
	消火栓试射记录	表 C6-24	●		●	●
	安全附件安装检查记录	表 C6-25	●		●	●
	锅炉封闭及烘炉（烘干）记录	表 C6-26	●		●	●
	锅炉煮炉试验记录	表 C6-27	●		●	●
	锅炉试运行记录	表 C6-28	●		●	●
	安全阀调试记录	试验单位提供	●		●	●
	建筑电气工程					
	电气接地电阻测试记录	表 C6-29	●		●	●
	电气防雷接地装置隐检与平面示意图	表 C6-30	●		●	●
	电气绝缘电阻测试记录	表 C6-31	●		●	
	电气器具通电安全检查记录	表 C6-32	●		●	
	电气设备空载试运行记录	表 C6-33	●		●	
	建筑物照明通电试运行记录	表 C6-34	●		●	
	大型照明灯具承载试验记录	表 C6-35	●		●	
	高压部分试验记录	检测单位提供	●		●	●
	漏电开关模拟试验记录	表 C6-36	●		●	
	电度表检定记录	检定单位提供	●		●	
	大容量电气线路结点测温记录	表 C6-37	●		●	

续表

类别编号	工程资料名称	表格编号（或资料来源）	归档保存单位			
			施工单位	监理单位	建设单位	城建档案馆
C6	避雷带支架拉力测试记录	表 C6-38	●		●	
	智能建筑工程					
	（执行现行标准、规范）	专业施工单位提供	●		●	
	通风与空调工程					
	风管漏光检测记录	表 C6-39	●			
	风管漏风检测记录	表 C6-40	●			
	现场组装除尘器、空调机漏风检测记录	表 C6-41	●			
	各房间室内风量温度测量记录	表 C6-42	●			
	管网风量平衡记录	表 C6-43	●			
	空调系统试运转调试记录	表 C6-44	●		●	●
	空调水系统试运转调试记录	表 C6-45	●		●	●
	制冷系统气密性试验记录	表 C6-46	●		●	●
	净化空调系统测试记录	表 C6-47	●		●	●
	防排烟系统联合试运行记录	表 C6-48	●		●	●
	电梯工程					
	轿厢平层准确度测量记录	表 C6-49	●		●	
	电梯层门安全装置检验记录	表 C6-50	●		●	●
	电梯电气安全装置检验记录	表 C6-51	●		●	
	电梯整机功能检验记录	表 C6-52	●		●	●
	电梯主要功能检验记录	表 C6-53			●	
	电梯负荷运行试验记录	表 C6-54	●		●	●
	电梯负荷运行试验曲线图	表 C6-55	●		●	
	电梯噪声测试记录	表 C6-56	●		●	
	自动扶梯、自动人行道安全装置检验记录（一）、（二）	表 C6-57	●		●	
	自动扶梯、自动人行道整机性能、运行试验记录	表 C6-58	●		●	●
C7	**施工质量验收记录**					
	结构实体同条件混凝土强度试验报告	采用表 C6-11	●	●	●	
	钢筋保护层厚度试验记录	表 C7-1	●	●	●	
	检验批质量验收记录	执行 GB 50300 和专业施工质量验收规范	●	●		
	分项工程质量验收记录表		●	●		
	分部（子分部）工程验收记录表		●	●	●	●
D	**竣工图**	编制单位提供	●		●	●

注：本表的归档保存单位是指竣工后有关单位对工程资料的归档保存，施工过程中工程资料的留存应按有关程序和约定执行。

(3)应单独组卷的子分部工程(表 1-1),资料编号应为 9 位编号,由分部工程代号(2 位)、子分部工程代号(2 位)、资料的类别编号(2 位)和顺序号(3 位)组成,每部分之间用横线隔开。

编号形式如下:

××—××—××—××× ⟶ 共 9 位编号

① ② ③ ④

①为分部工程代号(2 位),应根据资料所属的分部工程,按表 1-1 规定的代号填写。

②为子分部工程代号(2 位),应根据资料所属的子分部工程,按表 1-1 规定的代号填写。

③为资料的类别编号(2 位),应根据资料所属类别,按表 1-2 规定的类别编号填写。

④为顺序号(共 3 位),应根据相同表格、相同检查项目,按时间自然形成的先后顺序号填写。

举例如下:

分部工程代号 (2 位)
子分部工程代号 (2 位)
资料的类别编号 (2 位)
顺序号 (3 位)

超声波探伤报告 表 C6-15	编　号	02-04-C6-001

三、顺序号填写原则

(1)对于施工专用表格,顺序号应按时间先后顺序,用阿拉伯数字从 001 开始连续标注。

(2)对于同一施工表格(如隐蔽工程检查记录、预检记录等)涉及多个(子)分部工程时,顺序号应根据(子)分部工程的不同,按(子)分部工程的各检查项目分别从 001 开始连续标注。举例如下:

表 C5-1　　　　**隐蔽工程检查记录**

编号:03-C5-001

工程名称			
隐检项目	门窗安装(预埋件、锚固件或螺栓)	隐检日期	

表 C5-1　　　　**隐蔽工程检查记录**

编号:03-C5-001

工程名称			
隐检项目	吊顶安装(龙骨、吊件)	隐检日期	

表 C5-1　　　　**隐蔽工程检查记录**

编号:03-C5-001

工程名称			
隐检项目	轻质隔墙安装(预埋件、连接件或拉结筋)	隐检日期	

四、无统一表格或外部提供的施工资料

无统一表格或外部提供的施工资料,应根据表 1-2,在资料的右上角注明编号,填写要求按照

上述三项的规定。

五、监理资料编号

(1)监理资料编号应填入右上角的编号栏。

(2)对于相同的表格或相同的文件材料,应分别按时间自然形成的先后顺序从001开始,连续标注。

(3)监理资料中的施工测量放线报验申请表、工程材料/构配件/设备报审表应根据报验项目编号,对于相同的报验项目,应分别按时间自然形成的先后顺序从001开始,连续标注。

第二章　主体结构工程管理验收与技术资料

第一节　工程管理与验收资料

一、工程概况表

表 C0-1　　　　　　　　　　**工程概况表**

编号：×××

一般情况	工程名称	××工程	建设单位	×××
	建设用途	民用住宅	设计单位	××建筑设计院
	建设地点	××区×路××号	监理单位	××监理公司
	总建筑面积	5840m^2	施工单位	××建筑工程公司
	开工日期	××年×月×日	竣工日期	××年×月×日
	结构类型	框架	基础类型	筏式
	层　　数	地下一层、地上三层	建筑檐高	12.6m
	地上面积	4755m^2	地下室面积	1185m^2
	人防等级		抗震等级	二级，设防烈度 8 度
构造特征	地基与基础	基础为筏式基础，设有地梁		
	柱、内外墙	柱为 C30 混凝土，围护墙为陶粒砌块和烧结普通砖		
	梁、板、楼盖	梁板为 C30 混凝土		
	外墙装饰	浮雕涂料		
	内墙装饰	耐擦洗涂料		
	楼地面装饰	大部分为现制水磨石，部分为细石混凝土地面和防静电地板		
	屋面构造	保温层、找平层、SBS 改性沥青防水卷材层		
	防火设备	各层均设消火栓箱		
其他				

《工程概况表》填表说明：

(1)资料流程：本表由施工单位填写，城建档案馆与施工单位各存一份。

(2)相关规定与要求：工程概况表是对工程基本情况的简述，应包括单位工程的一般情况、构造特征等。

(3)注意事项：

1)“一般情况”栏内，工程名称应填写全称，与建设工程规划许可证、施工许可证及施工图纸中的工程名称一致。

2)“构造特征”栏内，应结合工程设计要求，做到重点突出。

3)“其他”栏内可填写工程的独特特征，或采用的新技术、新产品、新工艺等。

二、建设工程质量事故调(勘)查记录

表 C0-2　　建设工程质量事故调(勘)查记录

编号：×××

<table>
<tr><td>工程名称</td><td colspan="2">××工程</td><td>日期</td><td colspan="2">××年×月×日</td></tr>
<tr><td>调(勘)查时间</td><td colspan="5">××年×月×日×时×分至×时×分</td></tr>
<tr><td>调(勘)查地点</td><td colspan="5">××区××(工程项目所在地)</td></tr>
<tr><td>参加人员</td><td>单位</td><td colspan="2">姓名</td><td>职务</td><td>电话</td></tr>
<tr><td>被调查人</td><td>××建筑工程公司</td><td colspan="2">×××</td><td>项目经理</td><td>××××××××</td></tr>
<tr><td rowspan="2">陪同调(勘)查人员</td><td>×××</td><td colspan="2">×××</td><td>施工员</td><td>××××××××</td></tr>
<tr><td>×××</td><td colspan="2">×××</td><td>质检员</td><td>××××××××</td></tr>
<tr><td>调(勘)查记录</td><td colspan="5">××年×月×日在六层柱混凝土施工时，由于振捣工没有按照混凝土振捣操作规程操作致使六层 1～A 轴交接处一根柱混凝土发生漏筋、孔洞等质量缺陷。</td></tr>
<tr><td>现场证物照片</td><td colspan="5">☑有　□无　共 5 张　共 4 页</td></tr>
<tr><td>事故证据资料</td><td colspan="5">☑有　□无　共 8 张　共 5 页</td></tr>
<tr><td>被调查人签字</td><td>×××</td><td colspan="2">调(勘)查人</td><td colspan="2">×××</td></tr>
</table>

《建设工程质量事故调(勘)查记录》填表说明:

(1)资料流程:本表由调查人填写,各有关单位保存。

(2)相关规定与要求:建设工程质量事故调(勘)查记录是当工程发生质量事故后,调查人员对工程质量事故进行初步调查了解和现场勘察所形成的记录。

(3)注意事项:

1)填写时应注明工程名称、调查时间、地点、参加人员及所属单位、联系方式等。

2)"调(勘)查记录"栏应填写工程质量事故发生时间、具体部位、原因等,并初步估计造成的损失。

3)应采用影像的形式真实记录现场情况,作为分析事故的依据。

4)本表应本着实事求是的原则填写,严禁弄虚作假。

三、建设工程质量事故报告书

表 C0-3　　建设工程质量事故报告书

编号：×××

<table>
<tr><td>工程名称</td><td>××工程</td><td>建设地点</td><td>××区××路××号</td></tr>
<tr><td>建设单位</td><td>××大学</td><td>设计单位</td><td>××建筑设计院</td></tr>
<tr><td>施工单位</td><td>××建筑工程公司</td><td>建筑面积(m²)
工作量(元)</td><td>6321.00m²
631.00万元</td></tr>
<tr><td>结构类型</td><td>框架</td><td>事故发生时间</td><td>××年×月×日</td></tr>
<tr><td>上报时间</td><td>××年×月×日</td><td>经济损失(元)</td><td>2000.00元</td></tr>
<tr><td colspan="4">事故经过、后果与原因分析：

××年×月×日在六层柱混凝土施工时，由于振捣工没有按照混凝土振捣操作规程操作致使六层1～A轴交接处一根柱混凝土发生漏筋、漏石、孔洞等质量缺陷。</td></tr>
<tr><td colspan="4">事故发生后采取的措施：

经研究决定对该柱采取返工处理，重新进行混凝土浇筑。</td></tr>
<tr><td colspan="4">事故责任单位、责任人及处理意见：

事故责任单位：混凝土施工班组
责任人：振捣工
处理意见：
(1)对直接责任人进行质量意识教育，切实加强混凝土操作规程培训学习及贯彻执行，持证上岗，并处以适当经济处罚。
(2)对所在班组提出批评，切实加强过程控制。</td></tr>
</table>

负责人	×××	报告人	×××	日期	××年×月×日

《建设工程质量事故报告书》填表说明：

(1)资料流程：本表由调查人填写，各有关单位保存。

(2)相关规定与要求：凡工程发生重大质量事故，应按表C0-2及表C0-3的要求进行记载。其中发生事故时间应记载年、月、日、时、分；估计造成损失，指因质量事故导致的返工、加固等费用，包括人工费、材料费和一定数额的管理费；事故情况，包括倒塌情况（整体倒塌或局部倒塌的部位）、损失情况（伤亡人数、损失程度、倒塌面积等）；事故原因，包括设计原因（计算错误、构造不合理等）、施工原因（施工粗制滥造，材料、构配件或设备质量低劣等）、设计与施工的共同问题、不可抗力等；处理意见，包括现场处理情况、设计和施工的技术措施、主要责任者及处理结果。

(3)注意事项：本表应本着实事求是的原则填写，严禁弄虚作假。

四、单位(子单位)工程质量竣工验收记录

单位(子单位)工程质量竣工验收记录

<table>
<tr><td colspan="2">工程名称</td><td>××工程</td><td>结构类型</td><td>框架</td><td>层数
(建筑面积)</td><td>8层/5600m²</td></tr>
<tr><td colspan="2">施工单位</td><td>××建筑工程公司</td><td>技术负责人</td><td>×××</td><td>开工日期</td><td>××年×月×日</td></tr>
<tr><td colspan="2">项目经理</td><td>×××</td><td>项目技术负责人</td><td>×××</td><td>竣工日期</td><td>××年×月×日</td></tr>
<tr><td>序号</td><td>项　目</td><td colspan="2">验　收　记　录</td><td colspan="3">验收结论</td></tr>
<tr><td>1</td><td>分部工程</td><td colspan="2">共　9　分部,经查　9　分部
核定符合标准及设计要求　9　分部</td><td colspan="3">经各专业分部工程验收,工程质量符合检验标准</td></tr>
<tr><td>2</td><td>质量控制资料核查</td><td colspan="2">共　46　项,经审查符合要求　46　项,
经核定符合规范要求　46　项</td><td colspan="3">质量控制资料经核查共46项符合有关规范要求</td></tr>
<tr><td>3</td><td>安全和主要使用功能核查及抽查结果</td><td colspan="2">共核查　26　项,符合要求　26　项,
共抽查　11　项,符合要求　11　项,
经返工处理符合要求　0　项</td><td colspan="3">安全和主要使用功能共核查26项符合要求,抽查其中11项使用功能均满足</td></tr>
<tr><td>4</td><td>观感质量验收</td><td colspan="2">共抽查　23　项,符合要求　23　项,
不符合要求　0　项</td><td colspan="3">观感质量验收为好</td></tr>
<tr><td>5</td><td>综合验收结论</td><td colspan="5">经对本工程综合验收,各分部分项工程符合设计要求,施工质量满足有关施工质量验收规范和标准要求,单位工程竣工验收合格</td></tr>
<tr><td rowspan="2">参加验收单位</td><td>建设单位
(公章)</td><td colspan="2">监理单位
(公章)</td><td colspan="2">施工单位
(公章)</td><td>设计单位
(公章)</td></tr>
<tr><td>单位(项目)负责人:
×××
××年×月×日</td><td colspan="2">总监理工程师:
×××
××年×月×日</td><td colspan="2">单位负责人:
×××
××年×月×日</td><td>单位(项目)负责人:
×××
××年×月×日</td></tr>
</table>

《单位(子单位)工程质量竣工验收记录》填表说明：

(1)资料流程：本表由调查人填写，各有关单位保存。

(2)相关规定与要求：

1)单位工程完工，施工单位组织自检合格后，应报请监理单位进行工程预验收，通过后向建设单位提交工程竣工报告并填报《单位(子单位)工程质量竣工验收记录》。建设单位应组织设计单位、监理单位、施工单位等进行工程质量竣工验收并记录，验收记录上各单位必须签字并加盖公章。

2)凡列入报送城建档案馆的工程档案，应在单位工程验收前由城建档案馆对工程档案进行预验收，并出具《建设工程竣工档案预验收意见》。

3)单位工程质量竣工验收记录应由施工单位填写，验收结论由监理单位填写，综合验收结论应由参加验收各方共同商定，并由建设单位填写，主要对工程质量是否符合设计和规范要求及总体质量水平做出评价。

4)进行单位(子单位)工程质量竣工验收时，施工单位应同时填报《单位(子单位)工程质量控制资料核查记录》、《单位(子单位)工程安全和功能检查资料核查及主要功能抽查记录》、《单位(子单位)工程观感质量检查记录》，作为单位(子单位)工程质量竣工验收记录的附表。

(3)注意事项：本表应本着实事求是的原则填写，严禁弄虚作假。

五、单位(子单位)工程质量控制核查记录

单位(子单位)工程质量控制资料核查记录

工程名称		××工程	施工单位	××建筑工程公司	
序号	项目	资料名称	份数	核查意见	核查人
1	建筑结构	图纸会审、设计变更、洽商记录	23	设计变更、洽商记录齐全	×××
2		工程定位测量、放线记录	41	定位测量准确、放线记录齐全	
3		原材料出厂合格证及进场检(试)验报告	156	水泥、钢筋、防水材料等有出厂合格证及复试报告	
4		施工试验报告及见证检测报告	102	钢筋连接、混凝土抗压强度试验报告等符合要求，且按30%进行见证取样	
5		隐蔽工程验收记录	112	隐蔽工程检查记录齐全	
6		施工记录	96	地基验槽、钎探、预检等齐全	
7		预制构件、预拌混凝土合格证	53	预拌混凝土合格证齐全	
8		地基、基础、主体结构检验及抽样检测资料	10	基础、主体经监督部门检验，其抽样检测资料符合规范要求	
9		分项、分部工程质量验收记录	47	质量验收符合规范规定	
10		工程质量事故及事故调查处理资料	/	无工程质量事故	
11		新材料、新工艺施工记录	9	大体积混凝土施工记录齐全	
12					
1	给排水与采暖	图纸会审、设计变更、洽商记录	7	洽商记录齐全、清楚	×××
2		材料、配件出厂合格证书及进场检(试)验报告	31	合格证齐全、有进场检验报告	
3		管道、设备强度试验、严密性试验记录	3	强度试验记录齐全符合要求	
4		隐蔽工程验收记录	14	隐蔽工程检查记录齐全	
5		系统清洗、灌水、通水、通球试验记录	27	灌水、通水等试验记录齐全	
6		施工记录	14	各种预检记录齐全	
7		分项、分部工程质量验收记录	7	质量验收符合规范规定	
8					
1	建筑电气	图纸会审、设计变更、洽商记录	6	洽商记录齐全、清楚	×××
2		材料、配件出厂合格证书及进场检(试)验报告	15	材料、主要设备出厂合格证书齐全、有进场检验报告	
3		设备调试记录	71	设备调试记录齐全	
4		接地、绝缘电阻测试记录	69	接地、绝缘电阻测试记录齐全符合要求	
5		隐蔽工程验收记录	9	隐蔽工程检查记录齐全	
6		施工记录	9	各种预检记录齐全	
7		分项、分部工程质量验收记录	9	质量验收符合规范规定	
8					

续表

工程名称		××工程	施工单位	××建筑工程公司	
序号	项目	资料名称	份数	核查意见	核查人
1	通风与空调	图纸会审、设计变更、洽商记录	4	洽商记录齐全、清楚	×××
2		材料、设备出厂合格证书及进场检（试）验报告	13	合格证齐全有进场检验报告	
3		制冷、空调、水管道强度试验、严密性试验记录	31	制冷、空调、水管道记录齐全	
4		隐蔽工程验收记录	16	隐蔽工程检查记录齐全	
5		制冷设备运行调试记录	15	各种调试记录符合要求	
6		通风、空调系统调试记录	15	通风、空调系统调试记录正确	
7		施工记录	7	预检记录符合要求	
8		分项、分部工程质量验收记录	6	质量验收符合规范规定	
9					
1	电梯	图纸会审、设计变更、洽商记录	/	安装中无设计变更	×××
2		设备出厂合格证书及开箱检验记录	12	设备合格证齐全，有开箱记录	
3		隐蔽工程验收记录	20	隐蔽工程检查记录齐全	
4		施工记录	14	各种施工记录齐全	
5		接地、绝缘电阻测试记录	3	电阻值符合要求，记录齐全	
6		负荷试验、安全装置检查记录	3	检查记录符合要求	
7		分项、分部工程质量验收记录	15	质量验收符合规范规定	
8					
1	建筑智能化	图纸会审、设计变更、洽商记录、竣工图及设计说明	6	洽商记录、竣工图及设计说明齐全	×××
2		材料、设备出厂合格证书及技术文件及进场检（试）验报告	25	材料、设备出厂合格证及技术文件齐全，有进场检验报告	
3		隐蔽工程验收记录	19	隐蔽工程检查记录齐全	
4		系统功能测定及设备调试记录	13	系统功能调试记录齐全	
5		系统技术、操作和维护手册	2	有系统技术操作和维护手册	
6		系统管理、操作人员培训记录	6	有系统管理操作人员培训记录	
7		系统检测报告	8	系统检测报告齐全符合要求	
8		分项、分部工程质量验收记录	8	质量验收符合规范规定	

结论：

通过工程质量控制资料核查，该工程资料齐全、有效，各种施工试验、系统调试记录等符合有关规范规定，同意竣工验收。

施工单位项目经理：×××　　　　总监理工程师：×××

（建设单位项目负责人）

××年×月×日　　　　××年×月×日

《单位(子单位)工程质量控制资料核查记录》填表说明：

(1)资料流程：本表由施工单位按照所列质量控制资料的种类、名称进行检查，并填写份数，然后提交给监理单位验收。

(2)相关规定与要求：

1)单位(子单位)工程质量控制资料是单位工程综合验收的一项重要内容，是单位工程包含的有关分项工程中检验批主控项目、一般项目要求内容的汇总表。

2)《建筑工程施工质量验收统一标准》(GB 50300—2001)中规定了建筑与结构11项，给排水与采暖7项，建筑电气7项，通风与空调8项，电梯7项，建筑智能化8项。

(3)注意事项：

1)本表其他各栏内容均由监理单位进行核查，独立得出核查结论。合格后填写具体核查意见，如齐全，具体核查人在“核查人”栏签字。

2)总监理工程师在“结论”栏里填写综合性结论。

3)施工单位项目经理在“结论”栏里签字确认。

六、单位(子单位)工程安全和功能检验资料核查及主要功能抽查记录

单位(子单位)工程安全和功能检验资料核查及主要功能抽查记录

工程名称		××工程	施工单位	××建筑工程公司		
序号	项目	安全和功能检查项目	份数	核查意见	抽查结果	核查(抽查)人
1	建筑结构	屋面淋水试验记录	3	试验记录齐全	合格	
2		地下室防水效果检查记录	6	检查记录齐全		
3		有防水要求的地面蓄水试验记录	19	厕浴间防水记录齐全	合格	
4		建筑物垂直度、标高、全高测量记录	4	记录符合测量规范要求	合格	
5		抽气(风)道检查记录	3	检查记录齐全		×××
6		幕墙及外窗气密性、水密性、耐风压检测报告	1	“三性”试验报告符合要求		×××
7		建筑物沉降观测测量记录	1	符合要求		
8		节能、保温测试记录	4	保温测试记录符合要求		
9		室内环境检测报告	5	有害物指标满足要求		
1	给排水与采暖	给水管道通水试验记录	20	通水试验记录齐全	合格	
2		暖气管道、散热器压力试验记录	32	压力试验记录齐全		
3		卫生器具满水试验记录	27	满水试验记录齐全	合格	×××
4		消防管道、燃气管道压力试验记录	33	压力试验符合要求		×××
5		排水干管通球试验记录	19	试验记录齐全	合格	
1	电气	照明全负荷试验记录	5	符合要求	合格	
2		大型灯具牢固性试验记录	10	试验记录符合要求	合格	×××
3		避雷接地电阻测试记录	3	记录齐全符合要求	合格	×××
4		线路、插座、开关接地检验记录	30	检验记录齐全		
1	通风与空调	通风、空调系统试运行记录	2	符合要求		
2		风量、温度测试记录	9	有不同风量、温度记录	合格	
3		洁净室洁净度测试记录	5	测试记录符合要求		
4		制冷机组试运行调试记录	6	机组运行调试正常		
1	电梯	电梯运行记录	2	运行记录符合要求	合格	×××
2		电梯安全装置检测报告	2	安检报告齐全		×××
1	智能建筑	系统试运行记录	7	系统运行记录齐全		
2		系统电源及接地检测报告	5	检测报告符合要求		×××

结论：

对本工程安全、功能资料进行核查，基本符合要求。对单位工程的主要功能进行抽样检查，其检查结果合格，满足使用功能，同意竣工验收。

施工单位项目经理：×××　　　　总监理工程师：×××

（建设单位项目负责人）

××年×月×日　　　　××年×月×日

《单位(子单位)工程安全和功能检验资料核查及主要功能抽查记录》填表说明:

(1)资料流程:本表由施工单位按所列内容检查并填写数份后,提交给监理单位。

(2)相关规定与要求:

1)施工验收对能否满足安全和使用功能的项目进行强化验收。

2)对主要项目进行抽查记录,填写该表。

(3)注意事项:

1)本表其他栏目由总监理工程师或建设单位项目负责人组织核查、抽查并由监理单位填写。

2)监理单位经核查和抽查合格,由总监理工程师在表中"结论"栏填写综合性验收结论,并由施工单位项目经理签字确认。

3)安全和功能的检测,如条件具备,应在分部工程验收时进行。分部工程验收时凡已经做过的安全和功能检测项目,单位工程竣工验收时不再重复检测,只核查检测报告是否符合有关规定。

(4)其他:抽查项目由验收组协商确定。

七、单位（子单位）工程观感质量检查记录

单位（子单位）工程观感质量检查记录

工程名称		××工程							施工单位				××建筑工程公司		
序号		项目	抽查质量状况										质量评价		
													好	一般	差
1	建筑与结构	室外墙面	√	√	√	√	√	○	√	√	√	√	√		
2		变形缝	√	○	√	√	○	√	○	√	√	○		√	
3		水落管，屋面	√	√	○	√	√	√	√	√	√	√	√		
4		室内墙面	√	√	√	○	√	√	√	√	√	√	√		
5		室内顶棚	√	√	√	○	√	√	√	√	√	√	√		
6		室内地面	√	√	√	○	√	√	√	√	√	√	√		
7		楼梯、踏步、护栏	○	√	○	√	√	√	○	√	√	○		√	
8		门窗	√	√	√	√	√	√	√	√	√	√	√		
1	给排水与采暖	管道接口、坡度、支架	√	√	√	√	○	√	√	√	√	√	√		
2		卫生器具、支架、阀门	√	√	√	√	√	√	○	√	√	√	√		
3		检查口、扫除口、地漏	√	√	√	√	√	√	√	√	√	√	√		
4		散热器、支架	√	○	√	√	○	○	√	√	√	○		√	
1	建筑电气	配电箱、盘、板、接线盒	√	√	√	√	√	○	√	√	√	√	√		
2		设备器具、开关、插座	√	√	√	√	√	○	√	√	√	√	√		
3		防雷、接地	√	√	√	√	√	√	√	√	√	√	√		
1	通风与空调	风管、支架	√	√	√	√	√	√	√	√	○	√	√		
2		风口、风阀	○	√	○	○	√	√	√	√	√	○		√	
3		风机、空调设备	√	√	√	√	√	√	√	√	√	√	√		
4		阀门、支架	√	√	√	√	√	√	√	√	√	√	√		
5		水泵、冷却塔													
6		绝热													
1	电梯	运行、平层、开关门	√	√	√	√	√	√	√	√	√	√	√		
2		层门、信号系统	√	○	√	√	√	√	√	√	√	√	√		
3		机房	√	○	√	○	√	○	√	√	○	√		√	
1	智能建筑	机房设备安装及布局	√	√	√	○	√	√	√	√	√	√	√		
2		现场设备安装													
3															
观感质量综合评价			好												
检查结论		工程观感质量综合评价为好，验收合格。 施工单位项目经理：××× ××年×月×日									总监理工程师：××× （建设单位项目负责人） ××年×月×日						

《单位(子单位)工程观感质量检查记录》填表说明:

(1)资料流程:本表由总监理工程师组织参加验收的各方代表,按照表中所列内容,共同实际检查,协商得出质量评价、综合评价和验收结论意见。

(2)相关规定与要求:

1)工程质量观感检查是工程竣工后进行的一项重要验收工作,是对工程的一个全面检查。

2)《建筑工程施工质量验收统一标准》(GB 50300—2001)规定,单位工程的质量观感验收,分为“好”、“一般”、“差”三个等级,检查的方法、程序及标准等与分部工程相同,属于综合性验收。

(3)注意事项:

1)参加验收的各方代表,经共同检查确认没有影响结构安全和使用功能等问题,可共同商定评价意见。评价为“好”或“一般”的项目由总监理工程师在“检查结论”栏内填写验收结论。

2)如有被评价为“差”的项目,属不合格项,应返工修理,并重新验收。

3)“抽查质量状况”栏可填写具体数据。

第二节　施工管理资料

一、施工现场质量管理检查记录

表 C1-1　　　　施工现场质量管理检查记录

编号：×××

<table>
<tr><td>工程名称</td><td colspan="5">××工程</td></tr>
<tr><td>开工日期</td><td colspan="2">××年×月×日</td><td>施工许可证(开工证)</td><td colspan="2">×××</td></tr>
<tr><td>建设单位</td><td colspan="2">××集团公司</td><td>项目负责人</td><td colspan="2">×××</td></tr>
<tr><td>设计单位</td><td colspan="2">××建筑设计院</td><td>项目负责人</td><td colspan="2">×××</td></tr>
<tr><td>监理单位</td><td colspan="2">××监理公司</td><td>总监理工程师</td><td colspan="2">×××</td></tr>
<tr><td>施工单位</td><td>××建筑工程公司</td><td>项目经理</td><td>×××</td><td>项目技术负责人</td><td>×××</td></tr>
<tr><td>序号</td><td colspan="2">项　　目</td><td colspan="3">内　　容</td></tr>
<tr><td>1</td><td colspan="2">现场质量管理制度</td><td colspan="3">质量例会制度；月评比及奖罚制度；三检及交接检制度；质量与经济挂钩制度</td></tr>
<tr><td>2</td><td colspan="2">质量责任制</td><td colspan="3">岗位责任制；设计交底会制；技术交底制；挂牌制度</td></tr>
<tr><td>3</td><td colspan="2">主要专业工种操作上岗证书</td><td colspan="3">测量工、钢筋工、起重工、木工、混凝土工、电焊工、架子工有证</td></tr>
<tr><td>4</td><td colspan="2">分包方资质与分包单位的管理制度</td><td colspan="3">—</td></tr>
<tr><td>5</td><td colspan="2">施工图审查情况</td><td colspan="3">审查报告及审查批准书××设××号</td></tr>
<tr><td>6</td><td colspan="2">地质勘察资料</td><td colspan="3">地质勘探报告</td></tr>
<tr><td>7</td><td colspan="2">施工组织设计、施工方案及审批</td><td colspan="3">施工组织设计编制、审核、批准齐全</td></tr>
<tr><td>8</td><td colspan="2">施工技术标准</td><td colspan="3">有模板、钢筋、混凝土灌筑等 20 多种</td></tr>
<tr><td>9</td><td colspan="2">工程质量检验制度</td><td colspan="3">有原材料及施工检验制度；抽测项目的检验计划</td></tr>
<tr><td>10</td><td colspan="2">搅拌站及计量设置</td><td colspan="3">有管理制度和计量设施精确度及控制措施</td></tr>
<tr><td>11</td><td colspan="2">现场材料、设备存放与管理</td><td colspan="3">钢材、砂石、水泥及玻璃、地面砖的管理办法</td></tr>
<tr><td>12</td><td colspan="2"></td><td colspan="3"></td></tr>
<tr><td colspan="6">检查结论：

施工现场质量管理制度完整，符合要求，工程质量有保障。

总监理工程师：×××
（建设单位项目负责人）　　　　××年×月×日</td></tr>
</table>

《施工现场质量管理检查记录》填表说明：

(1)资料流程：本表由施工单位填写，施工单位、监理单位各保存一份。

(2)相关规定与要求：

1)建筑工程项目经理部应建立质量责任制度及现场管理制度；健全质量管理体系；制定施工技术标准；审查资质证书、施工图、地质勘察资料和施工技术文件等。

2)施工单位应按规定填写《施工现场质量管理检查记录》(表 C1-1)，报项目总监理工程师(或建设单位项目负责人)检查，并做出检查结论。

3)当项目管理有重大调整时，应重新填写。

(3)注意事项：

1)表中各单位名称应填写全称，与合同或协议书中名称一致。

2)检查结论应明确，不应采用模糊用语。

二、有见证取样和送检管理资料

1. 有见证取样和送检见证人备案书

有见证取样和送检见证人备案书

××市建设工程　　　　质量监督站：

××建筑工程　　　　试验室：

我单位决定，由　　×××　　同志担任　　××大厦　　工程有见证取样和送检见证人。有关的印章和签字如下，请查收备案。

有见证取样和送检印章	见证人签字
××监理公司	××× ×××
有见证取样和送检印章	

建设单位名称(盖章)：××集团公司　　　　××年×月×日

监理单位名称(盖章)：××监理公司　　　　××年×月×日

施工项目负责人签字：×××　　　　××年×月×日

《有见证取样和送检见证人备案书》填写说明：

(1)相关规定与要求：

1)见证人一般由施工现场监理人员担任，施工和材料、设备供应单位人员不得担任。

2)工程见证人确定后，由建设单位向该工程的监督机构递交备案书进行备案，如见证人更换须办理变更备案手续。

3)所取试样必须送到有相应资质的检测单位。

(2)注意事项：见证人员必须由责任心强、工作认真的人担任。

2. 见证记录

见　证　记　录

编号：×××

工程名称：××大厦

取样部位：地上四层②～③/Ⓒ～Ⓓ轴顶板

样品名称：混凝土标养试块　　取样数量：一组

取样地点：施工现场　　取样日期：××年×月×日

见证记录：

见证取样取自06号罐车。试块上已作明标识。

有见证取样和送检印章：

××监理公司
有见证取样和送检印章：

取　样　人　签　字：×××

见　证　人　签　字：×××

《见证记录》填写说明：

(1)相关规定与要求：

1)施工过程中，见证人应按照事先编写的见证取样和送检计划进行取样及送检。

2)试样上应做好样品名称、取样部位、取样日期等标识。

3)单位工程有见证取样和送检次数不得少于试验总数的30%，试验总次数在10次以下的不得少于2次。

4)送检试样应在施工现场随机抽取，不得另外制作。

(2)注意事项：见证人员及检测人员必须对所取试样实事求是，不许弄虚作假，否则应承担相应的法律责任。

3. 有见证试验汇总表

有见证试验汇总表

工程名称：××大厦

施工单位：××建筑工程公司

建设单位：××集团公司

监理单位：××监理公司

见 证 人：×××

试验室名称：××建筑工程试验室

试验项目	应送试总次数	有见证试验次数	不合格次数	备注
混凝土试块	65	27	0	
砌筑砂浆试块	20	8	0	
钢筋原材	42	15	0	
直螺纹钢筋接头	20	8	0	
SBS防水卷材	5	3	0	

施工单位：××建筑工程公司　　　　制表人：×××

填制日期：××年×月×日

《有见证试验汇总表》填写说明：

(1)相关规定与要求：

1)本表由施工单位填写，并纳入工程档案。

2)见证取样及送检资料必须真实、完整，符合规定，不得伪造、涂改或丢失。

3)如试验不合格，应加倍取样复试。

(2)注意事项：

1)“试验项目”指规范规定的应进行见证取样的某一项目。

2)“应送试总次数”指该项目按照设计、规范、相关标准要求及试验计划应送检的总次数。

3)“有见证试验次数”指该项目按见证取样要求的实际试验次数。

三、施工日志

表 C1-2　　　　　　　　　　　　施工日志

编号：×××

时间	天气状况	风力	最高/最低温度	备注
白天	晴	2～3级	24℃/19℃	
夜间	晴	1～2级	17℃/8℃	

生产情况记录（施工部位、施工内容、机械作业、班组工作、生产存在问题等）：

地下二层

(1) Ⅰ段(①～⑬/Ⓐ～Ⓙ轴)顶板钢筋绑扎，埋件固定，塔吊作业，型号××，钢筋班组15人，组长：×××。

(2) Ⅱ段(⑭～⑲/Ⓐ～Ⓙ轴)梁开始钢筋绑扎，塔吊作业，型号××，钢筋班组18人。

(3) Ⅲ段(⑲～㉘/Ⓑ～Ⓕ轴)该部位施工图纸由设计单位提出修改，待设计通知单下发后，组织相关人员施工。

(4) Ⅳ段(㉘～㊶/Ⓑ～Ⓖ轴)剪力墙、柱模板安装，塔吊作业，型号××，木工班组21人。

(5)发现问题：Ⅰ段顶板(①～⑬/Ⓐ～Ⓙ轴)钢筋保护层厚度不够，马镫铁间距未按要求布置。

技术质量安全工作记录（技术质量安全活动、检查评定验收、技术质量安全问题等）：

(1)建设、设计、监理、施工单位在现场召开技术质量安全工作会议，参加人员：×××(职务)等。

会议决定：

1)±0.000以下结构于×月×日前完成。

2)地下三层回填土×月×日前完成，地下二层回填土×月×日前完成。

3)对施工中发现问题(×××××××××××××××××××问题)，立即返修，整改复查，符合设计、规范要求。

(2)安全生产方面：由安全员带领3人巡视检查，主要是“三宝、四边、五临边”，检查全面到位，无隐患。

(3)检查评定验收：各施工班组施工工序合理、科学，Ⅱ段(⑭～⑲/Ⓐ～Ⓙ轴)梁、Ⅳ段(㉘～㊶/Ⓑ～Ⓖ轴)剪力墙、柱予以验收，实测误差达到规范要求。

参加验收人员

监理单位：×××(职务)等

施工单位：×××(职务)等

记录人	×××	日期	××年×月×日　星期×

《施工日志》填表说明：

(1)资料流程：本表由施工单位填写并保存。

(2)相关规定与要求：

1)施工日志是施工活动的原始记录，是编制施工文件、积累资料、总结施工经验的重要依据，由项目技术负责人具体负责。

2)施工日志应以单位工程为记载对象。从工程开工起至工程竣工止，按专业指定专人负责逐日记载，并保证内容真实、连续和完整。

3)施工日志可以采用计算机录入、打印，也可按规定样式手工填写，并装订成册，必须保证字迹清晰、内容齐全，由各专业负责人签字。

(3)注意事项：施工日志填写内容应根据工程实际情况确定，一般应含工程概况、当日生产情况、技术质量安全情况、施工中发生的问题及处理情况、各专业配合情况、安全生产情况等。

第三节　施工技术资料

一、施工组织设计(方案)报审表

表 A2　　　　施工组织设计(方案)报审表

工程名称：××工程　　　　编号：×××

<table>
<tr><td>
致：××监理公司(监理单位)

我方已根据施工合同的有关规定完成了×××工程施工组织设计(方案)的编制,并经我单位上级技术负责人审查批准,请予以审查。
附:施工组织设计(方案)

承包单位(章)×××建筑工程公司
项目经理×××
日期××年×月×日
</td></tr>
<tr><td>
专业监理工程师审查意见:

施工组织设计(方案)合理、可行,且审批手续齐全,拟同意承包单位按该施工组织设计(方案)组织施工,请总监理工程师审核。
若不符合要求,专业监理工程师审查意见应简要指出不符合要求之处,并提出修改补充意见后签署“暂不同意(部分或全部应指明)承包单位按该施工组织设计(方案)组织施工,待修改完善后再报,请总监理师工程师审核”

专业监理工程师×××
日期××年×月×日
</td></tr>
<tr><td>
总监理工程师审查意见:

同意专业监理工程师审查意见,同意承包单位按该施工组织设计(方案)组织施工。
如不同意专业监理工程师的审查意见,应简要指明与专业监理工程师审查意见中的不同之处,签署修改意见;并签认最终结论“不同意承包单位按该施工组织设计(方案)组织施工(修改后再报)”。

项目监理机构××监理公司××项目监理部
总监理工程师×××
日期××年×月×日
</td></tr>
</table>

《施工组织设计(方案)报审表》填表说明:

(1)附件收集:所报审的施工组织设计、专项施工方案等,对重要方案还应附施工单位公司级技术负责人的审批意见。

(2)资料流程:由总承包单位编制,或对分包单位的方案进行审核,之后报送监理单位,经监理单位审批后返还总包单位,各相关单位存档。

(3)相关规定与要求:施工单位应编写工程技术文件,经施工单位技术部门审查通过,填写《施工组织设计(方案)》报项目监理部。总监理工程师组织专业监理工程师审核,填写审核意见,由总监理工程师签署审定结论。

(4)注意事项:

1)"编制单位名称"填写直接编制方案且负责该工程实施的单位。如各分包单位首先填写此栏,后经总承包单位审核并在"施工单位审核意见"栏写出意见后再报送监理单位。

2)"监理单位审核意见"栏若空间不足时,可另附页。

二、技术交底记录

表 C2-1　　技术交底记录

编号：×××

工程名称	××工程	交底日期	××年×月×日
施工单位	××建设集团有限公司	分项工程名称	胶合木结构
交底提要	胶合木结构施工		

交底内容：

适用于层板胶合木制作技术生产的胶合木结构的质量验收。

一、材料质量要求

(1)将木纹平行于长度方向的木板层叠胶合称为层板胶合木。软质树种的层板厚度不应大于45mm，硬质树种不应大于40mm。

(2)层板的目测定级规定如下：

1)定级应以每块木板的全长为依据，并应以较差的面层为准。应将密度异常小的木板剔除。

2)已定级的木板锯解后应按新的尺寸重新定级。

3)木节尺寸应按两根包括木节而平行于木板宽面边缘的直线测量，如果有两个或更多的木节在两根线内，或部分在线内，则在200mm长度内所有木节在两条平行线之间的尺寸(包括部分木节)的总和为有效木节尺寸。

4)在同一截面上出现两个或更多的木节时，它们的尺寸之和不应超过最大允许的木节。

5)当层板是由两块木板拼合时，应按拼合后的层板宽度确定木节的允许尺寸。

6)层板分为$Ⅰ_b$、$Ⅱ_b$和$Ⅲ_b$3个等级，当受弯构件需加受拉区面层，则另加$Ⅰ_{bt}$级，其目测选材标准列于表1和表2中。

表1　　层板材质标准

序号	缺陷名称	材质等级		
		$Ⅰ_b$与$Ⅰ_{bt}$	$Ⅱ_b$	$Ⅲ_b$
1	腐朽，压损，严重的压应木，大量含树脂的木板，宽面上的漏刨	不允许	不允许	不允许
2	木节： (1)凸出于板面的木节 (2)在层板较差的宽面任何200mm长度上所有木节尺寸的总和不得大于构件面宽的	 不允许 1/3	 不允许 2/5	 不允许 1/2
3	斜纹：斜率不大于(%)	5	8	15
4	裂缝： (1)含树脂的振裂 (2)窄面的裂缝(有对面裂缝时，用两者之和)深度不得大于构件面宽的 (3)宽面上的裂缝(含劈裂、振裂)深$b/8$，长$2b$，若贯穿板厚而平行于板边长$l/2$	 不允许 1/4 允许	 不允许 1/3 允许	 不允许 不限 允许
5	髓心	不允许	不限	不限
6	翘曲、顺弯或扭曲≤4/1000，横弯≤2/1000，树脂条纹宽≤$b/12$，长≤l/b，干树脂囊宽3mm，长<b，木板侧边漏刨长3mm，刃具撕伤木纹，变色但不变质，偶尔的小虫眼或分散的针孔状虫眼，最后加工能修整的微小损棱	允许	允许	允许

注：1. 本节是指活节、健康节、紧节、松节及节孔。

2. b为木板(或拼合木板)的宽度；l为木板的长度。

3. $Ⅰ_{bt}$级层板位于梁受拉区外层时在较差的宽面任何200mm长度上所有木节尺寸的总和不得大于构件面宽的1/4，在表面加工后距板边13mm的范围内，不允许存在尺寸大于10mm的木节及撕伤木纹。

4. 构件截面宽度方向由两块木板拼合时，应按拼合后的宽度定级。

审核人	×××	交底人	×××	接受交底人	×××

表 C2-1　　技术交底记录

编号：×××

工程名称	××工程	交底日期	××年×月×日
施工单位	××建设集团有限公司	分项工程名称	胶合木结构
交底提要	胶合木结构施工		

交底内容：

表 2　　边翘材横向翘曲的限值　　(mm)

木板厚度(mm)	木板宽度(mm)		
	≤100	150	≥200
20	1.0	2.0	3.0
30	0.5	1.5	2.5
40	0	1.0	2.0
45	0	0	1.0

(3)层板按弹性模量定级的规定：

1)以弹性模量为主并应满足必要的目测要求。

2)弹性模量与目测要求的综合规定。

3)上述两种定级方法均要求层板的弹性模量应达到或超过规定值。

(4)胶应能形成坚固和耐久的连接，胶连接的完整性应在结构物使用期间保持始终。

二、施工工艺

(一)层板胶合木制作

1. 一般规定

(1)层板刨光后的厚度 t 和截面面积 A 不应超过表 3 的规定。

表 3　　在不同使用条件下层板刨光后的厚度与截面面积限值

使用条件等级 / 厚度和截面积 / 树种	1		2		3	
	t (mm)	A (mm²)	t (mm)	A (mm²)	t (mm)	A (mm²)
软质树种	45	10000	45	9000	35	7000
硬质树种	40	7500	40	7500	35	6000

当截面面积超过表 3 的限值时，宜在层板底面开槽，用以保证胶缝的平整度，槽宽不应大于 4mm，槽深不应大于板厚的 1/3，相邻层板的槽口应相互错开不小于层板的厚度。

弧形构件的层板厚度(单位：mm)应随曲率半径 ρ 减小而减薄，可按下式确定：

$$t \leqslant \frac{\rho}{200}$$

(2)层板宽度大于 200mm 时，应用两块木板拼合[图 1(b)]，相邻两层木板间的拼缝间距应等于或大于木板厚度或 25mm。

(3)层板胶合木在垂直荷载作用下受弯时，除上下两层之外，拼缝不需胶合。当有外观要求时，上、下两个面层的拼缝应用加填料的胶封闭。在水平荷载作用下受弯时，或用于使用条件等级为 3 级时，全部拼缝均应胶合。

审核人	×××	交底人	×××	接受交底人	×××

表 C2-1

技术交底记录

编号：×××

工程名称	××工程	交底日期	××年×月×日
施工单位	××建设集团有限公司	分项工程名称	胶合木结构
交底提要	胶合木结构施工		

交底内容：

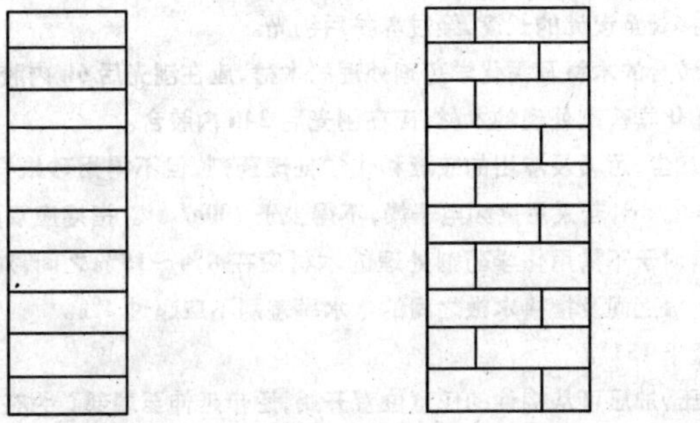

图 1　层板胶合木的截面

2. 胶合木制作

(1)层板坯料应在纵向接长和表面加工之前，窑干或气干至 8%～15%的含水率。

(2)层板坯料纵向接长应采用指形接头(以下简称指接，见图 2)。表 4 列出推荐的指接剖面尺寸范围。

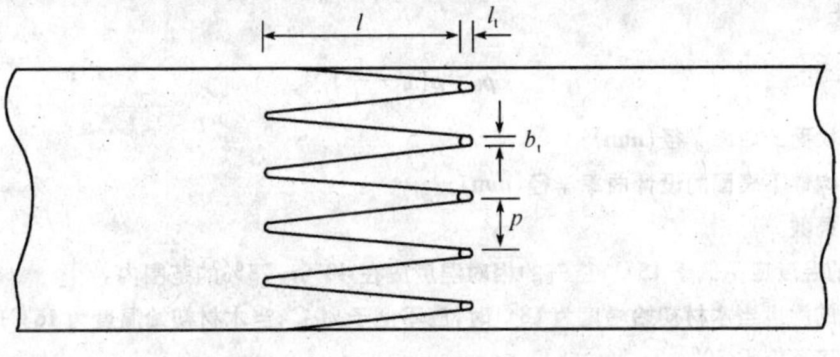

图 2　指接剖面的几何关系

表 4　推荐的指接剖面尺寸

指端宽度 b_t(mm)	指长 l(mm)	指边坡度 $s=(p-2b_t)/2(l-l_t)$
0.5～1.2	20～30	1/8～1/12

注：p——指形接头的指距，mm；l_t——指形接头指端缺口的长度，mm。

(3)指接的间距按层板的受力情况，分别规定如下：

1)受拉构件：当构件应力达到或超过设计值的 75%时，相邻层板之间的距离应为 150mm。

2)受弯构件的受拉区：在构件 1/8 高度的受拉外层再加一块层板的范围内，相邻层板之间的指接间距应为 150mm。

3)受拉构件或受弯构件的受拉区 10%高度内，层板自身的指接间距不应小于 1800mm。

4)需修补后出厂的构件的受拉区最外层和相邻的内层，距修补块端头的每一侧小于 150mm 的范围内，皆不允许有指接接头。

审核人	×××	交底人	×××	接受交底人	×××

表 C2-1　　　　　　　　　　　　技术交底记录

编号：×××

工程名称	××工程	交底日期	××年×月×日
施工单位	××建设集团有限公司	分项工程名称	胶合木结构
交底提要	胶合木结构施工		

交底内容：

(4)木板应用指接胶合接长至设计的长度，经过养护后刨光。

落叶松、花旗松等不易胶合的木材及需化学药剂处理的木材，应在刨光后6h内胶合。

易于胶合的木材及不需化学药剂处理的木材，应在刨光后24h内胶合。

(5)木板胶合前应清除灰尘、污垢及渗出的胶液和化学处理药剂，但不得用砂纸打磨。两块木板的胶合面均应均匀涂胶，用胶量不得少于350g/m²，若采用高频电干燥，不得少于200g/m²。指接应双面涂胶。

(6)胶合时木板含水率，对于不需用化学药剂处理的木材应在8%～15%之间，对于需用化学药剂处理的木材应在11%～18%之间。各层木板之间及指接木板之间的含水率差别不应超过4%。

胶合时木板温度不应低于15℃。

(7)胶合时必须均匀加压，加压可从构件的任意位置开始，逐步延伸至端部。为在夹紧期间保持足够的压力，在夹紧后应立即开始拧紧螺栓加压器调整压力，压力应按表5所列数值控制。

表 5　　　　　　　　不同层板厚度的胶合面压力

层板厚度 t(mm)	$t\leqslant35$	$35<t\leqslant45$ 底面有刻槽	$35<t\leqslant45$ 底面无刻槽
胶合面压力(N/mm²)	0.6	0.8	1.0

注：不应采用钉加压。

(8)弧形构件胶合时应采用模架，模架拱面的曲率半径应稍小于弧形构件下表面的曲率半径，以抵消卸模后构件的回弹，其值按下式确定：

$$\rho_0=\rho\left(1-\frac{1}{n}\right)$$

式中　ρ_0——模架拱面的曲率半径(mm)；

ρ——弧形构件下表面的设计曲率半径(mm)；

n——木板层数。

(9)在制作工段内的温度应不低于15℃，空气的相对湿度应在40%～75%的范围内。

胶合构件养护室内的温度当木材初始温度为18℃时，应不低于20℃；当木材初始温度为15℃时，应不低于25℃。养护时空气的相对湿度应不低于30%。

在养护完全结束前，胶合构件不应受力或置于温度在15℃以下的环境中。

(10)需在胶合前进行化学药剂处理的木材，应在胶合前完成机械加工。

(11)当采用弹性模量与目测配合定级时，应按以下规定测定木板的弹性模量：

1)以一片木板作为试件。

2)在每个工作班的开始、结尾和在生产过程中每间隔4h各选取1片木板。

3)将木板平卧放置在距端头75mm的两个辊轴上，其中之一能在垂直木板长度方向旋转。

4)在跨度中点加载，荷载准确度应在±1%之内。

5)在加载点用读数能达到0.025mm的仪表测量挠度。

6)进行适当的预加载后，将仪表调到0读数。

7)最后荷载应以试件的应力不超过10MPa为限。

8)读出最后荷载下的挠度。

9)根据最后荷载和挠度求得弹性模量。

10)在测试的100个试件中，有95个试件的弹性模量高于规定值，即被认可。

审核人	×××	交底人	×××	接受交底人	×××

表 C2-1

技术交底记录

编号：×××

工程名称	××工程	交底日期	××年×月×日
施工单位	××建设集团有限公司	分项工程名称	胶合木结构
交底提要	胶合木结构施工		

交底内容：

(二)胶合木结构安装

(1)胶缝应检验完整性，并应按照表 6 规定胶缝脱胶试验方法进行。对于每个树种、胶种、工艺过程至少应检验 5 个全截面试件。脱胶面积与试验方法及循环次数有关，每个试件的脱胶面积所占的百分率应小于表 7 所列限值。

表 6　　胶缝脱胶试验方法

使用条件类别[1]	1		2		3
胶的型号[2]	Ⅰ	Ⅱ	Ⅰ	Ⅱ	Ⅰ
试验方法	A	C	A	C	A

注：1. 层板胶合木的使用条件根据气候环境分为 3 类：

1 类——空气温度达到 20℃，相对湿度每年有 2～3 周超过 65%，大部分软质树种木材的平均平衡含水率不超过 12%；

2 类——空气温度达到 20℃，相对湿度每年有 2～3 周超过 85%，大部分软质树种木材的平均平衡含水率不超过 20%；

3 类——导致木材的平均平衡含水率超过 20%的气候环境，或木材处于室外无遮盖的环境中。

2. 胶的型号有Ⅰ型和Ⅱ型两种：

Ⅰ型——可用于各类使用条件下的结构构件(当选用间苯二酚树脂胶或酚醛间苯二酚树脂胶时，结构构件温度应低于 85℃)。

Ⅱ型——只能用于 1 类或 2 类使用条件，结构构件温度应经常低于 50℃(可选用三聚氰胺脲醛树脂胶)。

表 7　　胶缝脱胶率　　(%)

试验方法	胶的型号	循环次数		
		1	2	3
A	Ⅰ	—	5	10
C	Ⅱ	10	—	—

(2)对于每个工作班应从每个流程或每 10m³ 的产品中随机抽取 1 个全截面试件，对胶缝完整性进行常规检验，并应按照表 8 规定胶缝完整性试验方法进行。结构胶的型号与使用条件应满足表 7 的要求。脱胶面积与试验方法及循环次数有关，每个试件的脱胶面积所占的百分率应小于表 7 和表 9 所列限值。

表 8　　常规检验的胶缝完整性试验方法

使用条件类别[1]	1	2	3
胶的型号[2]	Ⅰ和Ⅱ	Ⅰ和Ⅱ	Ⅰ
试验方法	脱胶试验方法 C 或胶缝抗剪试验	脱胶试验方法 C 或脱缝抗剪试验	脱胶试验方法 A 或 B

注：同表 6。

表 9　　胶缝脱胶率　　(%)

试验方法	胶的类型	循环次数	
		1	2
B	Ⅰ	4	8

审核人	×××	交底人	×××	接受交底人	×××

表 C2-1

技术交底记录

编号：×××

工程名称	××工程	交底日期	××年×月×日
施工单位	××建设集团有限公司	分项工程名称	胶合木结构
交底提要	胶合木结构施工		

交底内容：

每个全截面试件胶缝抗剪试验所求得的抗剪强度和木材破坏百分率应符合下列要求：

1)每条胶缝的抗剪强度平均值应不小于 6.0N/mm²，对于针叶材和杨木当木材破坏达到100%时，其抗剪强度达到 4.0N/mm² 也被认可。

2)与全截面试件平均抗剪强度相应的最小木材破坏百分率及与某些抗剪强度相应的木材破坏百分率列于表 10。

表 10　与抗剪强度相应的最小木材破坏百分率　(%)

项目	平均值			个别数值		
抗剪强度 f_v(N/mm²)	6	8	≥11	4～6	6	≥10
最小木材破坏百分率	90	70	45	100	75	20

注：中间值可用插入法求得。

(3)应按下列规定检查指接范围内的木材缺陷和加工缺陷：

1)不允许存在裂缝、涡纹及树脂条纹。

2)木节距指端的净距不应小于木节直径的 3 倍。

3) $Ⅰ_b$ 和 $Ⅰ_{bt}$ 级木板不允许有缺指或坏指，$Ⅱ_b$ 和 $Ⅲ_b$ 级木板的缺指或坏指的宽度不得超过允许木节尺寸的 1/3。

4)在指长范围内及离指根 75mm 的距离内，允许存在钝棱或边缘缺损，但不得超过两个角，且任一角的钝棱面积不得大于木板正常截面面积的 1%。

(4)层板接长的指接弯曲强度应符合规定。

1)见证试验：当新的指接生产线试运转或生产线发生显著的变化(包括指形接头更换剖面)时，应进行弯曲强度试验。

试件应取生产中指接的最大截面。

根据所用树种、指接几何尺寸、胶种、防腐剂或阻燃剂处理等不同的情况，分别取至少 30 个试件。

凡属因木材缺陷引起破坏的试验结果应剔除，并补充试件进行试验，以取得至少 30 个有效试验数据，据此进行统计分析求得指接弯曲强度标准值 f_{mk}。

2)常规试验：从一个生产工作班至少取 3 个试件，尽可能在工作班内按时间和截面尺寸均匀分布。从每一生产批料中至少选一个试件，试件的含水率应与生产的构件一致，并应在试件制成后 24h 内进行试验。其他要求与见证试验相同。

常规试验合格的条件是 15 个有效指接试件的弯曲强度标准值大于等于 f_{mk}。

审核人	×××	交底人	×××	接受交底人	×××

《技术交底记录》填表说明:

(1)附件收集:必要的图纸、图片、“四新”(新材料、新工艺、新产品、新技术)的相关文件。

(2)资料流程:本表由施工单位填写,交底单位与接受交底单位各存一份,也应报送监理(建设)单位。

(3)相关规定与要求:

1)技术交底记录应包括施工组织设计交底、专项施工方案技术交底、分项工程施工技术交底、“四新”技术交底和设计变更技术交底。各项交底应有文字记录,交底双方签认应齐全。

2)重点和大型工程施工组织设计交底应由施工企业的技术负责人把主要设计要求、施工措施以及重要事项对项目主要管理人员进行交底。其他工程施工组织设计交底应由项目技术负责人进行交底。

3)专项施工方案技术交底应由项目专业技术负责人负责,根据专项施工方案对专业工长进行交底。

4)分项工程施工技术交底应由专业工长对专业施工班组(或专业分包)进行交底。

5)“四新”技术交底应由项目技术负责人组织有关专业人员编制。

6)设计变更技术交底应由项目技术部门根据变更要求,并结合具体施工步骤、措施及注意事项等对专业工长进行交底。

(4)注意事项:交底内容应有可操作性和针对性,能够切实地指导施工,不允许出现“详见××规程”之类的语言。技术交底记录应对安全事项重点单独说明。

(5)其他:当作分项工程施工技术交底时,应填写“分项工程名称”栏,其他技术交底可不填写。

三、图纸会审记录

表 C2-2　　　　　　　　　　　　　图纸会审记录

编号：×××

工程名称	××工程	日期	××年×月×日
地点	×××	专业名称	建筑结构

序号	图号	图纸问题	图纸问题交底
1	结一1	结构说明 3 中，混凝土材料：地下室底板外墙使用抗渗混凝土，未给出抗渗等级	抗渗等级为 P8
2	结一3，结一5	地下一层顶板③～⑤/Ⓒ～Ⓔ轴分布筋未标注	分布筋双向双排，均为 ϕ8@200
3	结一10	Z14 中标高为 25.20～28.00m 与剖面图不符	Z14 标高应改为 21.50～28.00mm
4	建一1，结一3，结一12	地下室外墙防水层使用 SBSⅡ型防水卷材，是否需加砌砖墙做防水保护层。	砌 120mm 厚砖墙做保护层

签字栏	建设单位	监理单位	设计单位	施工单位
	×××	×××	×××	×××

《图纸会审记录》填表说明：

(1)资料流程：由施工单位整理、汇总后转签，建设单位、监理单位、施工单位、城建档案馆各保存一份。

(2)相关规定与要求：

1)监理、施工单位应将各自提出的图纸问题及意见，按专业整理、汇总后报建设单位，由建设单位提交设计单位做交底准备。

2)图纸会审应由建设单位组织设计，监理和施工单位技术负责人及有关人员参加。设计单位对各专业问题进行交底，施工单位负责将设计交底内容按专业汇总、整理，形成图纸会审记录。

3)图纸会审记录应由建设、设计、监理和施工单位的项目相关负责人签认，形成正式图纸会审记录。不得擅自在会审记录上涂改或变更其内容。

(3)注意事项：图纸会审记录应根据专业(建筑、结构、给排水及采暖、电气、通风与空调、智能系统等)汇总、整理。图纸会审记录一经各方签字确认后即成为设计文件的一部分，是现场施工的依据。

四、设计变更通知单

表 C2-3　　设计变更通知单

编号：×××

工程名称	××工程	专业名称	结构
设计单位名称	×××设计院	日期	××年×月×日

序号	图号	变更内容
1	结施－2、3	DL1、DL2 梁底标高－2.000 改为－1.800，切 DL1 上挑耳取消
2	结施－14	Z10 中配筋 ϕ18 改为 ϕ20，根数不变
3	结施－30	KL－42，44 的梁高 700 改为 900
4	结施－40	二层梁顶 LL－18 梁高出板面 0.55 改为 0.60
5		
6		

签字栏	建设(监理)单位	设计单位	施工单位
	×××	×××	×××

《设计变更通知单》填表说明：

(1)附件收集：所附的图纸及说明文件等。

(2)资料流程：由设计单位发出，转签后建设单位、监理单位、施工单位、城建档案馆各保存一份。

(3)相关规定与要求：设计单位应及时下达设计变更通知单，内容详实，必要时应附图，并逐条注明应修改图纸的图号。设计变更通知单应由设计专业负责人以及建设(监理)和施工单位的相关负责人签认。

(4)注意事项：设计变更是施工图纸的补充和修改的记载，是现场施工的依据。由建设单位提出设计变更时，必须经设计单位同意。不同专业的设计变更应分别办理，不得办理在同一份设计变更通知单上。

(5)其他："专业名称"栏应按专业填写，如基础、建筑结构、给排水及采暖、电气、通风与空调工程等。

五、工程洽商记录

表 C2-4　　　　　　　　　　**工程洽商记录**

编号：×××

<table>
<tr><td colspan="2">工程名称</td><td>××工程</td><td>专业名称</td><td>结构</td></tr>
<tr><td colspan="2">提出单位名称</td><td>××建设集团有限公司</td><td>日期</td><td>××年×月×日</td></tr>
<tr><td colspan="2">内容提要</td><td colspan="3">支撑系统布置</td></tr>
<tr><td>序号</td><td>图号</td><td colspan="3">洽商内容</td></tr>
<tr><td>1</td><td>结施
-4</td><td colspan="3">关于⑮/Ⓒ～Ⓔ轴内钢楞配置方向与钢模板块垂直，直接承受板块传来的荷载，布置图示如下：
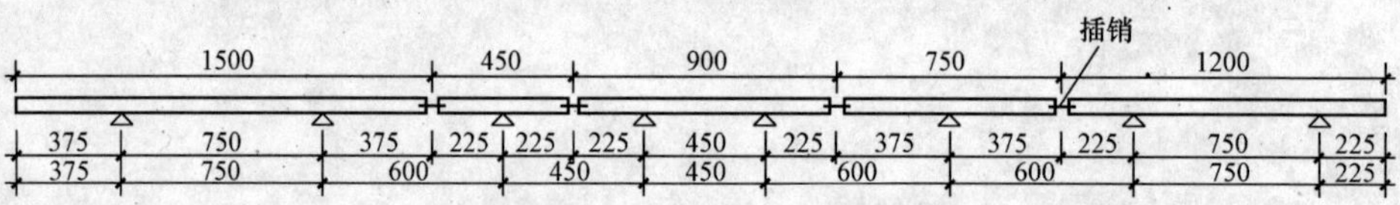</td></tr>
</table>

<table>
<tr><td rowspan="2">签字栏</td><td>建设单位</td><td>监理单位</td><td>设计单位</td><td>施工单位</td></tr>
<tr><td>×××</td><td>×××</td><td>×××</td><td>×××</td></tr>
</table>

《工程洽商记录》填表说明：

(1)附件收集：所附的图纸及说明文件等。

(2)资料流程：由施工单位、建设单位或监理单位其中一方发出，经各方签认后存档。

(3)相关规定与要求：

1)工程洽商记录应分专业办理，内容详实，必要时应附图，并逐条注明应修改图纸的图号。工程洽商记录应由设计专业负责人以及建设、监理和施工单位的相关负责人签认。

2)设计单位如委托建设(监理)单位办理签认，应办理委托手续。

(4)注意事项：不同专业的洽商应分别办理，不得办理在同一份上。签字应齐全，签字栏内只能填写人员姓名，不得另写其他意见。

(5)其他：

1)本表由建设单位、监理单位、施工单位、城建档案馆各保存一份。

2)"专业名称"栏应按专业填写，如基础、建筑结构、给排水及采暖、电气、通风与空调工程等。

第三章　混凝土结构工程资料

第一节　混凝土结构工程资料构成

混凝土结构工程资料的构成见下表。

混凝土结构工程资料构成

<table>
<tr><th>类别与编号</th><th>表格编号或资料来源</th><th colspan="2">资料名称</th><th>备注</th></tr>
<tr><td rowspan="8">施工技术资料（C2）</td><td>施工单位编制</td><td colspan="2">施工组织设计及施工方案</td><td></td></tr>
<tr><td rowspan="4">表 C2-1</td><td rowspan="4">技术交底记录</td><td>模板分项工程施工技术交底</td><td rowspan="4">见本书第二章</td></tr>
<tr><td>钢筋分项工程施工技术交底</td></tr>
<tr><td>混凝土分项工程施工技术交底</td></tr>
<tr><td>装配式结构分项工程施工技术交底</td></tr>
<tr><td>表 C2-2</td><td colspan="2">图纸会审记录</td><td>见本书第二章</td></tr>
<tr><td>表 C2-3</td><td colspan="2">设计变更通知单</td><td>见本书第二章</td></tr>
<tr><td>表 C2-4</td><td colspan="2">工程洽商记录</td><td>见本书第二章</td></tr>
<tr><td rowspan="7">施工测量记录（C3）</td><td>表 A4</td><td colspan="2">施工测量放线报验申请表</td><td></td></tr>
<tr><td>表 C3-1</td><td colspan="2">工程定位测量记录</td><td></td></tr>
<tr><td>表 C3-2</td><td colspan="2">基槽验线记录</td><td></td></tr>
<tr><td>表 C3-3</td><td colspan="2">楼层平面放线记录</td><td></td></tr>
<tr><td>表 C3-4</td><td colspan="2">楼层标高抄测记录</td><td></td></tr>
<tr><td>表 C3-5</td><td colspan="2">建筑物垂直度、标高测量记录</td><td></td></tr>
<tr><td>测量单位提供</td><td colspan="2">沉降观测记录</td><td></td></tr>
<tr><td rowspan="11">施工物资资料（C4）</td><td>表 A9</td><td colspan="2">工程材料、构配件设备报审表</td><td>见本书第九章</td></tr>
<tr><td>表 C4-1</td><td colspan="2">材料、构配件进场检验记录</td><td></td></tr>
<tr><td>供应单位提供</td><td colspan="2">原材料产品合格证</td><td></td></tr>
<tr><td>供应单位提供</td><td colspan="2">原材料出厂检验报告</td><td></td></tr>
<tr><td>供应单位提供</td><td colspan="2">原材料进场复验报告</td><td></td></tr>
<tr><td>供应单位提供</td><td colspan="2">各种模板及连接件、隔离剂等的出厂合格证及质量证明文件</td><td></td></tr>
<tr><td>表 C4-2</td><td colspan="2">材料试验报告</td><td></td></tr>
<tr><td>表 C4-5</td><td colspan="2">半成品钢筋出厂合格证</td><td></td></tr>
<tr><td>供应单位提供</td><td colspan="2">焊条(剂)、连接套质量证明文件</td><td></td></tr>
<tr><td>表 C4-6</td><td colspan="2">预制混凝土构件出厂合格证</td><td></td></tr>
<tr><td>表 C4-8</td><td colspan="2">预拌混凝土出厂合格证</td><td></td></tr>
</table>

续表

类别与编号	表格编号或资料来源	资料名称	备注
施工物资资料（C4）	表 C4-9	钢材试验报告	
	表 C4-10	水泥试验报告	
	表 C4-11	砂试验报告	
	表 C4-12	碎(卵)石试验报告	
	表 C4-13	混凝土外加剂试验报告	
	表 C4-14	混凝土掺合料试验报告	
	检测单位提供	水质试验报告	
施工记录（C5）	表 C5-1	隐蔽工程检查记录	
	表 C5-2	预检记录	
	施工单位提供	自检记录	
	表 C5-4	交接检查记录	
	施工单位提供	砂、石含水率测试记录	
	施工单位提供	混凝土原材料称重记录	
	表 C5-8	混凝土浇灌申请书	
	表 C5-9	预拌混凝土运输单	
	表 C5-10	混凝土开盘鉴定	
	表 C5-11	混凝土拆模申请单	
	表 C5-12	混凝土搅拌测温记录	
	表 C5-13	混凝土养护测温记录	
	表 C5-14	大体积混凝土养护测温记录	
	施工单位提供	同条件养护试块测温记录	
	专业施工单位提供	混凝土施工记录	
	施工单位提供	混凝土坍落度现场检查记录	
	施工单位提供	混凝土质量缺陷记录	
	表 C5-15	构件吊装记录	
	表 C5-16	焊接材料烘焙记录	
	施工单位提供	钢筋机械连接接头加工检查记录	
	施工单位提供	钢筋焊接连接接头检查记录	
	施工单位提供	钢材代换单	
	表 C5-20	预应力筋张拉记录(一)	见本书第四章
	表 C5-21	预应力筋张拉记录(二)	见本书第四章
	表 C5-22	有粘结预应力结构灌浆记录	见本书第四章
	施工单位提供	预应力筋封锚记录	

续表

类别与编号	表格编号或资料来源	资料名称	备注
施工试验记录（C6）	技术提供单位提交	钢筋机械连接形式检验报告	
	检测单位提供	钢筋连接工艺检验(评定)报告	
	表 C6-6	钢筋连接试验报告	
	表 C6-10	混凝土配合比申请单、通知单	
	表 C6-11	混凝土抗压强度试验报告	
	表 C6-12	混凝土试块强度统计、评定记录	
	表 C6-13	混凝土抗渗试验报告	
	混凝土供应单位提供	混凝土碱总量计算书	
	检测单位提供	混凝土抗折强度试验报告	
		混凝土抗冻性检验报告	
		回弹法检测混凝土抗压强度检测报告	
		钻芯法检测混凝土抗压强度报告	
		预应力筋的镦头强度试验报告	
		预应力同条件养护混凝土试件强度试验报告	
		水泥浆试件试验报告	
	试验单位或施工单位提供	水泥浆性能试验报告	
施工质量验收记录（C7）	020101	模板安装工程检验批质量验收记录表	参照 GB 50300 和专业施工质量验收规范
	020101	预制构件模板工程检验批质量验收记录表	
	010601,020101	模板拆除工程检验批质量验收记录表	
	010602,020102	钢筋加工工程检验批质量验收记录表	
	010602,020102	钢筋安装工程检验批质量验收记录表	
	010603,020103	混凝土原材料及配合比设计检验批质量验收记录表	
	010603,020103	混凝土施工工程检验批质量验收记录表	
	010603,020105	现浇结构外观及尺寸偏差检验批质量验收记录表	
	010603,020105	混凝土设备基础外观及尺寸偏差检验批质量验收记录表	
	020106	预制构件检验批质量验收记录表	
	020106	装配式结构施工工程检验批质量验收记录表	

第二节 混凝土结构工程施工测量记录

一、施工测量放线报验申请表

表 A4 施工测量放线 报验申请表

工程名称：××工程 编号：×××

致：××监理公司（监理单位）

我单位已完成了 ××工程施工测量放线 工作，现报上该工程报验申请表，请予以审查和验收。

附件：

(1)测量放线的部位及内容：

序号	工程部位名称	测量放线内容	专职测量员(岗位证书编号)	备注
1	四层②～⑦/Ⓐ～Ⓓ轴	轴线控制线、墙柱轴线及边线、门窗洞口位置线等	×××(＊＊＊＊＊＊＊＊) ×××(＊＊＊＊＊＊＊＊)	30m 钢尺 DS3 级水准仪
2	四层⑥～⑨/Ⓔ～Ⓗ轴	柱轴线控制线、柱边线等	×××(＊＊＊＊＊＊＊＊) ×××(＊＊＊＊＊＊＊＊)	

(2)放线的依据材料 1 页。

(3)放线成果表 5 页。

承包单位(章) ××××建筑工程公司

项目经理 ×××

日期 ××年×月×日

审查意见：

经检查，符合工程施工图的设计要求，达到了《建筑工程施工测量规程》的精度要求。

项目监理机构 ××监理公司××项目监理部

总/专业监理工程师 ×××

日期 ××年×月×日

《施工测量放线报验申请表》填表说明：

(1)附件收集：放线的依据材料，如“工程定位测量记录”、“楼层平面放线记录”等施工测量记录。

(2)资料流程：由施工单位填写后报送监理单位，经审批后返还，建设单位、施工单位及监理单位各存一份。

(3)相关规定与要求：施工单位应在完成施工测量方案、红线桩的校核成果、水准点的引测成果及施工过程中各种测量记录后，填写《施工测量放线报验申请表》，报监理单位审核。

(4)注意事项：“测量员”必须由具有相应资格的技术人员签字，并填写岗位证书号。

二、工程定位测量记录

表 C3-1　　　　**工程定位测量记录**

编号：×××

<table>
<tr><td>工程名称</td><td>××大学综合楼</td><td>委托单位</td><td>××公司</td></tr>
<tr><td>图纸编号</td><td>×××</td><td>施测日期</td><td>××年×月×日</td></tr>
<tr><td>平面坐标依据</td><td>××——036 A、方 1、D</td><td>复测日期</td><td>××年×月×日</td></tr>
<tr><td>高程依据</td><td>测××——036 BMG</td><td>使用仪器</td><td>DS1 96007</td></tr>
<tr><td>允许误差</td><td>±13mm</td><td>仪器校验日期</td><td>××年×月×日</td></tr>
<tr><td colspan="4">定位抄测示意图：
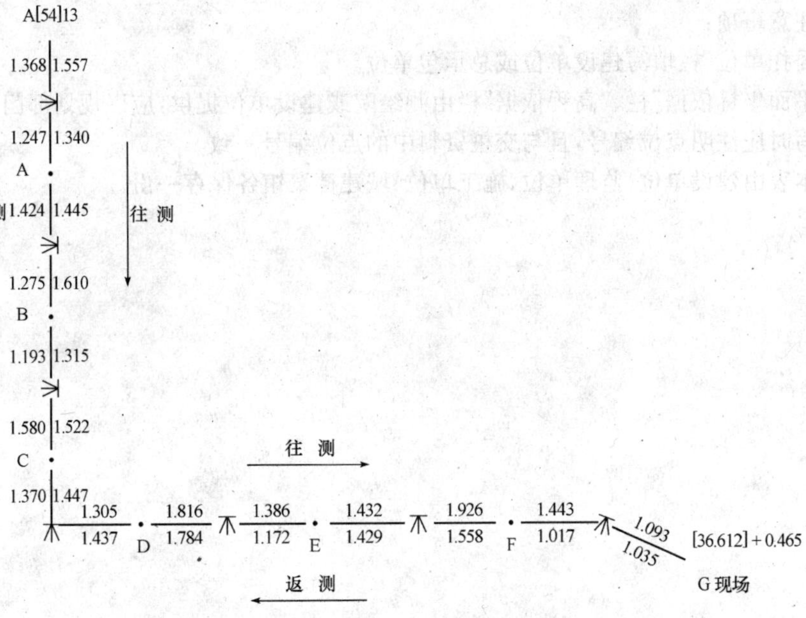
</td></tr>
<tr><td colspan="4">复测结果：
$h_{往}=\sum后-\sum前=+0.273m$
$h_{返}=\sum后-\sum前=-0.281m$
$f_{测}=\sum后+\sum前=-8m$
$f_{允}=\pm5mm$　　$\sqrt{N}=\pm5mm$　　允许误差±13mm$>f_{测}$ 精度合格
高差 $h=+0.277m$</td></tr>
</table>

<table>
<tr><td rowspan="3">签字栏</td><td rowspan="2">建设(监理)单位</td><td>施工(测量)单位</td><td>××建筑工程公司</td><td>测量人员岗位证书号</td><td>027—001038</td></tr>
<tr><td>专业技术负责人</td><td>测量负责人</td><td>复测人</td><td>施测人</td></tr>
<tr><td>×××</td><td>×××</td><td>×××</td><td>×××</td><td>×××</td></tr>
</table>

《工程定位测量记录》填表说明：

(1)附件收集：可附水准原始记录。

(2)资料流程：由施工单位填写，随相应的测量放线报验表进入资料流程。

(3)相关规定与要求：

1)测绘部门根据建设工程规划许可证(附件)批准的建筑工程位置及标高依据，测定出建筑的红线桩。

2)施工测量单位应依据测绘部门提供的放线成果、红线桩及场地控制网(或建筑物控制网)，测定建筑物位置、主控轴线及尺寸、建筑物±0.000绝对高程，并填写《工程定位测量记录》报监理单位审核。

3)工程定位测量完成后，应由建设单位报请政府具有相应资质的测绘部门申请验线，填写《建设工程验线申请表》报请政府测绘部门验线。

(4)注意事项：

1)“委托单位”栏填写建设单位或总承包单位。

2)“平面坐标依据”栏、“高程依据”栏由测绘院或建设单位提供，应以规划部门钉桩坐标为标准，在填写时应注明点位编号，且与交桩资料中的点位编号一致。

(5)本表由建设单位、监理单位、施工单位、城建档案馆各保存一份。

三、基槽验线记录

表 C3-2　　　　　　　　　　　　**基槽验线记录**

编号：×××

工程名称	××大学综合楼	日期	××年×月×日

验线依据及内容：

依据：(1)施工图纸(图号××)设计变更/洽商(编号××)。

(2)本工程《施工测量方案》。

(3)定位轴线控制网。

内容：根据主控轴线和基底平面图，检验建筑物基底外轮廓线、集水坑(电梯井坑)、垫层标高、基槽断面尺寸及边坡坡度(1∶0.5)等。

基槽平面、剖面简图(单位：mm)：

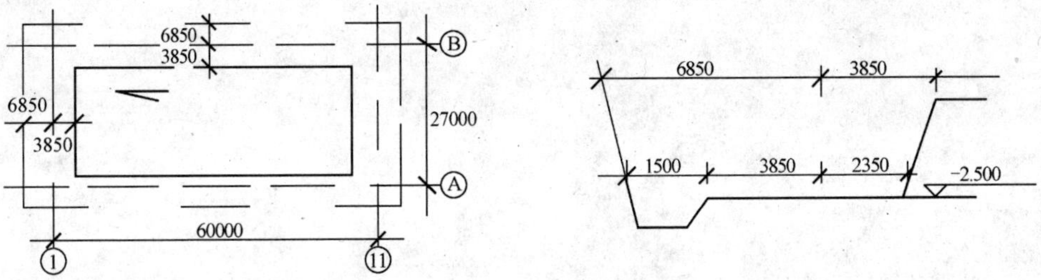

检查意见：

经检查：①～⑪/Ⓐ～Ⓑ轴为基底控制轴线，垫层标高，基槽开挖的断面尺寸，坡度边线、坡度等各项指标符合设计要求及本工程《施工测量方案》规定，可进行下道工序施工。

签字栏	建设(监理)单位	施工测量单位	××建筑工程公司	
		专业技术负责人	专业质检员	施测人
	×××	×××	×××	×××

《基槽验线记录》填表说明：

(1)附件收集："普通测量成果"及基础平面图等。

(2)资料流程：由施工单位填写，随相应部位的测量放线报验表进入资料流程。

(3)相关规定与要求：施工测量单位应根据主控轴线和基槽底平面图，检验建筑物基底外轮廓线、集水坑、电梯井坑、垫层底标高(高程)、基槽断面尺寸和坡度等，填写《基槽验线记录》(表C3-2)并报监理单位审核。

(4)注意事项：重点工程或大型工业厂房应有测量原始记录。

(5)本表由建设单位、施工单位、城建档案馆各保存一份。

四、楼层平面放线记录

表 C3-3 **楼层平面放线记录**

编号：×××

工程名称	××大学综合楼	日期	××年×月×日
放线部位	地下一层①～⑦/Ⓐ～Ⓙ轴顶板	放线内容	轴线竖向投测控制线，墙柱轴线、边线，门窗洞口位置线，垂直度偏差等

放线依据：

(1)施工图纸(图号××)，设计变更/洽商(编号××)。
(2)本工程《施工测量方案》。
(3)地下二层已放好的控制桩点。

放线简图(单位：mm)：

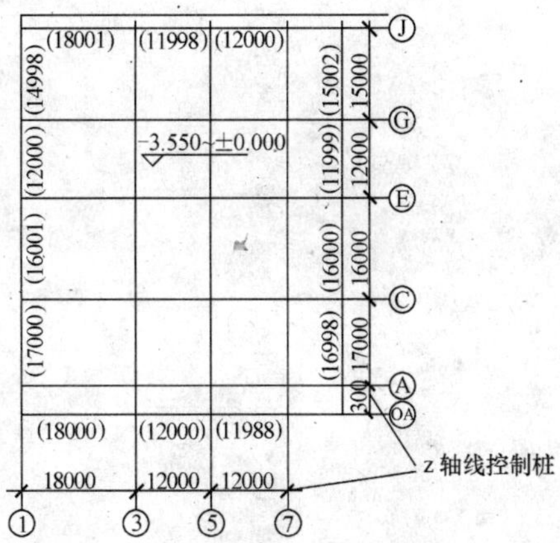

检查意见：

(1)①～⑦/Ⓐ～Ⓙ轴为地下一层外廓纵横轴线。
(2)括号内数据为复测数据(或结果)。
(3)各细部轴线间几何尺寸相对精度最大偏差+2mm，90°角中误差10″，精度合格。
(4)放线内容均已完成，位置准确，垂直度偏差在允许范围内，符合设计及测量方案要求，可以进行下道工序施工。

<table>
<tr><td rowspan="3">签字栏</td><td rowspan="2">建设(监理)单位</td><td>施工单位</td><td colspan="2">××建筑工程公司</td></tr>
<tr><td>专业技术负责人</td><td>专业质检员</td><td>施测人</td></tr>
<tr><td>×××</td><td>×××</td><td>×××</td><td>×××</td></tr>
</table>

《楼层平面放线记录》填表说明：

(1)附件收集：可附平面图。

(2)资料流程：由施工单位填写，随相应部位的测量放线报验表进入资料流程。

(3)相关规定与要求：楼层平面放线内容包括轴线竖向投测控制线、各层墙柱轴线、墙柱边线、门窗洞口位置线、垂直度偏差等，施工单位应在完成楼层平面放线后，填写《楼层平面放线记录》(表 C3-3)并报监理单位审核。

(4)注意事项："放线部位"栏及"放线依据"栏应详细、准确。

(5)本表由施工单位保存。

五、楼层标高抄测记录

表 C3-4　　　　　　**楼层标高抄测记录**

编号：×××

工程名称	××大学综合楼	日期	××年×月×日
抄测部位	地上八层㊳～㊷/Ⓖ～Ⓟ轴墙柱	抄测内容	楼层+0.5m 水平控制线

抄测依据：

(1)施工图纸(图号××)，设计变更/洽商(编号××)。
(2)本工程《施工测量方案》。
(3)地上七层已放好的控制桩点。

检查说明：

地上八层㊳～㊷/Ⓖ～Ⓟ轴墙柱，+0.5m 水平控制线，标高=23.3m，标注点的位置设在墙柱上，依据《测量方案》，在墙柱上设置固定的三个点，作为引测需要。

测量工具：自动安平水准仪，型号 DZS3-1。根据需要可画墙柱剖面简图予以说明，标明重要控制轴线尺寸及指北针方向。

检查意见：

经检验：地上八层㊳～㊷/Ⓖ～Ⓟ轴墙柱，+0.5m 水平控制线已按施工图纸、测量方案引测完毕，引测方法正确，标高传递准确，误差值-2mm，符合设计、规范要求。

签字栏	建设(监理)单位	施工单位	××建筑工程公司	
		专业技术负责人	专业质检员	施测人
	×××	×××	×××	×××

《楼层标高抄测记录》填表说明：

(1)附件收集：可附平面图及立面图。

(2)资料流程：由施工单位填写，随相应部位的测量放线报验表进入资料流程。

(3)相关规定与要求：楼层标高抄测内容包括楼层＋0.5m(或＋1.0m)水平控制线、皮数杆等，施工单位应在完成楼层标高抄测记录后，填写《楼层标高抄测记录》(表C3-4)报监理单位审核。

(4)注意事项：基础、砖墙必须设置皮数杆，以此控制标高。用水准仪校核(允许误差±3mm)。

(5)本表由施工单位保存。

六、建筑物垂直度、标高测量记录

表 C3-5 **建筑物垂直度、标高测量记录**

编号：×××

工程名称	××大学综合楼		
施工阶段	结构工程	观测日期	××年×月×日

观测说明（附观测示意图）：

（图略）

垂直度测量（全高）		标高测量（全高）	
观测部位	实测偏差（mm）	观测部位	实测偏差（mm）
一层	东 3mm、北 2mm	一层	3
二层	东北向一2mm	二层	−4
三层	东 2mm、北 1mm	三层	−3

结论：

工程垂直度、标高测量结果符合设计及规范规定。

<table>
<tr><td rowspan="3">签字栏</td><td rowspan="2">建设（监理）单位</td><td>施工单位</td><td colspan="2">×××建筑工程公司</td></tr>
<tr><td>专业技术负责人</td><td>专业质检员</td><td>施测人</td></tr>
<tr><td>×××</td><td>×××</td><td>×××</td><td>×××</td></tr>
</table>

《建筑物垂直度、标高测量记录》填表说明：

(1)资料流程：由施工单位填写，随相应部位的测量放线报验表进入资料流程。

(2)相关规定与要求：施工单位应在结构工程完成和工程完工竣工时，对建筑物进行垂直度测量记录和标高全高进行实测、控制并记录，填写《建筑物垂直度、标高测量记录》(表 C3-5)报监理单位审核。超过允许偏差且影响结构性能的部位，应由施工单位提出技术处理方案，并经建设(监理)单位认可后进行处理。

(3)注意事项："专业技术负责人"栏内填写项目总工，"专业质检员"栏内填写现场质量检查员，"施测人"栏内填写具体测量人员。

(4)本表由建设单位、施工单位各保存一份。

第三节　混凝土结构工程施工物资资料

一、材料、构配件进场检验记录

表 C4-1　　　　　　　　**材料、构配件进场检验记录**

编号：×××

<table>
<tr><td colspan="2">工程名称</td><td colspan="3">××工程</td><td>检验日期</td><td colspan="3">××年×月×日</td></tr>
<tr><td rowspan="2">序号</td><td rowspan="2">名称</td><td rowspan="2">规格型号</td><td rowspan="2">进场数量</td><td>生产厂家</td><td rowspan="2">检验项目</td><td rowspan="2">检验结果</td><td rowspan="2" colspan="2">备注</td></tr>
<tr><td>合格证号</td></tr>
<tr><td>1</td><td>焊接钢管</td><td>SC15</td><td>130 根</td><td></td><td>外观、质量证明文件</td><td>合格</td><td colspan="2"></td></tr>
<tr><td>2</td><td>热镀锌扁铁</td><td>—25×4</td><td>80 根</td><td></td><td>外观、质量证明文件</td><td>合格</td><td colspan="2"></td></tr>
<tr><td>3</td><td>钢板</td><td>4～6mm 厚</td><td>50 块</td><td></td><td>外观、质量证明文件</td><td>合格</td><td colspan="2"></td></tr>
<tr><td>4</td><td>槽钢</td><td>[8</td><td>90 根</td><td></td><td>外观、质量证明文件</td><td>合格</td><td colspan="2"></td></tr>
<tr><td></td><td></td><td></td><td></td><td></td><td></td><td></td><td colspan="2"></td></tr>
<tr><td></td><td></td><td></td><td></td><td></td><td></td><td></td><td colspan="2"></td></tr>
<tr><td></td><td></td><td></td><td></td><td></td><td></td><td></td><td colspan="2"></td></tr>
<tr><td></td><td></td><td></td><td></td><td></td><td></td><td></td><td colspan="2"></td></tr>
<tr><td colspan="9">检验结论：

以上材料、构配件经外观检查合格，管径壁厚均匀，材质、规格型号及数量经复检均符合设计、规范要求，产品质量证明文件齐全。</td></tr>
<tr><td rowspan="3">签字栏</td><td colspan="2" rowspan="2">建设(监理)单位</td><td colspan="2">施工单位</td><td colspan="4">×××建筑工程公司</td></tr>
<tr><td colspan="2">专业质检员</td><td colspan="2">专业工长</td><td colspan="2">检验员</td></tr>
<tr><td colspan="2">×××</td><td colspan="2">×××</td><td colspan="2">×××</td><td colspan="2">×××</td></tr>
</table>

《材料、构配件进场检验记录》填表说明：

(1)附件收集：

1)物资进场报验须附资料应根据具体情况(合同、规范、施工方案等要求)由监理、施工单位和物资供应单位预先协商确定。

2)由施工单位负责收集附件(包括产品出厂合格证、性能检测报告、出厂试验报告、进场复试报告、材料构配件进场检验记录、产品备案文件、进口产品的中文说明和商检证等)。

(2)资料流程：由直接使用所检查的材料及配件的施工单位填写，作为工程物资进场报验资料进入资料流程。

(3)相关规定与要求：工程物资进场后，施工单位应及时组织相关人员检查外观、数量及供货单位提供的质量证明文件等，合格后填写本表。

(4)注意事项：

1)工程名称填写应准确、统一，日期应准确。

2)物资名称、规格、数量、检验项目和结果等填写应规范、准确。

3)检验结论及相关人员签字应清晰可辨认，严禁其他人代签。

4)按规定应进场复试的工程物资，必须在进场检查验收合格后取样复试。

(5)本表由施工单位填写并保存。

二、材料试验报告(通用)

表 C4-2 材料试验报告(通用)

编号:×××
试验编号:××—0065
委托编号:××—01360

<table>
<tr><td>工程名称及部位</td><td colspan="3">××工程地下二层外墙</td><td>试样编号</td><td>×××</td></tr>
<tr><td>委托单位</td><td colspan="3">×××</td><td>试验委托人</td><td>×××</td></tr>
<tr><td>材料名称及规格</td><td colspan="3">缓凝减水剂</td><td>产地、厂别</td><td>××化工厂</td></tr>
<tr><td>代表数量</td><td>××</td><td>来样日期</td><td>××年×月×日</td><td>试验日期</td><td>××年×月×日</td></tr>
<tr><td colspan="6">要求试验项目及说明:

必试项目:
(1)钢筋腐蚀。
(2)凝结时间差。
(3)28d 抗压强度比。
(4)减水率。</td></tr>
<tr><td colspan="6">试验结果:

(1)钢筋腐蚀:无锈蚀作用。
(2)凝结时间差:初凝 165min,终凝 205min。
(3)28d 抗压强度比:
3d 抗压强度比:124%。
7d 抗压强度比:119%。
28d 抗压强度比:116%。
(4)减水率:21.4%。</td></tr>
<tr><td colspan="6">结论:

依据《混凝土外加剂》(GB 8076—1997)标准,所验项目达到合格品指标要求,对钢筋无腐蚀。</td></tr>
</table>

批准	×××	审核	×××	试验	×××
试验单位	××建筑工程公司试验室				
报告日期	××年×月×日				

注:1. 本表由试验单位提供,建设单位、施工单位各保存一份。
2. 凡按规范要求须做进场复试的物资,且没有专用复试表格的,应使用本表。

三、半成品钢筋出厂合格证

表 C4-5 **半成品钢筋出厂合格证**

编号：×××

工程名称		××工程		合格证编号	×××		
委托单位		××项目部		钢筋种类	热轧带肋钢筋 HRB335		
供应总量(t)		45	加工日期	××年×月×日	供货日期	××年×月×日	
序号	级别规格	供应数量(t)	进货日期	生产厂家	原材报告编号	复试报告编号	使用部位
1	HRB335 Φ20	35	200×年×月×日	××加工厂	013	014	××部位
备注：							

供应单位技术负责人	填表人	供应单位名称（盖章）
×××	×××	
填表日期	××年×月×日	

注：本表由半成品钢筋供应单位提供，建设单位、施工单位各保存一份。

四、预制混凝土构件出厂合格证

表 C4-6　　　　　　　　　　预制混凝土构件出厂合格证

编号：×××

<table>
<tr><td colspan="2">工程名称及使用部位</td><td colspan="2">××工程五层、③～⑧/Ⓒ～Ⓚ轴</td><td colspan="2">合格证编号</td><td colspan="2">200×—×××</td></tr>
<tr><td colspan="2">构件名称</td><td>过梁</td><td>型号规格</td><td colspan="2">GL—2</td><td>供应数量</td><td>85 块</td></tr>
<tr><td colspan="2">制造厂家</td><td colspan="2">×××建材公司</td><td colspan="2">企业等级证</td><td colspan="2">一级</td></tr>
<tr><td colspan="2">标准图号或设计图纸号</td><td colspan="2">设计图纸结 5</td><td colspan="2">混凝土设计强度等级</td><td colspan="2">C30</td></tr>
<tr><td colspan="2">混凝土浇筑日期</td><td colspan="2">××年×月×日至</td><td colspan="2">构件出厂日期</td><td colspan="2">××年×月×日</td></tr>
<tr><td rowspan="10">性能检验评定结果</td><td rowspan="2">混凝土抗压强度
达到设计强度(%)</td><td colspan="6">主　筋</td></tr>
<tr><td colspan="2">试验编号</td><td colspan="2">力学性能</td><td colspan="2">工艺性能</td></tr>
<tr><td>165</td><td colspan="2">××—×××</td><td colspan="2">钢筋屈服点、抗拉强度、伸长率均符合要求</td><td colspan="2">见钢筋原材进场试验报告</td></tr>
<tr><td colspan="7">外　观</td></tr>
<tr><td colspan="3">质　量　状　况</td><td colspan="4">规　格　尺　寸(mm)</td></tr>
<tr><td colspan="3">合　格</td><td colspan="4">1800×200×80</td></tr>
<tr><td colspan="7">结　构　性　能</td></tr>
<tr><td>承载力(kPa)</td><td colspan="2">挠　度(mm)</td><td colspan="2">抗裂检验(kPa)</td><td colspan="2">裂缝宽度(mm)</td></tr>
<tr><td>1.70</td><td colspan="2">1.34</td><td colspan="2">1.40</td><td colspan="2">0.12≤0.15[W_{max}]</td></tr>
<tr><td colspan="7"></td></tr>
<tr><td colspan="6">备注：生产厂家提供的合格证真实有效。</td><td colspan="2">结论：
构件各项性能均符合规范规定，质量合格。</td></tr>
<tr><td colspan="3">供应单位技术负责人</td><td colspan="3">填　表　人</td><td colspan="2" rowspan="3">供应单位名称
(盖章)</td></tr>
<tr><td colspan="3">×××</td><td colspan="3">×××</td></tr>
<tr><td colspan="3">填表日期</td><td colspan="3">××年×月×日</td></tr>
</table>

《预制混凝土构件出厂合格证》填表说明：

(1)预制混凝土构件出厂合格证应由构件加工单位质检部门提供，应包括以下主要内容：构件名称、合格证编号、型号规格、供应数量、制造厂家名称、企业资质等级证、标准图号或设计图纸号、混凝土设计强度等级及浇筑日期、构件出厂日期、性能检验评定结果及结论、技术负责人(签字)、填表人(签字)及单位盖章等内容。

(2)施工单位使用预制构件时，预制构件加工单位应保存各种原材料(如钢筋、混凝土组成材料)的质量合格证明、复试报告等资料，并应保证各种资料的可追溯性；施工单位必须保存加工单位提供的《预制混凝土构件出厂合格证》和进场后的试(检)验报告。

(3)预制构件的质量必须合格，如需采取技术措施的，应满足有关技术要求，经有关技术负责人及建设单位批准签认后，方允许使用，并应注明使用的工程名称和使用部位。

(4)合格证应与实际所用预制构件物证吻合、批次对应。

(5)构件的检查验收须按《混凝土结构工程施工质量验收规范》(GB 50204—2002)要求执行。构件质量控制资料除原材料、施工试验外，还应有模板检查记录、钢筋半成品及成品检查记录、隐蔽工程检查记录、混凝土拌合物检查记录、构件外观检查记录、结构性能检验记录。

(6)本表由预制混凝土构件供应单位提供，建设单位、施工单位各保存一份。

五、预拌混凝土出厂合格证

表 C4-8　　　　　　　　**预拌混凝土出厂合格证**

编号：×××

<table>
<tr><td>使用单位</td><td colspan="3">××项目部</td><td colspan="2">合格证编号</td><td colspan="2">200×—×××</td></tr>
<tr><td>工程名称与
浇筑部位</td><td colspan="7">××大厦　首层游泳池</td></tr>
<tr><td>强度等级</td><td>C30</td><td>抗渗等级</td><td>P8</td><td colspan="2">供应数量(m^3)</td><td colspan="2">150</td></tr>
<tr><td>供应日期</td><td colspan="3">××年×月×日</td><td>至</td><td colspan="3">××年×月×日</td></tr>
<tr><td>配合比编号</td><td colspan="7">200×-×××</td></tr>
<tr><td>原材料名称</td><td>水泥</td><td>砂</td><td>石</td><td colspan="2">掺合料</td><td colspan="2">外加剂</td></tr>
<tr><td>品种及规格</td><td>P·O 42.5R</td><td>河砂</td><td>碎石</td><td>Ⅱ级
粉煤灰</td><td></td><td>HNB－1</td><td></td></tr>
<tr><td>试验编号</td><td>××—
×××</td><td>××—
×××</td><td>××—
×××</td><td>××—
×××</td><td></td><td>××—
×××</td><td></td></tr>
<tr><td rowspan="7">每组抗压
强度值
(MPa)</td><td>试验编号</td><td>强度值</td><td>试验编号</td><td>强度值</td><td colspan="3" rowspan="11">备注：</td></tr>
<tr><td>××—×××</td><td>34.2</td><td></td><td></td></tr>
<tr><td>××—×××</td><td>35.6</td><td></td><td></td></tr>
<tr><td>××—×××</td><td>34.0</td><td></td><td></td></tr>
<tr><td></td><td></td><td></td><td></td></tr>
<tr><td></td><td></td><td></td><td></td></tr>
<tr><td></td><td></td><td></td><td></td></tr>
<tr><td rowspan="4">抗渗试验</td><td>试验编号</td><td>指标</td><td>试验编号</td><td>指标</td></tr>
<tr><td>××—×××</td><td>P>8</td><td></td><td></td></tr>
<tr><td></td><td></td><td></td><td></td></tr>
<tr><td></td><td></td><td></td><td></td></tr>
<tr><td colspan="5">抗压强度统计结果</td><td colspan="3" rowspan="3">结论：

符合规范要求。</td></tr>
<tr><td colspan="2">组数</td><td colspan="2">平均值(MPa)</td><td>最小值(MPa)</td></tr>
<tr><td colspan="2">3</td><td colspan="2">34.6</td><td>34</td></tr>
<tr><td colspan="3">供应单位技术负责人</td><td colspan="2">填表人</td><td colspan="3" rowspan="3">供应单位名称
(盖章)</td></tr>
<tr><td colspan="3">×××</td><td colspan="2">×××</td></tr>
<tr><td colspan="3">填表日期</td><td colspan="2">××年×月×日</td></tr>
</table>

《预拌混凝土出厂合格证》填表说明：

(1)预拌混凝土出厂合格证由供应单位负责提供，应包括以下内容：使用单位、合格证编号、工程名称与浇筑部位、混凝土强度等级、抗渗等级、供应数量、供应日期、原材料品种与规格和试验编号、配合比编号、混凝土28天抗压强度值、抗渗等级性能试验、抗压强度统计结果及结论，技术负责人(签字)、填表人(签字)、供应单位盖章。

(2)预拌混凝土供应单位除向施工单位提供上述资料外，还应保证以下资料的可追溯性：试配记录、水泥出厂合格证和试(检)验报告、砂和碎(卵)石试验报告、轻骨料试(检)验报告、外加剂和掺合料产品合格证和试(检)验报告、开盘鉴定、混凝土抗压强度报告(出厂检验混凝土强度值应填入预拌混凝土出厂合格证)、抗渗试验报告(试验结果应填入预拌混凝土出厂合格证)、混凝土坍落度测试记录(搅拌站测试记录)和原材料有害物含量检测报告。

(3)采用现场搅拌混凝土方式的，施工单位应收集、整理上述资料中除预拌混凝土出厂合格证、预拌混凝土运输单之外的所有资料。

(4)合格证要填写齐全，无未了项，不得漏填或错填。数据真实，结论正确，符合要求。

六、钢材试验报告

表 C4-9 钢材试验报告

编号：×××
试验编号：××－0324
委托编号：××－09384

<table>
<tr><td colspan="2">工程名称</td><td colspan="3">××工程 一层框架柱</td><td colspan="2">试件编号</td><td colspan="2">010</td></tr>
<tr><td colspan="2">委托单位</td><td colspan="3">×××</td><td colspan="2">试验委托人</td><td colspan="2">×××</td></tr>
<tr><td colspan="2">钢材种类</td><td>热轧带肋</td><td>规格或牌号</td><td>HRB335Φ25</td><td colspan="2">生产厂</td><td colspan="2">××钢铁集团公司</td></tr>
<tr><td colspan="2">代表数量</td><td>20t</td><td>来样日期</td><td>××年×月×日</td><td colspan="2">试验日期</td><td colspan="2">××年×月×日</td></tr>
<tr><td colspan="2">公称直径
厚度(mm)</td><td colspan="3">25.00</td><td colspan="2">公称面积
(mm^2)</td><td colspan="2">490.0</td></tr>
<tr><td rowspan="14">试验结果</td><td colspan="5">力学性能试验结果</td><td colspan="3">弯曲性能</td></tr>
<tr><td>屈服点(MPa)</td><td>抗拉强度(MPa)</td><td>伸长率(%)</td><td>$\sigma_{b实}/\sigma_{s实}$</td><td>$\sigma_{s实}/\sigma_{b标}$</td><td>弯心直径(mm)</td><td>角度(°)</td><td>结果</td></tr>
<tr><td>385</td><td>605</td><td>26</td><td>1.57</td><td>1.15</td><td>75</td><td>180</td><td>合格</td></tr>
<tr><td>385</td><td>605</td><td>26</td><td>1.57</td><td>1.15</td><td>75</td><td>180</td><td>合格</td></tr>
<tr><td></td><td></td><td></td><td></td><td></td><td></td><td></td><td></td></tr>
<tr><td></td><td></td><td></td><td></td><td></td><td></td><td></td><td></td></tr>
<tr><td></td><td></td><td></td><td></td><td></td><td></td><td></td><td></td></tr>
<tr><td colspan="8">化学分析</td></tr>
<tr><td rowspan="2">分析编号</td><td colspan="6">化 学 成 分 (%)</td><td rowspan="4">其他：</td></tr>
<tr><td>C</td><td>Si</td><td>Mn</td><td>P</td><td>S</td><td>C_{ep}</td></tr>
<tr><td></td><td></td><td></td><td></td><td></td><td></td><td></td></tr>
<tr><td></td><td></td><td></td><td></td><td></td><td></td><td></td></tr>
<tr><td colspan="8"></td></tr>
<tr><td colspan="8"></td></tr>
<tr><td colspan="9">结论：

依据《钢筋混凝土用热轧带肋钢筋》(GB 1499—1998)标准，符合热轧带肋 HRB335 级力学性能。</td></tr>
<tr><td colspan="2">批准</td><td>×××</td><td>审核</td><td>×××</td><td colspan="2">试验</td><td colspan="2">×××</td></tr>
<tr><td colspan="2">试验单位</td><td colspan="7">××建筑构件厂(中心试验室)</td></tr>
<tr><td colspan="2">报告日期</td><td colspan="7">××年×月×日</td></tr>
</table>

注：本表由试验单位提供，建设单位、施工单位、城建档案馆各保存一份。

七、水泥试验报告

表 C4-10 　　　　　　　　　　**水泥试验报告**

编号：×××
试验编号：××－0666
委托编号：××－06379

<table>
<tr><td colspan="2">工程名称</td><td colspan="3">××工程　三层墙体砌筑</td><td colspan="2">试样编号</td><td colspan="2">×××</td></tr>
<tr><td colspan="2">委托单位</td><td colspan="3">××建筑工程公司</td><td colspan="2">试验委托人</td><td colspan="2">×××</td></tr>
<tr><td colspan="2">品种及强度等级</td><td>P·S 32.5</td><td>出厂编号及日期</td><td>××年×月×日</td><td colspan="2">厂别牌号</td><td colspan="2">×××</td></tr>
<tr><td colspan="2">代表数量(t)</td><td>200</td><td>来样日期</td><td>××年×月×日</td><td colspan="2">试验日期</td><td colspan="2">××年×月×日</td></tr>
<tr><td rowspan="16">试验结果</td><td colspan="2" rowspan="2">一、细度</td><td colspan="2">1. 80μm方孔筛余量</td><td colspan="4">/　%</td></tr>
<tr><td colspan="2">2. 比表面积</td><td colspan="4">/　m³/kg</td></tr>
<tr><td colspan="2">二、标准稠度用水量P</td><td colspan="6">25.4　%</td></tr>
<tr><td colspan="2">三、凝结时间</td><td>初凝</td><td colspan="2">3h 30min</td><td>终凝</td><td colspan="2">5h 25min</td></tr>
<tr><td colspan="2">四、安定性</td><td>雷氏法</td><td colspan="2">/　mm</td><td>饼法</td><td colspan="2">合格</td></tr>
<tr><td colspan="2">五、其他</td><td>/</td><td colspan="2">/</td><td>/</td><td colspan="2">/</td></tr>
<tr><td colspan="8">六、强度(MPa)</td></tr>
<tr><td colspan="4">抗折强度</td><td colspan="4">抗压强度</td></tr>
<tr><td colspan="2">3天</td><td colspan="2">28天</td><td colspan="2">3天</td><td colspan="2">28天</td></tr>
<tr><td>单块值</td><td>平均值</td><td>单块值</td><td>平均值</td><td>单块值</td><td>平均值</td><td>单块值</td><td>平均值</td></tr>
<tr><td rowspan="2">4.5</td><td rowspan="6">4.4</td><td rowspan="2">8.7</td><td rowspan="6">8.7</td><td>23.0</td><td rowspan="6">23.5</td><td>52.5</td><td rowspan="6">53.1</td></tr>
<tr><td>23.8</td><td>53.2</td></tr>
<tr><td rowspan="2">4.3</td><td rowspan="2">8.8</td><td>23.2</td><td>52.7</td></tr>
<tr><td>24.1</td><td>53.8</td></tr>
<tr><td rowspan="2">4.3</td><td rowspan="2">8.7</td><td>23.8</td><td>53.2</td></tr>
<tr><td>22.9</td><td>53.1</td></tr>
<tr><td colspan="9">结论：

依据《矿渣硅酸盐水泥、火山灰硅酸盐水泥及粉煤灰硅酸盐水泥》(GB 1344—1999)标准，符合P·S 32.5水泥强度要求，安定性合格，凝结时间合格。</td></tr>
<tr><td colspan="2">批准</td><td>×××</td><td>审核</td><td>×××</td><td colspan="2">试验</td><td colspan="2">×××</td></tr>
<tr><td colspan="2">试验单位</td><td colspan="7">××建筑公司试验室</td></tr>
<tr><td colspan="2">报告日期</td><td colspan="7">××年×月×日</td></tr>
</table>

注：本表由试验单位提供，建设单位、施工单位、城建档案馆各保存一份。

八、砂试验报告

表 C4-11　　　　砂试验报告

编号：×××
试验编号：××－0018
委托编号：××－01480

<table>
<tr><td>工程名称</td><td colspan="4">××工程</td><td>试样编号</td><td>012</td></tr>
<tr><td>委托单位</td><td colspan="4">×××公司</td><td>试验委托人</td><td>×××</td></tr>
<tr><td>种类</td><td colspan="4">中砂</td><td>产地</td><td>×××</td></tr>
<tr><td>代表数量</td><td colspan="2">600t</td><td>来样日期</td><td>××年×月×日</td><td>试验日期</td><td>××年×月×日</td></tr>
<tr><td rowspan="9">试验结果</td><td rowspan="2">一、筛分析</td><td>细度模数 μf</td><td colspan="4">2.7</td></tr>
<tr><td>级配区域</td><td colspan="4">Ⅱ 区</td></tr>
<tr><td colspan="2">二、含泥量</td><td colspan="3">2.6</td><td>%</td></tr>
<tr><td colspan="2">三、泥块含量</td><td colspan="3">0.5</td><td>%</td></tr>
<tr><td colspan="2">四、表观密度</td><td colspan="3">/</td><td>kg/m³</td></tr>
<tr><td colspan="2">五、堆积密度</td><td colspan="3">1460</td><td>kg/m³</td></tr>
<tr><td colspan="2">六、碱活性指标</td><td colspan="4">/</td></tr>
<tr><td colspan="2">七、其他</td><td colspan="4">含水率/有机质含量/云母含量/碱活性/孔隙率/坚固性/轻物质含量/氯离子含量/紧密密度</td></tr>
<tr><td colspan="7">结论：
依据《普通混凝土用砂、石质量及检验方法标准》(JGJ 52—2006)标准，含泥量合格，泥块含量合格，属Ⅱ区中砂。</td></tr>
<tr><td>批准</td><td>×××</td><td>审核</td><td>×××</td><td>试验</td><td colspan="2">×××</td></tr>
<tr><td>试验单位</td><td colspan="6">××建筑工程公司试验室</td></tr>
<tr><td>报告日期</td><td colspan="6">××年×月×日</td></tr>
</table>

注：本表由试验单位提供，建设单位、施工单位、城建档案馆各保存一份。

九、碎(卵)石试验报告

表 C4-12　　　　碎(卵)石试验报告

编号：×××
试验编号：××－0078
委托编号：××－09420

<table>
<tr><td>工程名称</td><td colspan="3">××工程</td><td colspan="2">试样编号</td><td>008</td></tr>
<tr><td>委托单位</td><td colspan="3">××建筑工程公司</td><td colspan="2">试验委托人</td><td>×××</td></tr>
<tr><td>种类、产地</td><td colspan="3">卵石　×××</td><td colspan="2">公称粒径</td><td>5～10mm</td></tr>
<tr><td>代表数量</td><td>600t</td><td colspan="2">来样日期</td><td>××年×月×日</td><td>试验日期</td><td>××年×月×日</td></tr>
<tr><td rowspan="11">试验结果</td><td rowspan="3">一、筛分析</td><td>级配情况</td><td colspan="4">☑ 连续粒级　□单粒级</td></tr>
<tr><td>级配结果</td><td colspan="4">符合 5～10mm 卵石连续级配</td></tr>
<tr><td>最大粒径</td><td colspan="4">10. 0mm</td></tr>
<tr><td colspan="2">二、含泥量</td><td colspan="3">0. 6</td><td>%</td></tr>
<tr><td colspan="2">三、泥块含量</td><td colspan="3">0. 2</td><td>%</td></tr>
<tr><td colspan="2">四、针片状颗粒含量</td><td colspan="3">0</td><td>%</td></tr>
<tr><td colspan="2">五、压碎指标值</td><td colspan="3">0</td><td>%</td></tr>
<tr><td colspan="2">六、表观密度</td><td colspan="3">/</td><td>kg/m^3</td></tr>
<tr><td colspan="2">七、堆积密度</td><td colspan="3">/</td><td>kg/m^3</td></tr>
<tr><td colspan="2">八、碱活性指标</td><td colspan="4">/</td></tr>
<tr><td colspan="2">九、其他</td><td colspan="4">含水率/氯离子含量/孔隙率/坚固性/有机质含量/
抗压强度试验/轻物质含量</td></tr>
<tr><td colspan="7">结论：

依据《普通混凝土用砂、石质量及检验方法标准》(JGJ 52—2006)标准，含泥量合格，泥块含量合格，针片状含量合格，符合 5～10mm 卵石连续级配，累计筛余 0。</td></tr>
</table>

批准	×××	审核	×××	试验	×××
试验单位	××建筑工程公司试验室				
报告日期	××年×月×日				

注：本表由试验单位提供，建设单位、施工单位、城建档案馆各保存一份。

十、混凝土外加剂试验报告

表 C4-13　　　　　　　　　　**混凝土外加剂试验报告**

编号：×××
试验编号：××－0036
委托编号：××－01460

<table>
<tr><td>工程名称</td><td colspan="3">××工程</td><td>试样编号</td><td>009</td></tr>
<tr><td>委托单位</td><td colspan="3">×××</td><td>试验委托人</td><td>×××</td></tr>
<tr><td>产品名称</td><td>缓凝减水剂</td><td>生产厂</td><td>××厂</td><td>生产日期</td><td>××年×月×日</td></tr>
<tr><td>代表数量</td><td>30kg</td><td>来样日期</td><td>××年×月×日</td><td>试验日期</td><td>××年×月×日</td></tr>
<tr><td>试验项目</td><td colspan="5">必试项目</td></tr>
<tr><td rowspan="7">试验结果</td><td colspan="2">试验项目</td><td colspan="3">试验结果</td></tr>
<tr><td colspan="2">(1)钢筋锈蚀</td><td colspan="3">无锈蚀作用</td></tr>
<tr><td colspan="2">(2)凝结时间差</td><td colspan="3">初凝 165min，终凝 205min</td></tr>
<tr><td colspan="2">(3)28 天抗压强度比</td><td colspan="3">116％</td></tr>
<tr><td colspan="2">(4)减水率</td><td colspan="3">21.3％</td></tr>
<tr><td colspan="2"></td><td colspan="3"></td></tr>
<tr><td colspan="2"></td><td colspan="3"></td></tr>
<tr><td colspan="6">结论：
依据《混凝土外加剂》(GB 8076—1997)标准，所检项目达到合格品指标要求，对钢筋无锈蚀。</td></tr>
</table>

批准	×××	审核	×××	试验	×××
试验单位	××建筑工程公司试验室				
报告日期	××年×月×日				

注：本表由试验单位提供，建设单位、施工单位、城建档案馆各保存一份。

十一、混凝土掺合料试验报告

表 C4-14　　　　混凝土掺合料试验报告

编号：×××

试验编号：××－0015

委托编号：××－01480

<table>
<tr><td>工程名称</td><td colspan="3">××工程</td><td>试样编号</td><td>002</td></tr>
<tr><td>委托单位</td><td colspan="3">×××</td><td>试验委托人</td><td>×××</td></tr>
<tr><td>掺合料种类</td><td>粉煤灰</td><td>等级</td><td>Ⅱ级</td><td>产地</td><td>××一热电厂</td></tr>
<tr><td>代表数量</td><td>200t</td><td>来样日期</td><td>××年×月×日</td><td>试验日期</td><td>××年×月×日</td></tr>
<tr><td rowspan="7">试验结果</td><td rowspan="2">一、细度</td><td>(1)0.045mm 方孔筛筛余</td><td>17.4</td><td>%</td></tr>
<tr><td>(2)80μm 方孔筛筛余</td><td>/</td><td>%</td></tr>
<tr><td colspan="2">二、需水量比</td><td>99</td><td>%</td></tr>
<tr><td colspan="2">三、吸铵值</td><td>/</td><td>%</td></tr>
<tr><td colspan="2">四、28 天水泥胶砂抗压强度比</td><td>128</td><td>%</td></tr>
<tr><td colspan="2">五、烧失量</td><td>7.5</td><td>%</td></tr>
<tr><td colspan="2">六、其他</td><td>/</td><td></td></tr>
<tr><td colspan="6">结论：
依据《用于水泥和混凝土中的粉煤灰》(GB/T 1596—2005)标准，符合Ⅱ级粉煤灰要求。</td></tr>
<tr><td>批准</td><td>×××</td><td>审核</td><td>×××</td><td>试验</td><td>×××</td></tr>
<tr><td>试验单位</td><td colspan="5">××建筑工程公司试验室</td></tr>
<tr><td>报告日期</td><td colspan="5">××年×月×日</td></tr>
</table>

注：本表由试验单位提供，建设单位、施工单位保存一份。

第四节　混凝土结构工程施工记录

一、隐蔽工程检查记录

表 C5-1　　　　隐蔽工程检查记录

编号：×××

<table>
<tr><td>工程名称</td><td colspan="3">××工程</td></tr>
<tr><td>隐检项目</td><td>钢筋绑扎</td><td>隐检日期</td><td>××年×月×日</td></tr>
<tr><td>隐检部位</td><td colspan="3">地下二层　①～⑫/Ⓐ～Ⓗ轴线　−2.95～0.10 标高</td></tr>
<tr><td colspan="4">隐检依据：施工图图号　结施−3，结施−4，结施−11，结施−12　，设计变更/洽商（编号　×××　）及有关国家现行标准等。
主要材料名称及规格/型号：　钢筋，绑扎丝
ϕ12，ϕ14</td></tr>
<tr><td colspan="4">隐检内容：
（1）墙厚 300mm，钢筋双向双层，水平筋 $\phi12@200$，在内侧，竖向筋 $\phi14@150$，在外侧。
（2）墙体的钢筋搭接绑扎，搭接长度 42d（ϕ12：405mm，ϕ14：588mm），接头纵横错开 50%，接头净距 50mm。
（3）墙体筋定位筋采用 ϕ12 竖向梯子筋，每跨 3 道，上口设水平梯子筋与主筋绑牢。
（4）竖向筋起步距柱 50mm，水平筋起步距梁 50mm，间距排距均匀。
（5）绑扎丝为双铅丝，每个相交点八字扣绑扎，丝头朝向混凝土内部。
（6）墙外侧保护层 35mm，内侧 20mm，采用塑料垫块间距 600mm 梅花型布置。
（7）钢筋均无锈污染，已清理干净，如钢筋原材做复试，另附钢筋原材复试报告。试验编号（××）。
隐检内容已做完，请予以检查。
申报人：　×××</td></tr>
<tr><td colspan="4">检查意见：
经检查：
（1）地下二层，①～⑫/Ⓐ～Ⓗ轴墙体所用钢筋品种、级别、规格、配筋数量、位置、间距符合设计要求。
（2）钢筋绑扎安装质量牢固，无漏扣现象，观感符合要求，搭接长度 42d。
（3）墙体定位梯子筋各部位尺寸间距准确与主筋绑扎。
（4）保护层厚度符合要求，采用塑料垫块绑扎牢固，间距 600mm，梅花型布置。
（5）钢筋无锈蚀无污染，进场复试合格，符合《混凝土结构工程施工质量验收规范》（GB 50204—2002）规定。
检查结论：☑同意隐蔽　　　□不同意，修改后进行复查</td></tr>
<tr><td colspan="4">复查结论：

复查人：　　　　复查日期：</td></tr>
</table>

<table>
<tr><td rowspan="3">签字栏</td><td rowspan="2">建设（监理）单位</td><td>施工单位</td><td colspan="2">××建筑工程公司</td></tr>
<tr><td>专业技术负责人</td><td>专业质检员</td><td>专业工长</td></tr>
<tr><td>×××</td><td>×××</td><td>×××</td><td>×××</td></tr>
</table>

《隐蔽工程检查记录》填表说明：

(1)附件收集：该隐蔽工程部位所涉及的施工试验报告等。

(2)资料流程：由施工单位填写后随各相应检验批进入资料流程，无对应检验批的直接报送监理单位审批后各相关单位存档。

(3)相关规定与要求：

1)工程名称、隐检项目、隐检部位及日期必须填写准确。

2)隐检依据、主要材料名称及规格型号应准确，尤其对设计变更、洽商等容易遗漏的资料应填写完全。

3)隐检内容应填写规范，必须符合各种规程、规范的要求。

4)签字应完整，严禁他人代签。

(4)注意事项：

1)检查意见应明确，隐检内容是否符合要求表述清楚。

2)复查结论主要是针对上一次隐检出现的问题进行复查，因此要对质量问题整改的结果描述清楚。

(5)本表由施工单位填报，建设单位、施工单位、城建档案馆各保存一份。

二、预检记录

表 C5-2　　　　预检记录

编号：×××

工程名称	××工程	预检项目	模板
预检部位	地下一层墙体①～⑩/Ⓐ～Ⓗ轴	检查日期	××年×月×日

依据：施工图纸（施工图纸号 结施－6 ）、
设计变更/洽商（编号 ××× ）和有关规范、规程。
主要材料或设备： 钢模板、木模板、架管等
规格/型号：

预检内容：

(1)模板清理干净，隔离剂涂刷均匀，擦拭光亮。
(2)清扫口留设、模内清理。
(3)模板方案支撑，支撑系统的承载能力、刚度和稳定性。
(4)模板几何尺寸、轴线位置、垂直度、平整度、板间接缝。
(5)模板下口海绵条粘贴严密。
(6)模板采用 12 厚覆膜竹胶板，模板支撑木方间距 25mm，水平支撑间距 600mm。
(7)板厚：30mm。
(8)模板标高：－4.15m。
预检内容均已做完，请予检查。

检查意见：

经检查：模板几何尺寸、轴线位置、预埋件、预留洞位置尺寸符合设计要求，标高传递准确，模板清理干净。脱模剂涂刷均匀，无遗漏，模内清理到位。板间接缝采用 1cm 成品海绵条，防止漏浆。按模板方案支撑，支撑系统的承载能力、刚度和稳定性，模板的垂直度、平整度均符合《混凝土结构工程施工质量验收规范》(GB 50204—2002)规定，可进行下道工序施工。

复查意见：

复查人：　　　　复查日期：

施工单位	××建筑工程公司	
专业技术负责人	专业质检员	专业工长
×××	×××	×××

《预检记录》填表说明：

(1)资料流程：由施工单位填写，随相应检验批进入资料流程。

(2)相关规定与要求：依据现行施工规范，对于其他涉及工程结构安全，实体质量、建筑观感质量及人身安全须做质量预控的重要工序，应做质量预控，并填写预检记录。

(3)注意事项：

1)检查意见应明确，一次验收未通过的要注明质量问题，并提出复查要求。

2)复查意见主要是针对上一次验收的问题进行的，因此应把质量问题改正的情况表述清楚。

(4)本表由施工单位保存。

(5)预检记录是对施工重要工序进行的预先质量控制检查记录，为通用施工记录，适用于各专业。

三、自检记录

自检记录

<table>
<tr><td>工程名称</td><td>××工程</td><td>自检部位</td><td>一层①～⑯轴混凝土柱浇筑</td></tr>
<tr><td>自检内容</td><td colspan="3">1. 脚手架的搭设与护栏设置情况。
2. 串筒节间连接。
3. 执行施工工艺标准和操作规程情况。
4. 检验混凝土柱浇筑质量等级。</td></tr>
<tr><td>检查意见</td><td colspan="3">1. 操作中严禁操作人员站在模板或支撑上。
2. 串筒节间必须连接牢固并随时检查。
3. 能严格执行企业工艺标准和操作规程。</td></tr>
<tr><td>填表人</td><td>×××</td><td colspan="2">要求检查时间：××年×月×日</td></tr>
<tr><td>自检人</td><td>×××</td><td colspan="2">检查时间：××年×月×日</td></tr>
<tr><td>备注</td><td colspan="3"></td></tr>
</table>

《自检记录》填写说明：

(1)自检是生产工人在施工过程中，按照质量标准的有关技术文件的要求，对自己生产的产品或完成的生产任务按照规定的时间和数量进行自我检验，可在工序段操作中严格监督、层层把关，保持工序能力一直满足质量要求。能把不合格品自己主动改正，防止流入下道工序。群众性自检主要适用于工序检验，可利用一般检测工具即可完成检测过程。

(2)自检应填写自检记录，班组长应签字。

(3)自检工作是建立在加强管理、认真交底、真正发动和依靠群众基础上的，应有一套完整的管理办法，建立质量管理小组，实行质量控制，才能真正把好自检关。

四、交接检查记录

表 C5-4　　　　　　　　　　　　交接检查记录

编号：×××

<table>
<tr><td>工程名称</td><td colspan="3">××大学科技综合楼</td></tr>
<tr><td>移交单位名称</td><td>××工程公司</td><td>接收单位名称</td><td>××工程公司</td></tr>
<tr><td>交接部位</td><td>三层水泵基础</td><td>检查日期</td><td>××年×月×日</td></tr>
<tr><td colspan="4">交接内容：
检查××工程公司施工的水泵房内水泵基础的混凝土强度等级(C25)、坐标、标高、几何尺寸及螺栓孔位置等。</td></tr>
<tr><td colspan="4">检查结果：
经检查：水泵基础混凝土强度等级达到设计强度等级，坐标、标高、螺栓孔位置准确，几何尺寸偏差符合设计和施工质量验收规范的要求。
验收合格，双方同意移交。</td></tr>
<tr><td colspan="4">复查意见：
复查人：　　　　　　　　　　复查日期：</td></tr>
<tr><td colspan="4">见证单位意见：
移交单位及接收单位检查结果情况属实，该项工程可以正常移交。</td></tr>
<tr><td>见证单位名称</td><td colspan="3">××工程公司××工程项目质量部</td></tr>
<tr><td rowspan="2">签字栏</td><td>移交单位</td><td>接收单位</td><td>见证单位</td></tr>
<tr><td>×××</td><td>×××</td><td>×××</td></tr>
</table>

《交接检查记录》填表说明：

(1)资料流程：由施工单位填写，移交、接收和见证单位各存一份。

(2)相关规定与要求：分项(分部)工程完成，在不同专业施工单位之间应进行工程交接，并应进行专业交接检查，填写《交接检查记录》。移交单位、接收单位和见证单位共同对移交工程进行验收，并对质量情况、遗留问题、工序要求、成品保护、注意事项等进行记录，填写《交接检查记录》。

(3)注意事项："见证单位"栏内应填写施工总承包单位质量技术部门，参与移交及接收的部门不得作为见证单位。

(4)其他：见证单位应根据实际检查情况，并汇总移交和接收单位意见形成见证单位意见。

五、混凝土浇灌申请书

表 C5-8　　　　混凝土浇灌申请书

编号：×××

工程名称	××工程	申请浇灌日期	××年×月×日×时
申请浇灌部位	地上五层①～⑩/Ⓐ～Ⓙ轴柱	申请方量(m^3)	30
技术要求	坍落度 170cm，初凝时间 2.3h	强度等级	C35
搅拌方式 (搅拌站名称)	××混凝土公司	申请人	×××
依据：施工图纸(施工图纸号 结施一3)、设计变更/洽商(编号 /)和有关规范、规程。			
施工准备检查		专业工长 (质量员)签字	备注
1. 隐检情况：☑ 已 □未完成隐检		×××	
2. 预检情况：☑ 已 □未完成预检		×××	
3. 水电预埋情况：☑ 已 □未完成并未经检查		×××	
4. 施工组织情况：☑ 已 □未完备		×××	
5. 机械设备准备情况：☑ 已 □未准备		×××	
6. 保温及有关准备：☑ 已 □未准备		×××	
审批意见： 原材料、机械设备及施工人员已就位。 施工方案及技术交底工作已落实。 计量设备已准备完毕。 各种隐预检、水电预埋工作已完成。			
审批结论：☑ 同意浇筑 □ 整改后自行浇筑 □不同意，整改后重新申请 审批人：××× 施工单位名称：××工程公司 审批日期：××年×月×日			

《混凝土浇灌申请书》填表说明：

(1)资料流程：由施工单位填写并保存，在浇筑混凝土之前报送监理单位备案。

(2)相关规定与要求：正式浇筑混凝土前，施工单位应检查各项准备工作（如钢筋、模板工程检查；水电预埋检查；材料、设备及其他准备等），自检合格填写《混凝土浇灌申请书》报监理单位后方可浇筑混凝土。

(3)其他："技术要求"栏应依据混凝土合同的具体要求填写。

六、预拌混凝土运输单

表 C5-9　　　　**预拌混凝土运输单(正本)**

编号：×××

<table>
<tr><td>合同编号</td><td colspan="6">×××</td><td colspan="2">任务单号</td><td colspan="4">×××</td></tr>
<tr><td>供应单位</td><td colspan="6">××混凝土公司</td><td colspan="2">生产日期</td><td colspan="4">××年×月×日</td></tr>
<tr><td>工程名称及
施工部位</td><td colspan="12">××工程　地上六层　⑥～⑫/Ⓑ～Ⓖ轴墙体</td></tr>
<tr><td>委托单位</td><td colspan="4">×××</td><td colspan="2">混凝土
强度等级</td><td colspan="2">C30</td><td colspan="2">抗渗等级</td><td colspan="2">/</td></tr>
<tr><td>混凝土
输送方式</td><td colspan="4">泵送</td><td colspan="2">其他技术
要求</td><td colspan="6">/</td></tr>
<tr><td>本车供应
方量(m³)</td><td colspan="4">30</td><td colspan="2">要求坍落度
(mm)</td><td colspan="2">140～160</td><td colspan="2">实测坍落度
(mm)</td><td colspan="2">150</td></tr>
<tr><td>配合比编号</td><td colspan="4">××－0012</td><td colspan="2">配合比比例</td><td colspan="6">C∶W∶S∶G=1.0∶0.49∶2.42∶3.17</td></tr>
<tr><td>运距(km)</td><td colspan="2">20</td><td colspan="2">车号</td><td colspan="2">×××</td><td>车次</td><td colspan="2">16</td><td colspan="2">司机</td><td>×××</td></tr>
<tr><td colspan="2">出站时间</td><td colspan="2">13∶38</td><td colspan="2">到场时间</td><td colspan="3">14∶28</td><td colspan="3">现场出罐温度(℃)</td><td>20</td></tr>
<tr><td colspan="2">开始浇筑时间</td><td colspan="2">14∶36</td><td colspan="2">完成浇筑时间</td><td colspan="3">14∶50</td><td colspan="3">现场坍落度
(mm)</td><td>150</td></tr>
<tr><td rowspan="2">签字栏</td><td colspan="3">现场验收人</td><td colspan="5">混凝土供应单位质量员</td><td colspan="4">混凝土供应单位签发人</td></tr>
<tr><td colspan="3">×××</td><td colspan="5">×××</td><td colspan="4">×××</td></tr>
</table>

表 C5-9　　　　**预拌混凝土运输单(副本)**

编号：×××

<table>
<tr><td>合同编号</td><td colspan="6">×××</td><td colspan="2">任务单号</td><td colspan="4">×××</td></tr>
<tr><td>供应单位</td><td colspan="6">××混凝土公司</td><td colspan="2">生产日期</td><td colspan="4">××年×月×日</td></tr>
<tr><td>工程名称及
施工部位</td><td colspan="12">××工程　地上六层　⑥～⑫/Ⓑ～Ⓖ轴墙体</td></tr>
<tr><td>委托单位</td><td colspan="4">×××</td><td colspan="2">混凝土
强度等级</td><td colspan="2">C30</td><td colspan="2">抗渗等级</td><td colspan="2">/</td></tr>
<tr><td>混凝土
输送方式</td><td colspan="4">泵送</td><td colspan="2">其他技术
要求</td><td colspan="6">/</td></tr>
<tr><td>本车供应
方量(m³)</td><td colspan="4">30</td><td colspan="2">要求坍落度
(mm)</td><td colspan="2">140～160</td><td colspan="2">实测坍落度
(mm)</td><td colspan="2">150</td></tr>
<tr><td>配合比编号</td><td colspan="4">××－0012</td><td colspan="2">配合比比例</td><td colspan="6">C∶W∶S∶G=1.0∶0.49∶2.42∶3.17</td></tr>
<tr><td>运距(km)</td><td colspan="2">20</td><td colspan="2">车号</td><td colspan="2">×××</td><td>车次</td><td colspan="2">16</td><td colspan="2">司机</td><td>×××</td></tr>
<tr><td colspan="2">出站时间</td><td colspan="2">13∶38</td><td colspan="2">到场时间</td><td colspan="3">14∶28</td><td colspan="3">现场出罐温度(℃)</td><td>20</td></tr>
<tr><td colspan="2">开始浇筑时间</td><td colspan="2">14∶36</td><td colspan="2">完成浇筑时间</td><td colspan="3">14∶50</td><td colspan="3">现场坍落度
(mm)</td><td>150</td></tr>
<tr><td rowspan="2">签字栏</td><td colspan="3">现场验收人</td><td colspan="5">混凝土供应单位质量员</td><td colspan="4">混凝土供应单位签发人</td></tr>
<tr><td colspan="3">×××</td><td colspan="5">×××</td><td colspan="4">×××</td></tr>
</table>

七、混凝土开盘鉴定

表 C5-10 混凝土开盘鉴定

编号：×××

<table>
<tr><td colspan="2">工程名称及部位</td><td colspan="3">××工程　三层①～⑤/Ⓐ～Ⓟ轴框架柱</td><td>鉴定编号</td><td colspan="2">××××</td></tr>
<tr><td colspan="2">施工单位</td><td colspan="3">××建筑工程公司</td><td>搅拌方式</td><td colspan="2">强制式搅拌机</td></tr>
<tr><td colspan="2">强度等级</td><td colspan="3">C35</td><td>要求坍落度</td><td colspan="2">160～180cm</td></tr>
<tr><td colspan="2">配合比编号</td><td colspan="3">××－0682</td><td>试配单位</td><td colspan="2">××混凝土公司试验室</td></tr>
<tr><td colspan="2">水灰比</td><td colspan="3">0.46</td><td>砂率(%)</td><td colspan="2">42</td></tr>
<tr><td colspan="2">材料名称</td><td>水泥</td><td>砂</td><td>石</td><td>水</td><td>外加剂</td><td>掺合料</td></tr>
<tr><td colspan="2">每 1m³ 用料(kg)</td><td>323</td><td>773</td><td>1053</td><td>180</td><td>8.7</td><td>91</td></tr>
<tr><td colspan="2" rowspan="2">调整后每盘用料(kg)</td><td>砂含水率</td><td>5.4</td><td>%</td><td>石含水率</td><td>0.2</td><td>%</td></tr>
<tr><td>646</td><td>1629</td><td>2110</td><td>272</td><td>17.4</td><td>182</td></tr>
<tr><td rowspan="4">鉴定结果</td><td rowspan="2">鉴定项目</td><td colspan="3">混凝土拌合物性能</td><td rowspan="2" colspan="2">混凝土试块抗压强度(MPa)</td><td rowspan="2">原材料与申请单是否相符</td></tr>
<tr><td>坍落度</td><td>保水性</td><td>粘聚性</td></tr>
<tr><td>设计</td><td>160～180cm</td><td></td><td></td><td rowspan="2" colspan="2">42.2</td><td rowspan="2">相符</td></tr>
<tr><td>实测</td><td>170cm</td><td>良好</td><td>良好</td></tr>
<tr><td colspan="8">鉴定结论：

同意 C35 混凝土开盘鉴定结果，鉴定合格。</td></tr>
<tr><td colspan="2">建设(监理)单位</td><td colspan="2">混凝土试配单位负责人</td><td colspan="2">施工单位技术负责人</td><td colspan="2">搅拌机组负责人</td></tr>
<tr><td colspan="2">×××</td><td colspan="2">×××</td><td colspan="2">×××</td><td colspan="2">×××</td></tr>
<tr><td colspan="2">鉴定日期</td><td colspan="6">××年×月×日</td></tr>
</table>

《混凝土开盘鉴定》填表说明：

(1)资料流程：由施工单位填写。

(2)相关规定与要求：采用预拌混凝土的，应对首次使用的混凝土配合比在混凝土出厂前，由混凝土供应单位自行组织相关人员进行开盘鉴定。采用现场搅拌混凝土的，应由施工单位组织监理单位、搅拌机组、混凝土试配单位进行开盘鉴定工作，共同认定试验室签发的混凝土配合比确定的组成材料是否与现场施工所用材料相符，以及混凝土拌合物性能是否满足设计要求和施工需要。

(3)注意事项：表中各项都应根据实际情况填写清楚、齐全，要有明确的鉴定结果和结论，签字齐全。

(4)采用现场搅拌混凝土的工程，本表由施工单位填写并保存。

八、混凝土拆模申请单

表 C5-11 **混凝土拆模申请单**

编号：×××

<table>
<tr><td>工程名称</td><td colspan="5">××工程</td></tr>
<tr><td>申请
拆模部位</td><td colspan="5">地上二层①～⑨/Ⓐ～Ⓖ轴顶板梁</td></tr>
<tr><td>混凝土
强度等级</td><td>C25</td><td>混凝土浇筑完成
时间</td><td>××年×月×日</td><td>申请
拆模日期</td><td>××年×月×日</td></tr>
<tr><td colspan="6">构件类型
（注：在所选构件类型的□内划“√”）</td></tr>
<tr><td>□墙</td><td>□柱</td><td>板：
□跨度≤2m
☑2m＜跨度≤8m
□跨度＞8m</td><td>梁：
☑跨度≤8m
□跨度＞8m</td><td>□悬臂构件</td><td>______
______
______</td></tr>
<tr><td colspan="2">拆模时混凝土强度要求</td><td>龄期
(d)</td><td>同条件混凝土抗
压强度(MPa)</td><td>达到设计强度
要求(%)</td><td>强度报告编号</td></tr>
<tr><td colspan="2">应达到设计强度的 75 %
（或____MPa）</td><td>18</td><td>20</td><td>80</td><td>××－018</td></tr>
<tr><td colspan="6">审批意见：

同意该部位混凝土拆模申请。

批准拆模日期：××年×月×日</td></tr>
</table>

<table>
<tr><td>施工单位</td><td colspan="2">××建筑工程公司</td></tr>
<tr><td>专业技术负责人</td><td>专业质检员</td><td>申请人</td></tr>
<tr><td>×××</td><td>×××</td><td>×××</td></tr>
</table>

《混凝土拆模申请单》填表说明：

(1)附件收集：混凝土试块抗压强度试验报告。

(2)资料流程：由施工单位填写、保存，在拆模前报送监理单位审核。

(3)相关规定与要求：在拆除现浇混凝土结构板、梁、悬臂构件等底模和柱墙侧模前，应填写《混凝土拆模申请单》并附同条件混凝土强度等级报告，项目专业负责人审批后报监理单位审核，通过后方可拆模。

(4)其他：

1)拆模时混凝土强度规定：当设计有要求时，应按设计要求；当设计无要求时，应按现行规范要求。

2)如结构型式复杂(结构跨度变化较大)或平面不规则，应附拆模平面示意图。

九、混凝土搅拌测温记录

表 C5-12　　　　混凝土搅拌测温记录

编号：×××

<table>
<tr><td colspan="2">工程名称</td><td colspan="13">××工程</td></tr>
<tr><td colspan="2">混凝土
强度等级</td><td colspan="5">C25</td><td colspan="3">坍落度</td><td colspan="5">80mm</td></tr>
<tr><td colspan="2">水泥品种
及强度等级</td><td colspan="5">P·O 42.5</td><td colspan="3">搅拌方式</td><td colspan="5">机械</td></tr>
<tr><td colspan="4">测温时间</td><td rowspan="2">大气温度
(℃)</td><td colspan="4">原材料温度(℃)</td><td rowspan="2">出罐温度
(℃)</td><td rowspan="2">入模温度
(℃)</td><td rowspan="2">备　注</td></tr>
<tr><td>年</td><td>月</td><td>日</td><td>时</td><td>水泥</td><td>砂</td><td>石</td><td>水</td></tr>
<tr><td>××</td><td>×</td><td>×</td><td>10</td><td>+5</td><td>+5</td><td>+16</td><td>+4</td><td>+62</td><td>+18</td><td>+16</td><td>现场搅拌</td></tr>
<tr><td>××</td><td>×</td><td>×</td><td>12</td><td>+6</td><td>+5</td><td>+15</td><td>+4</td><td>+61</td><td>+18</td><td>+16</td><td>现场搅拌</td></tr>
<tr><td>××</td><td>×</td><td>×</td><td>14</td><td>+8</td><td>+5</td><td>+12</td><td>+5</td><td>+65</td><td>+20</td><td>+17</td><td>现场搅拌</td></tr>
<tr><td>××</td><td>×</td><td>×</td><td>16</td><td>+6</td><td></td><td></td><td></td><td></td><td>+18</td><td>+15</td><td>商品搅拌</td></tr>
<tr><td>××</td><td>×</td><td>×</td><td>18</td><td>+5</td><td></td><td></td><td></td><td></td><td>+19</td><td>+16</td><td>商品混凝土</td></tr>
<tr><td>××</td><td>×</td><td>×</td><td>20</td><td>+2</td><td></td><td></td><td></td><td></td><td>+17</td><td>+15</td><td>商品混凝土</td></tr>
<tr><td>××</td><td>×</td><td>×</td><td>22</td><td>0</td><td></td><td></td><td></td><td></td><td>+18</td><td>+16</td><td>商品混凝土</td></tr>
<tr><td>××</td><td>×</td><td>×</td><td>24</td><td>−2</td><td></td><td></td><td></td><td></td><td>+19</td><td>+16</td><td>商品混凝土</td></tr>
</table>

<table>
<tr><td>施工单位</td><td colspan="2">××建筑工程公司</td></tr>
<tr><td>专业技术负责人</td><td>专业质检员</td><td>记录人</td></tr>
<tr><td>×××</td><td>×××</td><td>×××</td></tr>
</table>

《混凝土搅拌测温记录》填表说明：

(1)资料流程：由施工单位填写并保存，需按时提供给监理单位。

(2)相关规定与要求：

1)冬期混凝土施工时，应进行搅拌的测温记录。

2)混凝土冬施养护测温应先绘制测温点布置图，包括测温点的部位、深度等。测温记录应包括大气温度、原材料温度、出罐温度、入模温度等。

3)测温的具体要求应有书面技术交底，执行人必须按照规定操作。

(3)注意事项：“备注”栏内应填写“现场搅拌”或“商品混凝土”。

十、混凝土养护测温记录

表 C5-13 **混凝土养护测温记录**

编号：×××

工程名称			××工程															
部位			××			养护方法			综合蓄热法				测温方式				电子测温	
测温时间			大气温度(℃)	各测孔温度(℃)											平均温度(℃)	间隔时间(h)	成熟度	
月	日	时		1#	2#	3#	4#	5#	6#	7#	8#	9#	10#	11#			本次	累计
×	×	8	+4	12	11	13	12	12	11	10	12	14	11	11	11.7	2		
×	×	10	+5	12	10	12	13	12	10	10	11	13	11	10	11.3	2	57.2	57.2
×	×	12	+8	10	10	11	12	11	10	9	11	12	10	10	10.5	2	56.8	114.0
×	×	14	+10	9	10	9	12	11	9	9	10	11	10	9	9.9	2	54.5	168.5
×	×	16	+8	9	9	8	11	10	9	8	9	11	9	8	9.2	2	53.2	221.7
×	×	18	+6	8	7	8	10	9	8	8	9	10	8	7	8.4	2	51.8	273.6
×	×	20	+3	7	7	7	9	9	8	7	8	9	8	7	7.8	2	50.4	323.9
×	×	22	−1	7	6	7	8	8	7	7	8	9	7	6	7.3	2	49.2	373.1
×	×	24	−2	5	4	6	6	7	6	5	7	8	5	5	5.8	2	47.3	420.4

施工单位	××建筑工程公司	
专业技术负责人	专业工长	测温员
×××	×××	×××

《混凝土养护测温记录》填表说明：

(1)资料流程：由施工单位填写并保存，需按时提供给监理单位。

(2)相关规定与要求：

1)冬季混凝土施工时，应进行养护测温记录。

2)混凝土冬施养护测温应先绘制测温点布置图，包括测温点的部位、深度等。

3)如果将水加热到最高温度，还不能满足混凝土温度的要求，再考虑加热骨料。在骨料中，不应夹杂有冰屑、雪团和冰块。

十一、大体积混凝土养护测温记录

表 C5-14 **大体积混凝土养护测温记录**

编号：×××

工程名称	××工程		施工单位	××建筑工程公司	
测温部位	①～⑤/Ⓐ～Ⓙ轴	测温方式	隔离测温	养护方法	浇水覆盖

测温时间			大气温度（℃）	入模温度（℃）	孔号	各测温孔温度（℃）		$t_{中}-t_{上}$（℃）	$t_{中}-t_{下}$（℃）	$t_{气}-t_{上}$（℃）	内外最大温差记录（℃）	裂缝宽度（mm）
月	日	时										
×	×	10	29	25	1#	上	32.5	6	4	−3.5		无
						中	38.5					
						下	34.5					
×	×	12	30	24	2#	上	32.0	13	9	−2		无
						中	45.0					
						下	36.0					
×	×	14	32	25	3#	上	30.0	13	5	2		无
						中	43.0					
						下	38.0					
×	×	16	30	23	4#	上	33.0	12	5	−3		无
						中	45.0					
						下	40.0					
						上						
						中						
						下						
						上						
						中						
						下						
						上						
						中						
						下						
						上						
						中						
						下						

审核意见：

混凝土测温点布置及测温措施控制，各项数据符合设计、规范要求。

施工单位	××建筑工程公司	
专业技术负责人	专业工长	测温员
×××	×××	×××

《大体积混凝土养护测温记录》填表说明:

(1)资料流程:由施工单位填写并保存,需按时提供给监理单位。

(2)相关规定与要求:

1)大体积混凝土施工应有对混凝土入模时大气温度、养护温度、内外温差记录和对裂缝进行检查并记录。

2)大体积混凝土养护测温应附测温点布置图,包括测温点的布置位置、深度等。

(3)注意事项:大体积混凝土养护测温记录应真实、及时,严禁弄虚作假。

(4)其他:附测温点布置图,$t_{气}$ 表示大气温度。

十二、混凝土坍落度现场检查记录

混凝土坍落度现场检查记录

编号：×××

工程名称及浇筑部位		××工程　三层①～④轴顶板				浇筑日期	××年×月×日	
混凝土强度等级		C45	设计坍落度(mm)	18±2		申请方量(m^3)	20	
序号	车号	方量(m^3)	到场时间	抽测时间		实测坍落度(mm)	偏差值(mm)	备注
				时	分			
1	10	7	11：26	11	24	150		
2	25	7	11：35	11	55	165		
3	4	7	12：25	12	20	145		

签　字	施工单位	××建筑工程公司	
	技术负责人	专业工长	记录人员
	×××	×××	×××

《混凝土坍落度现场检查记录》填写说明：

(1)坍落度试验取样：适用于塑性和低塑性混凝土(即坍落度大于 10mm 的)。

取样地点：应从混凝土浇筑地点随机取样。从同一盘搅拌机或同一车运送的混凝土中取样。商品混凝土是在交货地点取样。

(2)取样频率：每个作业班开盘时检查坍落度，合格后才能浇筑，中间要随时检查；抗压强度试块制作，采样时先检查坍落度，合格后再制模；要作记录并写入“混凝土抗压强度试验报告”委托书；商品混凝土在施工现场应有坍落度检验记录写入委托单。

(3)现场测定坍落度的方法：将混凝土拌合料分三层装入标准尺寸的圆锥坍落度筒中，每一层用直径为 16mm 的捣棒垂直地均匀地自外向里插捣 25 次，三层捣完后将圆筒口刮平，然后将筒垂直提起，这时混凝土便由于自重发生坍落现象。量出向下坍落的尺寸(mm)就叫坍落度，坍落度越大表示混凝土流动性越大。

(4)粘聚性，保水性检查：在做完坍落度试验后，可以同时观察混凝土的粘聚性、保水性。如果混凝土底部不出现过多的稀浆或离析、泌水，说明保水性好，并用捣棒从侧面轻轻敲击混凝土拌合料，粘聚性好的混凝土，混凝土慢慢脱落，不发生离析坍落或崩溃。否则粘聚性、保水性不好。

(5)维勃稠度测定：适用于干硬性混凝土。表示拌合物的稠度值。

(6)本表由施工单位填写并保存。

十三、构件吊装记录

表 C5-15 **构件吊装记录**

编号：×××

工程名称		××工程					
使用部位		屋面		吊装日期		××年×月×日	
序号	构件名称及编号	安装位置	安装检查				备 注
			搁置与搭接尺寸	接头(点)处理	固定方法	标高检查	
1	**预应力屋面板 1#**	①～③/Ⓐ～Ⓙ轴	**70mm**	**焊接混凝土灌缝**	**焊接**	**22.8**	

结论：

预应力屋面板有出厂合格证，外观、型号数量等各项技术指标符合设计要求及规范规定，构件合格。

施工单位	**××建筑工程公司**	
专业技术负责人	专业质检员	记录人
×××	×××	×××

《构件吊装记录》填表说明：

(1)附件收集：相关设计要求文件等。

(2)资料流程：由施工单位填写并保存。

(3)相关规定与要求：预制混凝土结构构件，大型钢、木构件吊装应有《构件吊装记录》(表C5-15)，吊装记录内容包括构件型号名称、安装位置、外观检查、清理、锚固、构件支点的搁置与搭接长度、接头处理、固定方法、标高、垂直偏差等，应符合设计和现行标准、规范要求。

(4)注意事项："备注"栏内应填写吊装过程中出现的问题、处理措施及质量情况等。对于重要部位或大型构件的吊装工程，应有专项安全技术交底。

十四、焊接材料烘焙记录

表 C5-16　　　　　　　　**焊接材料烘焙记录**

编号：×××

工程名称	××工程									
焊材牌号	E 4311	规格(mm)		3.2×350		焊材厂家		×××		
钢材材质	热轧带肋	烘焙方法		电炉烘干法		烘焙日期		××年×月×日		
序号	施焊部位	烘焙数量(kg)	烘焙要求					保温要求		备注
			烘干温度(℃)	烘干时间(h)	实际烘焙			降至恒温(℃)	保温时间(h)	
					烘焙日期	从时分	至时分			
1	首层①～⑥/Ⓐ～Ⓔ轴框架柱	100	280	2	××年×月×日	8∶30	10∶30	30	4	

说明：

(1)焊条、焊剂等在使用前，应按产品说明书及有关工艺文件规定的技术要求进行烘干。

(2)焊接材料烘干后应存放在保温箱内，随用随取，焊条由保温箱(筒)取出到施焊的时间不得超过 2h，酸性焊条不宜超过 4h。烘干温度 250～300℃。

施工单位	××建筑工程公司	
专业技术负责人	专业质检员	记录人
×××	×××	×××

《焊接材料烘焙记录》填表说明：

(1)资料流程：由施工单位填写并保存。

(2)相关规定与要求：按照规范、标准和工艺文件等规定应进行烘焙的焊接材料，应在使用前按要求进行烘焙，并填写《焊接材料烘焙记录》。烘焙记录内容包括烘焙方法、烘干温度、要求烘干时间、实际烘焙时间和保温要求等。

第五节　混凝土结构工程施工试验记录

一、钢筋连接试验报告

表 C6-6　　　　　　　　　　**钢筋连接试验报告**

编号：×××

试验编号：××－0016

委托编号：××－01685

<table>
<tr><td colspan="2">工程名称及部位</td><td colspan="4">××工程　地下室框架梁</td><td colspan="2">试件编号</td><td>007</td></tr>
<tr><td colspan="2">委托单位</td><td colspan="4">××建筑工程公司</td><td colspan="2">试验委托人</td><td>×××</td></tr>
<tr><td colspan="2">接头类型</td><td colspan="4">滚轧直螺纹连接</td><td colspan="2">检验形式</td><td>/</td></tr>
<tr><td colspan="2">设计要求
接头性能等级</td><td colspan="4">A 级</td><td colspan="2">代表数量</td><td>300 个</td></tr>
<tr><td colspan="2">连接钢筋种类
及牌号</td><td>HRB335</td><td>公称直径</td><td colspan="2">20mm</td><td colspan="2">原材试验编号</td><td>××－006</td></tr>
<tr><td colspan="2">操作人</td><td>×××</td><td>来样日期</td><td colspan="2">××年×月×日</td><td colspan="2">试验日期</td><td>××年×月×日</td></tr>
<tr><td colspan="3">接头试件</td><td colspan="2">母材试件</td><td colspan="3">弯曲试件</td><td rowspan="2">备注</td></tr>
<tr><td>公称面积
（mm^2）</td><td>抗拉强度
（MPa）</td><td>断裂特征
及位置</td><td>实测面积
（mm^2）</td><td>抗拉强度
（MPa）</td><td>弯心直径</td><td>角度</td><td>结果</td></tr>
<tr><td>314.2</td><td>595</td><td>母材拉断</td><td>314.2</td><td>600</td><td></td><td></td><td></td><td></td></tr>
<tr><td>314.2</td><td>600</td><td>母材拉断</td><td>314.2</td><td>595</td><td></td><td></td><td></td><td></td></tr>
<tr><td>314.2</td><td>605</td><td>母材拉断</td><td>/</td><td>/</td><td></td><td></td><td></td><td></td></tr>
<tr><td></td><td></td><td></td><td></td><td></td><td></td><td></td><td></td><td></td></tr>
<tr><td></td><td></td><td></td><td></td><td></td><td></td><td></td><td></td><td></td></tr>
<tr><td></td><td></td><td></td><td></td><td></td><td></td><td></td><td></td><td></td></tr>
<tr><td></td><td></td><td></td><td></td><td></td><td></td><td></td><td></td><td></td></tr>
<tr><td></td><td></td><td></td><td></td><td></td><td></td><td></td><td></td><td></td></tr>
<tr><td></td><td></td><td></td><td></td><td></td><td></td><td></td><td></td><td></td></tr>
<tr><td colspan="9">结论：

根据《钢筋机械连接通用技术规程》(JGJ 107—2003)标准，符合滚轧直螺纹 A 级接头性能。</td></tr>
</table>

<table>
<tr><td>批准</td><td>×××</td><td>审核</td><td>×××</td><td>试验</td><td>×××</td></tr>
<tr><td>试验单位</td><td colspan="5">××建筑工程公司试验室</td></tr>
<tr><td>报告日期</td><td colspan="5">××年×月×日</td></tr>
</table>

《钢筋连接试验报告》填表说明：

(1)填写单位：由具备相应资质等级的检测单位出具后随相关资料进入资料流程。

(2)相关规定与要求：

1)用于焊接、机械连接钢筋的力学性能和工艺性能应符合现行国家标准。

2)正式焊(连)接工程开始前及施工过程中，应对每批进场钢筋，在现场条件下进行工艺检验，工艺检验合格后方可进行焊接或机械连接的施工。

3)钢筋焊接接头或焊接制品、机械连接接头应按焊(连)接类型和验收批的划分进行质量验收并现场取样复试。

4)承重结构工程中的钢筋连接接头应按规定实行有见证取样和送检的管理。

5)采用机械连接接头型式施工时，技术提供单位应提交由有相应资质等级的检测机构出具的型式检验报告。

6)焊(连)接工人必须具有有效的岗位证书。

(3)注意事项：试验报告中应写明工程名称、钢筋级别、接头类型、规格、代表数量、检验形式、试验数据、试验日期以及试验结果。

(4)本表由建设单位、施工单位、城建档案馆各保存一份。

(5)钢筋连接试验项目、组批原则及规定见下表。

钢筋连接试验项目、组批原则及规定

材料名称及相关标准、规范代号	必试试验项目	组批原则及取样规定
钢筋电阻点焊	抗拉强度；抗剪强度；弯曲试验	班前焊(工艺性能试验)在工程开工或每批钢筋正式焊接前，应进行现场条件下的焊接性能试验，试验合格后方可正式生产。试件数量及要求如下： (1)钢筋焊接骨架： 1)凡钢筋级别、直径及尺寸相同的焊接骨架应视为同一类制品，且每200件为一验收批，一周内不足200件的也按一批计。 2)试件应从成品中切取，当所切取试件的尺寸小于规定的试件尺寸时，或受力钢筋大于8mm时，可在生产过程中焊接试验网片，从中切取试件。 3)由几种钢筋直径组合的焊接骨架，应对每种组合做力学性能检验；热轧钢筋焊点，应做抗剪试验，试件数量3件；冷拔低碳钢丝焊点，应做抗剪试验及对较小的钢筋做拉伸试验，试件数量3件。 (2)钢筋焊接网： 1)凡钢筋级别、直径及尺寸相同的焊接骨架应视为同一类制品，每批不应大于30t，或每200件为一验收批，一周内不足30t或200件的也按一批计。 2)试件应从成品中切取；冷轧带肋钢筋或冷拔低碳钢丝焊点应做拉伸试验，纵向试件数量1件，横向试件数量1件；冷轧带肋钢筋焊点应做弯曲试验，纵向试件数量1件，横向试件数量1件；热轧钢筋、冷轧带肋钢筋或冷拔低碳钢丝的焊点应做抗剪试验，试件数量3件

续表

材料名称及相关标准、规范代号	必试试验项目	组批原则及取样规定
钢筋闪光对焊接头	抗拉强度；弯曲试验	(1)同一台班内由同一焊工完成的300个同级别、同直径钢筋焊接接头应作为一批，同一台班内，可在一周内累计计算；累计仍不足300个接头，也按一批计。 (2)力学性能试验时，试件应从成品中随机切取6个试件，其中3个做拉伸试验，3个做弯曲试验。 (3)焊接等长预应力钢筋(包括螺丝杆与钢筋)可按生产条件做模拟试件。 (4)螺丝端杆接头可只做拉伸试验。 (5)若初试结果不符合要求时，可随机再取双倍数量试件进行复试。 (6)当模拟试件试验结果不符合要求时，复试应从成品中切取，其数量和要求与初试时相同
钢筋电弧焊接头	抗拉强度	(1)工厂焊接条件下：同钢筋级别300个接头为一验收批。 (2)在现场安装条件下：每一至二层楼同接头形式、同钢筋级别的接头300个为一验收批，不足300个接头也按一批计。 (3)试件应从成品中随机切取300个接头进行拉伸试验。 (4)装配式结构节点的焊接接头可按生产条件制造模拟试件。 (5)当初试结果不符合要求时，应再取6个试件进行复试
钢筋电渣压力焊接头	抗拉强度	(1)一般构筑物中以300个同级别钢筋接头作为一验收批。 (2)在现浇钢筋混凝土多层结构中，应以每一楼层或施工区段中300个同级别钢筋接头作为一验收批，不足300个接头也按一批计。 (3)试件应从成品中随机切取3个接头进行拉伸试验。 (4)当初试结果不符合要求时，应再取6个试件进行复试
钢筋气压焊接头	抗拉强度；弯曲试验(梁、板的水平筋连接)	(1)一般构筑物中以300个接头作为一验收批。 (2)在现浇钢筋混凝土房屋结构中，同一楼层中应以300个接头作为一验收批，不足300个接头也按一批计。 (3)试件应从成品中随机切取3个接头进行拉伸试验；在梁、板的水平钢筋连接中，应另切取3个试件做弯曲试验。 (4)当初试结果不符合要求时，应再取6个试件进行复试
预埋件钢筋T型接头	抗拉强度	(1)预埋件钢筋埋弧压力焊，同类型预埋件一周内累计每300件时为一验收批，不足300个接头也按一批计，每批随机切取3个试件做拉伸试验。 (2)当初试结果不符合规定时，再取6个试件进行复试
机械连接包括： (1)锥螺纹连接 (2)套筒挤压接头 (3)镦粗直螺纹钢筋接头 (GB 50204—2002) (JGJ 107—2003) (JGJ 108—1996) (JGJ 109—1996) (JGJ 171—2005)	抗拉强度	(1)工艺检验：在正式施工前，按同批钢筋、同种机械连接形式的接头试件不少于3根，同时对应截取接头试件的母材，进行抗拉强度试验。 (2)现场检验：接头的现场检验按验收批进行，同一施工条件下采用同一批材料的同等级、同形式、同规格的接头每500个为一验收批，不足500个接头也按一批计，每一验收批必须在工程结构中随机截取3个试件做单向拉伸试验，在现场连续检验10个验收批，其全部单向拉伸试件一次抽样均合格时，验收批接头数量可扩大一倍

二、混凝土配合比申请单、通知单

表 C6-10 **混凝土配合比申请单**

编号：×××

委托编号：××－01560

工程名称及部位	××工程 地上四层①～⑤/Ⓐ～Ⓟ轴框架柱				
委托单位	××建筑工程公司	试验委托人	×××		
设计强度等级	C35	要求坍落度、扩展度	160～180mm		
其他技术要求	/				
搅拌方法	机械	浇捣方法	机械	养护方法	标养
水泥品种及强度等级	P·O 42.5R	厂别牌号	×××××	试验编号	××C－043
砂产地及种类	××× 中砂			试验编号	××S－015
石子产地及种类	××× 碎石	最大粒径	25 mm	试验编号	××G－017
外加剂名称	PHF－3 泵送剂			试验编号	××D－024
掺合料名称	Ⅱ级粉煤灰			试验编号	××F－029
申请日期	××年×月×日	使用日期	××年×月×日	联系电话	×××××××××

表 C6-10 **混凝土配合比通知单**

配合比编号：××－0082

试配编号：×××

强度等级	C35	水胶比	0.43	水灰比	0.46	砂率	42%
材料名称 / 项目	水泥	水	砂	石	外加剂	掺合料	其他
每 $1m^3$ 用量(kg/m^3)	320	189	773	1053	8.7	91	
每盘用量(kg)	1.00	0.56	2.39	3.26	0.03	0.28	
混凝土碱含量(kg/m^3)	注：此栏只有在有关规定及要求需要填写时才填写。						
说明：本配合比所使用材料均为干材料，使用单位应根据材料含水情况随时调整。							

批准	审核	试验
×××	×××	×××
报告日期	××年×月×日	

注：本表由施工单位保存。

三、混凝土抗压强度试验报告

表 C6-11 混凝土抗压强度试验报告

编号：×××

试验编号：××－0017

委托编号：××－02450

<table>
<tr><td>工程名称
及部位</td><td colspan="5">××工程　二层楼</td><td colspan="2">试件编号</td><td colspan="2">××－003</td></tr>
<tr><td>委托单位</td><td colspan="5">××建筑工程公司</td><td colspan="2">试验委托人</td><td colspan="2">×××</td></tr>
<tr><td>设计强度等级</td><td colspan="5">C30，P8</td><td colspan="2">实测坍落度、
扩展度</td><td colspan="2">160mm</td></tr>
<tr><td>水泥品种及
强度等级</td><td colspan="5">P·O 42.5</td><td colspan="2">试验编号</td><td colspan="2">××C－022</td></tr>
<tr><td>砂种类</td><td colspan="5">中砂</td><td colspan="2">试验编号</td><td colspan="2">××S－011</td></tr>
<tr><td>石种类、
公称直径</td><td colspan="5">碎石　5～10mm</td><td colspan="2">试验编号</td><td colspan="2">××G－013</td></tr>
<tr><td>外加剂名称</td><td colspan="5">UEA</td><td colspan="2">试验编号</td><td colspan="2">××D－017</td></tr>
<tr><td>掺合料名称</td><td colspan="5">Ⅱ级粉煤灰</td><td colspan="2">试验编号</td><td colspan="2">××F－009</td></tr>
<tr><td>配合比编号</td><td colspan="9">××－22</td></tr>
<tr><td>成型日期</td><td>××年
×月×日</td><td colspan="2">要求龄期
（天）</td><td colspan="2">26</td><td colspan="3">要求试验日期</td><td>××年
×月×日</td></tr>
<tr><td>养护方法</td><td>标养</td><td colspan="2">收到日期</td><td colspan="4">××年×月×日</td><td>试块制作人</td><td>×××</td></tr>
<tr><td rowspan="5">试验结果</td><td rowspan="2">试验日期</td><td rowspan="2">实际龄期（d）</td><td rowspan="2">试件边长（mm）</td><td rowspan="2">受压面积（mm^2）</td><td colspan="2">荷载（kN）</td><td rowspan="2">平均抗压强度（MPa）</td><td rowspan="2">折合 150mm 立方体抗压强度（MPa）</td><td rowspan="2">达到设计强度等级（%）</td></tr>
<tr><td>单块值</td><td>平均值</td></tr>
<tr><td rowspan="3">××年
×月×日</td><td rowspan="3">26</td><td rowspan="3">100</td><td rowspan="3">10000</td><td>460</td><td rowspan="3">463</td><td rowspan="3">46.3</td><td rowspan="3">44</td><td rowspan="3">147</td></tr>
<tr><td>450</td></tr>
<tr><td>480</td></tr>
<tr><td colspan="10">结论：

合格。</td></tr>
<tr><td>批准</td><td colspan="2">×××</td><td colspan="2">审核</td><td colspan="2">×××</td><td colspan="2">试验</td><td>×××</td></tr>
<tr><td>试验单位</td><td colspan="9">××工程公司试验室</td></tr>
<tr><td>报告日期</td><td colspan="9">××年×月×日</td></tr>
</table>

注：本表由建设单位、施工单位各保存一份。

四、混凝土试块强度统计、评定记录

表 C6-12　　　　混凝土试块强度统计、评定记录

编号：×××

工程名称	××工程			强度等级	C30	
施工单位	××建筑工程公司			养护方法	标养	
统计期	××年×月×日　至　××年×月×日			结构部位	主体 1～5 层墙柱	
试块组数 (n)	强度标准值 $f_{cu,k}$(MPa)	平均值 $m_{f_{cu}}$(MPa)	标准值 $S_{f_{cu}}$(MPa)	最小值 $f_{cu,min}$ (MPa)	合格判定系数	
					λ_1	λ_2
13	**30**	**46.52**	**8.84**	**36.1**	**1.7**	**0.9**

每组强度值 (MPa)										
	50.4	**36.1**	**40.8**	**39.4**	**58**	**37.7**	**36.8**	**57.3**	**56.7**	**51.6**
	57.5	**42.5**	**39.9**							

	☑ 统计方法(二)			□ 非统计方法	
评定界限	$0.90f_{cu,k}$	$m_{f_{cu}}-\lambda_1\times S_{f_{cu}}$	$\lambda_2\times f_{cu,k}$	$1.15f_{cu,k}$	$0.95f_{cu,k}$
	27	**31.49**	**27**		
判定式	$m_{f_{cu}}-\lambda_1\times S_{f_{cu}}\geqslant 0.90f_{cu,k}$	$f_{cu,min}\geqslant\lambda_2\times f_{cu,k}$		$m_{f_{cu}}\geqslant 1.15f_{cu,k}$	$f_{cu,min}\geqslant 0.95f_{cu,k}$
结果	**31.49＞27**	**36.1＞27**			

结论：

该批混凝土符合《混凝土强度检验与评定标准》(GBJ 107—1987)验评标准，评定为合格。

批准	审核	统计
×××	×××	×××
报告日期	××年×月×日	

注：本表建设单位、施工单位、城建档案馆各保存一份。

五、混凝土抗渗试验报告

表 C6-13 **混凝土抗渗试验报告**

编号：×××
试验编号：××－008
委托编号：××－0245

<table>
<tr><td>工程名称及施工部位</td><td colspan="3">××工程 基础底板</td><td>试件编号</td><td>××－003</td></tr>
<tr><td>委托单位</td><td colspan="3">××建筑工程公司</td><td>委托试验人</td><td>×××</td></tr>
<tr><td>抗渗等级</td><td colspan="3">P8</td><td>配合比编号</td><td>××－22</td></tr>
<tr><td>强度等级</td><td>C30</td><td>养护条件</td><td>标养</td><td>收样日期</td><td>××年×月×日</td></tr>
<tr><td>成型日期</td><td>××年×月×日</td><td>龄期(天)</td><td>33</td><td>试验日期</td><td>××年×月×日</td></tr>
<tr><td colspan="6">试验情况：
由 0.1MPa 顺序加压至 0.9MPa，保持 8h，试件表面无渗水，试验结果：＞P8</td></tr>
<tr><td colspan="6">结论：
根据《普通混凝土长期性能和耐久性能试验方法》(GBJ 82—1985)标准，符合 P8 设计要求。</td></tr>
<tr><td>批准</td><td>×××</td><td>审核</td><td>×××</td><td>试验</td><td>×××</td></tr>
<tr><td>试验单位</td><td colspan="5">××工程公司试验室</td></tr>
<tr><td>报告日期</td><td colspan="5">××年×月×日</td></tr>
</table>

《混凝土抗渗试验报告》填表说明：

(1)填写单位：试验报告由具备相应资质等级的检测单位出具后随相关资料进入资料流程。

(2)相关规定与要求：

1)防水混凝土和有特殊要求的混凝土，应有配合比申请单和配合比通知单及抗渗试验报告和其他专项试验报告。应符合《地下防水工程质量验收规范》(GB 50208—2002)中的有关规定，防水混凝土要进行稠度、强度和抗渗性能三项试验。稠度和强度试验同普通混凝土。防水混凝土抗渗性能，应采用标准条件下养护的防水混凝土抗渗试块的试验结果评定。

2)有抗渗要求的混凝土应留置检验抗渗性能的试块，留置原则可依据《地下防水工程质量验收规范》(GB 50208—2002)中第4.1.5条，对连续浇筑混凝土每500m^3应留置一组抗渗试块，且每项工程不得少于两组。其中至少一组在标准条件下养护。抗渗等级以每组6个试块中有3个试件端面呈有渗水现象时的水压(H)计算出的P值进行评定。若按委托抗渗等级P评定(6个试件均无透水现象)；应试压至$P+1$时的水压，方可评为$>P$。采用预拌混凝土的抗渗试块，留置组数应视结构的规模和要求而定。

3)施工现场使用预拌(商品)混凝土说明：生产厂家应按规定向使用单位提供出厂合格证。施工现场使用预拌(商品)混凝土前应有技术交底和具备混凝土工程的标准养护条件，并在混凝土运送到浇筑地点15min内按规定制作试块，其28天强度作为评定结构混凝土强度的依据。现场混凝土坍落度检验，商品混凝土浇筑时间分析及现场取样的混凝土试块制作应在混凝土交验前完成，取样在交货地点进行。

(3)注意事项：各项相关表格必须按规定填写，严禁弄虚作假。

(4)本表建设单位、施工单位、城建档案馆各保存一份。

第六节 混凝土结构工程施工质量验收记录

一、模板分项工程检验批质量验收记录表

模板安装工程检验批质量验收记录表

GB 50204—2002(Ⅰ)

010601□□
020101□□

工程名称	××工程	分项工程名称	模板分项工程	验收部位	××
施工单位	××建筑工程集团公司	专业工长	×××	项目经理	×××
施工执行标准名称及编号	《混凝土结构工程施工工艺标准》(QB ×××—2005)				
分包单位	/	分包项目经理	/	施工班组长	×××

施工质量验收规范的规定				施工单位检查评定记录								监理(建设)单位验收记录
主控项目	1	模板支撑、立柱位置和垫板	第4.2.1条	√								同意验收
主控项目	2	避免隔离剂沾污	第4.2.2条	√								
一般项目	1	模板安装的一般要求	第4.2.3条	√								同意验收
一般项目	2	用作模板的地坪、胎模质量	第4.2.4条	√								
一般项目	3	模板起拱高度	第4.2.5条	√								
一般项目	4 预埋件、预留孔允许偏差(mm)	预埋钢板中心线位置	3	0	1	2	2	2	0	1	3	
		预埋管、预留孔中心线位置	3	1	1	1	0	2	0	3	1	
		插筋 中心线位置	5	1	3	3	5	2	4	3	1	
		插筋 外露长度	+10,0	5	2	5	3	3	10	3	2	
		预埋螺栓 中心线位置	2	2	0	1	0	1	0	2		
		预埋螺栓 外露长度	+10,0	5	4	2	2	3	1	5	3	
		预留洞 中心线位置	10	8	5	2	1	3	4	5	2	
		预留洞 尺寸	+10,0	3	2	3	2	2	2	5	7	
	5 模板安装允许偏差(mm)	轴线位置	5	3	2	2	2	4	1	3		
		底模上表面标高	±5	+2	+3	−1	−3	+4	−1	0		
		截面内部尺寸 基础	±10									
		截面内部尺寸 柱、墙、梁	+4,−5	+2	+2	+1	−3	−2	+1			
		层高垂直度 不大于5m	6	3	3	1	4	2	5	3		
		层高垂直度 大于5m	8									
		相邻两板表面高低差	2	0	1	1	1	2	0	1		
		表面平整度	5	3	2	4	2	2	2	4		
施工单位检查评定结果	主控项目全部合格，一般项目满足规范规定，检查评定结果为合格。 项目专业质量检查员：××× ××年×月×日											
监理(建设)单位验收结论	同意验收。 监理工程师：××× (建设单位项目专业技术负责人) ××年×月×日											

《模板安装工程检验批质量验收记录表》填写说明：

1. 主控项目

(1)安装现浇结构的上层模板及其支架时，下层楼板应具有承受上层荷载的承载能力，或加设支架；上、下层支架的立柱应对准，并铺设垫板。对照设计观察检查。

(2)涂刷模板隔离剂时，不得沾污钢筋和混凝土接槎处。观察检查。

2. 一般项目

(1)模板安装的一般要求。观察检查。

1)模板的接缝不应漏浆；在浇筑混凝土前，木模板应浇水湿润，模板内无积水；

2)模板与混凝土的接触面应清理干净并涂刷隔离剂，但不得采用影响结构性能或妨碍装饰工程施工的隔离剂；

3)浇筑混凝土前，模板内的杂物应清理干净；

4)对清水混凝土工程及装饰混凝土工程，应使用能达到设计效果的模板。

(2)用作模板的地坪、胎模等应平整光洁，不得产生影响构件质量的下沉、裂缝、起砂或起鼓。观察检查。

(3)对跨度不小于4m的现浇钢筋混凝土梁、板，其模板应按设计要求起拱，当设计无具体要求时，起拱高度宜为跨度的1/1000～3/1000。水准仪、拉线和尺量检查。

(4)固定在模板上的预埋件、预留孔和预留洞均不得遗漏，且应安装牢固，其偏差应符合规定。尺量检查。

(5)现浇结构模板安装的偏差符合规定。经纬仪、水准仪、2m靠尺和塞尺、拉线和尺量检查。

预制构件模板工程检验批质量验收记录表
GB 50204—2002(Ⅱ)

020101□□

工程名称	××工程	分项工程名称	模板分项工程	验收部位	××
施工单位	××建筑工程集团公司	专业工长	×××	项目经理	×××
施工执行标准名称及编号	《混凝土结构工程施工工艺标准》(QB ×××—2005)				
分包单位	/	分包项目经理	/	施工班组长	×××

项目	序号	施工质量验收规范的规定		施工单位检查评定记录										监理(建设)单位验收记录
主控项目	1	避免隔离剂沾污	第4.2.2条	√										同意验收
一般项目	1	模板安装的一般要求	第4.2.3条	√										同意验收
	2	用作模板地坪、胎模质量	第4.2.4条	/										
	3	模板起拱高度	第4.2.5条	模板起拱8mm										
	4	预埋件、预留孔允许偏差(mm) 预埋钢板中心线位置	3	2	1	2	1	1	0	2	1	2		
		预埋管、预留孔中心线位置	3	1	1	2	2	1	1	0	1	0	2	
		插筋 中心线位置	5											
		插筋 外露长度	+10,0											
		预埋螺栓 中心线位置	2											
		预埋螺栓 外露长度	+10,0											
		预留洞 中心线位置	10	9	8	9	4	6	4	5	3	8		
		预留洞 尺寸	+10,0	+6	+5	+7	+5	+8	+4	+6	+2			
	5	预制构件模板安装允许偏差(mm) 长度 板、梁	±5											
		长度 薄腹梁、桁梁	±10											
		长度 柱	0,−10											
		长度 墙板	0,−5	−4	−3	−4	−2	(+1)	−2	−3	0			
		宽度 板、墙板	0,−5	−2	−1	−4	−1	−3	−2	0	−1	0	−4	
		宽度 梁、薄腹梁、桁架、柱	+2,−5											
		高(厚)度 板	+2,−3											
		高(厚)度 墙板	0,−5	−1	−2	−4	−2	−3	−4	−2	−1	0	−2	
		高(厚)度 梁、薄腹梁、桁架、柱	+2,−5											
		侧向弯曲 梁、板、柱	1/1000且≤15											
		侧向弯曲 墙板、薄腹梁、桁架	1/1500且≤15	3	2	4	3	6	4	3	2	5		
		板的表面平整度	3	2	1	2	1	0	1	2	1	2	2	
		相邻两板表面高低差	1											
		对角线差 板	7											
		对角线差 墙板	5	4	3	2	4	3	0	2	1	4		
		翘曲 板、墙板	1/1500	1	0	0	0	1	0	1	2	10		
		设计起拱 薄腹梁、桁架、梁	±3											

施工单位检查评定结果	主控项目全部合格,一般项目满足规范规定,检查评定结果为合格。 项目专业质量检查员:××× ××年×月×日
监理(建设)单位验收结论	同意验收。 监理工程师:××× (建设单位项目专业技术负责人) ××年×月×日

《预制构件模板工程检验批质量验收记录表》填写说明：

1. 主控项目

在涂刷模板隔离剂时，不得沾污钢筋和混凝土接槎处。观察检查。

2. 一般项目

(1)模板安装的一般要求。观察检查。

1)模板的接缝不应漏浆；在浇筑混凝土前，木模板应浇水湿润，模板内无积水；

2)模板与混凝土的接触面应清理干净并涂刷隔离剂，但不得采用影响结构性能或妨碍装饰工程施工的隔离剂；

3)浇筑混凝土前，模板内的杂物应清理干净；

4)对清水混凝土工程及装饰混凝土工程，应使用能达到设计效果的模板。

(2)用作模板的地坪、胎模等应平整光洁，不得产生影响构件质量的下沉、裂缝、起砂或起鼓。观察检查。

(3)跨度不小于4m的钢筋混凝土梁、板，其模板应按设计要求起拱，当设计无具体要求时，起拱高度宜为跨度的1/1000～3/1000。水准仪、拉线和尺量检查。

(4)固定在模板上的预埋件、预留孔和预留洞均不得遗漏，且应安装牢固，其偏差符合规定。尺量检查。

(5)预制构件模板允许偏差应符合规定。2m靠尺和塞尺检查，拉线和尺量检查。

模板拆除工程检验批质量验收记录表
GB 50204—2002
(Ⅲ)

010601□□
020101□□

<table>
<tr><td>工程名称</td><td>××工程</td><td colspan="2">分项工程名称</td><td colspan="2">模板分项工程</td><td>验收部位</td><td>××</td></tr>
<tr><td>施工单位</td><td colspan="3">××建筑工程集团公司</td><td>专业工长</td><td>×××</td><td>项目经理</td><td>×××</td></tr>
<tr><td>施工执行标准名称及编号</td><td colspan="7">《混凝土结构工程施工工艺标准》(QB ×××—2005)</td></tr>
<tr><td>分包单位</td><td>/</td><td colspan="2">分包项目经理</td><td colspan="2">/</td><td>施工班组长</td><td>×××</td></tr>
<tr><td colspan="4">施工质量验收规范的规定</td><td colspan="3">施工单位检查评定记录</td><td>监理(建设)单位验收记录</td></tr>
<tr><td rowspan="3">主控项目</td><td>1</td><td>底模及其支架拆除时的混凝土强度</td><td>第 4.3.1 条</td><td colspan="3">√</td><td rowspan="3">同意验收</td></tr>
<tr><td>2</td><td>后张法预应力构件侧模和底模的拆除时间</td><td>第 4.3.2 条</td><td colspan="3">/</td></tr>
<tr><td>3</td><td>后浇带拆模和支顶</td><td>第 4.3.3 条</td><td colspan="3">/</td></tr>
<tr><td rowspan="2">一般项目</td><td>1</td><td>避免拆模损伤</td><td>第 4.3.4 条</td><td colspan="3">√</td><td rowspan="2">同意验收</td></tr>
<tr><td>2</td><td>模板拆除、堆放和清运</td><td>第 4.3.5 条</td><td colspan="3">√</td></tr>
<tr><td>施工单位检查评定结果</td><td colspan="7">主控项目全部合格,一般项目满足规范规定,检查评定结果为合格。
项目专业质量检查员:××× ××年×月×日</td></tr>
<tr><td>监理(建设)单位验收结论</td><td colspan="7">同意验收。
监理工程师:×××
(建设单位项目专业技术负责人) ××年×月×日</td></tr>
</table>

《模板拆除工程检验批质量验收记录表》填写说明：

1. 主控项目

(1)底模及其支架拆除时混凝土强度应符合设计要求或《混凝土结构工程施工质量验收规范》(GB 50204－2002)中表 4.3.1 的规定。检查同条件试件试验报告。

(2)后张法预应力混凝土结构构件侧模在预应力张拉前拆除，底模拆除时间应符合设计方案，并不得在结构构件建立预应力前拆除。

(3)后浇带模板的拆除和支顶应按施工技术方案执行。对照技术方案观察检查。

2. 一般项目

(1)侧模拆除时的混凝土强度应能保证其表面及棱角不受损伤。观察检查。

(2)模板拆除时，不应对楼层形成冲击荷载，拆除的模板和支架宜分散堆放并及时清运。观察检查。

二、钢筋分项工程检验批质量验收记录表

钢筋加工工程检验批质量验收记录表
GB 50204—2002
(Ⅰ)

010602□□

020102□□

<table>
<tr><td>工程名称</td><td colspan="2">×××</td><td colspan="2">分项工程名称</td><td colspan="5">钢筋分项工程</td><td colspan="3">验收部位</td><td>××</td></tr>
<tr><td>施工单位</td><td colspan="4">××建筑工程集团公司</td><td colspan="3">专业工长</td><td colspan="2">×××</td><td colspan="3">项目经理</td><td>×××</td></tr>
<tr><td>施工执行标准名称及编号</td><td colspan="13">《混凝土结构工程施工工艺标准》(QB ×××—2005)</td></tr>
<tr><td>分包单位</td><td colspan="2">/</td><td colspan="2">分包项目经理</td><td colspan="5">/</td><td colspan="3">施工班组长</td><td>×××</td></tr>
<tr><td colspan="5">施工质量验收规范的规定</td><td colspan="8">施工单位检查评定记录</td><td>监理(建设)单位验收记录</td></tr>
<tr><td rowspan="5">主控项目</td><td>1</td><td colspan="2">力学性能检验</td><td>第 5.2.1 条</td><td colspan="8">√</td><td rowspan="5">同意验收</td></tr>
<tr><td>2</td><td colspan="2">抗震用钢筋强度实测值</td><td>第 5.2.2 条</td><td colspan="8">√</td></tr>
<tr><td>3</td><td colspan="2">化学成分等专项检验</td><td>第 5.2.3 条</td><td colspan="8">√</td></tr>
<tr><td>4</td><td colspan="2">受力钢筋的弯钩和弯折</td><td>第 5.3.1 条</td><td colspan="8">/</td></tr>
<tr><td>5</td><td colspan="2">箍筋弯钩形式</td><td>第 5.3.2 条</td><td colspan="8">√</td></tr>
<tr><td rowspan="5">一般项目</td><td>1</td><td colspan="2">外观质量</td><td>第 5.2.4 条</td><td colspan="8">√</td><td rowspan="5">同意验收</td></tr>
<tr><td>2</td><td colspan="2">钢筋调直</td><td>第 5.3.3 条</td><td colspan="8">√</td></tr>
<tr><td rowspan="3">3</td><td rowspan="3">钢筋加工的形状、尺寸</td><td>受力钢筋顺长度方向全长的净尺寸</td><td>±10</td><td>+5</td><td>+3</td><td>−6</td><td>+4</td><td>−5</td><td>−8</td><td>+4</td><td></td></tr>
<tr><td>弯起钢筋的弯折位置</td><td>±20</td><td>−15</td><td>+8</td><td>−6</td><td>−15</td><td>+4</td><td>+18</td><td>−12</td><td>+15</td></tr>
<tr><td>箍筋内净尺寸</td><td>±5</td><td>−3</td><td>−2</td><td>−3</td><td>+4</td><td>+3</td><td>0</td><td>+1</td><td></td></tr>
<tr><td>施工单位检查评定结果</td><td colspan="13">主控项目全部合格,一般项目满足规范规定,检查评定结果为合格。

项目专业质量检查员:××× ××年×月×日</td></tr>
<tr><td>监理(建设)单位验收结论</td><td colspan="13">同意验收。

监理工程师:×××
(建设单位项目专业技术负责人) ××年×月×日</td></tr>
</table>

《钢筋加工工程检验批质量验收记录表》填写说明：

1. 主控项目

(1)按现行国家标准的规定，抽取试件作力学性能检验；检查产品合格证和复验报告。

(2)有抗震要求的框架结构纵向受力钢筋的强度，当设计无要求时，对一、二级抗震等级应符合下列要求：

1)钢筋抗拉强度实测值与屈服强度实测值的比值不小于 1.25；

2)钢筋屈服强度实测值与强度标准的比值不大于 1.3；检查钢筋复试报告。

(3)当钢筋发生脆断，焊接性能不良或力学性能显著不正常时，应对该批钢筋进行化学成分检验或其他专项检验。检查化学成分等专项检验报告。

(4)受力钢筋弯钩和弯折应符合下列规定：

1)HPB235 级钢筋末端应作 180°弯钩，其弯钩弧内径不小于钢筋直径的 2.5 倍，弯后平直部分不小于钢筋直径的 3 倍。

2)135°弯钩，HRB335 级、HRB400 级钢筋的弯钩内径不小于钢筋直径的 4 倍，弯后平直部分长度符合设计要求。

3)不大于 90°的弯折时，弯弧内径不小于钢筋直径的 5 倍。

尺量检查。

(5)除焊接封闭环式箍筋外，箍筋末端均应弯钩，形式符合设计要求，设计无要求时，应符合下列规定：

1)弯弧内径应满足《混凝土结构工程施工质量验收规范》(GB 50204－2002)第 5.3.1 条的要求，尚应不小于受力钢筋直径；

2)弯折角度：一般结构不小于 90°，有抗震要求结构应为 135°；

3)弯后平直部分长度：一般结构不小于箍筋直径的 5 倍，有抗震要求的结构不小于箍筋直径的 10 倍。

2. 一般项目

(1)钢筋应平直、无损伤，表面不得有裂纹、油污、颗粒状或片状老锈。观察检查。

(2)钢筋调直采用冷拉法时，HPB235 级钢筋的冷拉率不大于 4%；HRB335 级、HRB400 级、RRB400 级钢筋的冷拉率不大于 1%。观察及尺量检查。

(3)钢筋加工的形状尺寸应符合设计要求，偏差率应符合《混凝土结构工程施工质量验收规范》(GB 50204—2002)中表 5.3.4 要求。尺量检查。

钢筋安装工程检验批质量验收记录表
GB 50204—2002(Ⅱ)

010602□□

020102□□

工程名称	××工程	分项工程名称	钢筋分项工程	验收部位	××
施工单位	××建筑工程集团公司	专业工长	×××	项目经理	×××
施工执行标准名称及编号	《混凝土结构工程施工工艺标准》(QB ×××—2005)				
分包单位	/	分包项目经理	/	施工班组长	×××

类别	序号	施工质量验收规范的规定				施工单位检查评定记录								监理(建设)单位验收记录
主控项目	1	纵向受力钢筋的连接方式			第5.4.1条	√								同意验收
主控项目	2	机械连接和焊接接头的力学性能			第5.4.2条	√								
主控项目	3	受力钢筋的品种、级别、规格和数量			第5.5.1条	√								
一般项目	1	接头位置和数量			第5.4.3条	√								同意验收
一般项目	2	机械连接、焊接的外观质量			第5.4.4条	√								
一般项目	3	机械连接、焊接的接头面积百分率			第5.4.5条	√								
一般项目	4	绑扎搭接接头面积百分率和搭接长度			第5.4.6条	/								
一般项目	5	搭接长度范围内的箍筋			第5.4.7条	√								
一般项目	6	钢筋安装允许偏差(mm)	绑扎钢筋网	长、宽	±10	+8	+6	+6	−5	−8	+6	+5		
			绑扎钢筋网	网眼尺寸	±20	+15	−10	−8	−12	+5	+6	−15	+10	
			绑扎钢筋骨架	长	±10									
			绑扎钢筋骨架	宽、高	±5									
			受力钢筋	间距	±10	+6	+6	−3	−4	−3	−3			
			受力钢筋	排距	±5	+3	−4	+3	+2	−1	−3	+2	+2	
			受力钢筋	保护层厚度 基础	±10									
			受力钢筋	保护层厚度 柱、梁	±5	−1	+3	+3	−4	+3	+2	−4	+3	
			受力钢筋	保护层厚度 板、墙、壳	±3									
			绑扎箍筋、横向钢筋间距		±20	−15	−15	+10	+8	+6				
			钢筋弯起点位置		20	16	4	9	10	10	9	12		
			预埋件	中心线位置	5	3	4	2	5	3	4	3	2	
			预埋件	水平高差	+3,0	1	2	2	2	3	0	3		

施工单位检查评定结果	主控项目全部合格,一般项目满足规范规定,检查评定结果为合格。 项目专业质量检查员:××× ××年×月×日
监理(建设)单位验收结论	同意验收。 监理工程师:××× (建设单位项目专业技术负责人) ××年×月×日

《钢筋安装工程检验批质量验收记录表》填写说明：

1. 主控项目

(1)纵向受力钢筋的连接方式应符合设计要求。观察检查。

(2)连接接头力学性能，按《钢筋机械连接通用技术规程》(JGJ 107—2003)、《钢筋焊接及验收规程》(JGJ 18—2003)的规定抽取钢筋连接接头、焊接接头试件作力学性能检验，其质量应符合规定。检查接头力学试验报告。

(3)钢筋安装时，受力钢筋的品种、级别、规格和数量设计要求。观察和尺量检查。

2. 一般项目

(1)钢筋接头宜设置在受力较小处。同一纵向受力钢筋不宜设置两个或两个以上的接头，接头末端至钢筋弯起点的距离不少于钢筋直径的10倍。观察和尺量检查。

(2)机械连接、焊接接头的外观质量应符合《钢筋机械连接通用技术规程》(JGJ 107—2003)、《钢筋焊接及验收规程》(JGJ 18—2003)的规定。观察检查。

(3)设置在同一构件内的受力钢筋接头宜相互错开，其同一连接区段内纵向受力钢筋的接头面积百分率应符合设计要求，当设计无要求时应符合：

1)在受拉区不宜大于50%；

2)接头不宜设置在有抗震设防要求的框架梁端、柱端的箍筋加密区；当无法避开时，对等强度高质量机械连接接头，不应大于50%；

3)直接承受动力荷载的结构构件中，不宜采用焊接接头；当采用机械连接接头时，不应大于50%；

(4)同一构件中相邻纵向受力钢筋绑扎接头宜相互错开，绑扎接头中钢筋的横向净距不应由小于钢筋直径，且不应小于25mm。同一连接区段内有搭接接头的纵向受力钢筋接头面积百分率应符合设计要求，当设计无要求时应符合：

1)对梁类、板类及墙类构件，不宜大于25%；

2)对柱类构件，不宜大于50%；

3)当工程中确有必要增大接头面积百分率时，对梁类构件，不应大于50%；对其他构件，可根据实际情况放宽。观察尺量检查。

4)纵向受力钢筋绑扎搭接接头的最小搭接长度应符合《混凝土结构工程施工质量验收规范》(GB 50204—2002)附录B的规定。

(5)在梁柱构件的纵向受力钢筋搭接区内应按设计要求配置箍筋，当设计无要求时应符合：

1)箍筋直径不应小于搭接钢筋较大直径的0.25倍；

2)受拉搭接区段的箍筋间距不应大于搭接钢筋较小直径的5倍，且不应大于100mm；

3)受压搭接区段的箍筋间距不应大于搭接钢筋较小直径的10倍，且不应大于200mm；

4)当柱中纵向受力钢筋直径大于25mm时，应在搭接接头两个端面外100mm范围内各设置两个箍筋，其间距宜为50mm。

尺量检查。

(6)钢筋安装位置允许偏差。尺量检查。

三、混凝土分项工程检验批质量验收记录表

混凝土原材料及配合比设计检验批质量验收记录表
GB 50204—2002
（Ⅰ）

010603□□

020103□□

<table>
<tr><td>工程名称</td><td colspan="2">××工程</td><td>分项工程名称</td><td colspan="2">混凝土分项工程</td><td>验收部位</td><td>××</td></tr>
<tr><td>施工单位</td><td colspan="3">××建筑工程集团公司</td><td>专业工长</td><td>×××</td><td>项目经理</td><td>×××</td></tr>
<tr><td>施工执行标准名称及编号</td><td colspan="7">《混凝土结构工程施工工艺标准》(QB ×××—2005)</td></tr>
<tr><td>分包单位</td><td colspan="2">/</td><td>分包项目经理</td><td colspan="2">/</td><td>施工班组长</td><td>×××</td></tr>
<tr><td colspan="4">施工质量验收规范的规定</td><td colspan="2">施工单位检查评定记录</td><td colspan="2">监理（建设）单位验收记录</td></tr>
<tr><td rowspan="4">主控项目</td><td>1</td><td>水泥进场检验</td><td>第 7.2.1 条</td><td colspan="2">√</td><td colspan="2" rowspan="4">同意验收</td></tr>
<tr><td>2</td><td>外加剂质量及应用</td><td>第 7.2.2 条</td><td colspan="2">√</td></tr>
<tr><td>3</td><td>混凝土中氯化物、碱的总含量控制</td><td>第 7.2.3 条</td><td colspan="2">/</td></tr>
<tr><td>4</td><td>配合比设计</td><td>第 7.3.1 条</td><td colspan="2">√</td></tr>
<tr><td rowspan="5">一般项目</td><td>1</td><td>矿物掺合料质量及掺量</td><td>第 7.2.4 条</td><td colspan="2">√</td><td colspan="2" rowspan="5">同意验收</td></tr>
<tr><td>2</td><td>粗细骨料的质量</td><td>第 7.2.5 条</td><td colspan="2">√</td></tr>
<tr><td>3</td><td>拌制混凝土用水</td><td>第 7.2.6 条</td><td colspan="2">√</td></tr>
<tr><td>4</td><td>开盘鉴定</td><td>第 7.3.2 条</td><td colspan="2">√</td></tr>
<tr><td>5</td><td>配合比调整</td><td>第 7.3.3 条</td><td colspan="2">√</td></tr>
<tr><td>施工单位检查评定结果</td><td colspan="7">主控项目全部合格，一般项目满足规范规定，检查评定结果为合格。

项目专业质量检查员：×××　　××年×月×日</td></tr>
<tr><td>监理（建设）单位验收结论</td><td colspan="7">同意验收。

监理工程师：×××
（建设单位项目专业技术负责人）　　××年×月×日</td></tr>
</table>

《混凝土原材料及配合比设计检验批质量验收记录表》填写说明：

1. 主控项目

(1)水泥进场检查及复试的要求，其性能指标应符合《硅酸盐水泥，普通硅酸盐水泥》(GB 175—1999)标准的规定。对使用中水泥质量有怀疑或水泥出厂超过三个月(快硬硅酸盐水泥超过一个月)应进行复试，并按复试结果使用。钢筋混凝土、预应力混凝土结构中，严禁使用含氯化物的水泥。检查产品合格证及复试报告。

(2)混凝土中掺用外加剂的质量应符合《混凝土外加剂》(GB 8076—1999)、《混凝土外加剂应用技术规范》(GB 50119—2003)标准和有关环境保护的规定。预应力混凝土结构中，严禁使用含氯化物的外加剂，钢筋混凝土结构中，当使用含氯化物外加剂时应符合《混凝土质量控制标准》(GB 50164—1999)的规定。检查产品合格证及进场复试报告。

(3)混凝土中氯化物和碱的总含量应符合设计要求。检查原材料试验报告、氯化物和碱的总含量计算书。

(4)配合比设计符合《普通混凝土配合比设计规程》(JGJ 55—2000)的规定，并按混凝土强度等级、耐久性和工作性能进行调整。有特殊要求的混凝土，其配合比尚应符合有关专门规定。检查配合比设计资料。

2. 一般项目

(1)混凝土中掺用矿物掺合料质量应符合《用于水泥和混凝土中的粉煤灰》(GB/T 1596—2005)标准，掺量应通过试验确定。检查产品合格证和进场复试报告。

(2)普通混凝土所用的粗、细骨料的质量应符合《普通混凝土用砂、石质量及检验方法标准》(JGJ 52—2006)。检查进场复试报告。

(3)拌制混凝土宜采用饮用水，当采用其他水源时，水质应符合《混凝土用水标准》(JGJ 63—2006)标准的规定。检查水质试验报告。

(4)开盘鉴定。首次使用的混凝土配合比应进行开盘鉴定，其工作性应满足设计配合比的要求。开始生产时应至少留置一组标准养护试件，作为验证配合比的依据。检查开盘鉴定报告及试件强度试验报告。

(5)配合比调整。混凝土拌制前，应测定砂、石含水率并根据测试结果调整材料用量，提出施工配合比。检查含水率测试报告和施工配合比通知单。

混凝土施工检验批质量验收记录表
GB 50204—2002
(Ⅱ)

010603□□
020103□□

<table>
<tr><td>工程名称</td><td>××工程</td><td>分项工程名称</td><td colspan="2">混凝土分项工程</td><td>验收部位</td><td>××</td></tr>
<tr><td>施工单位</td><td colspan="2">××建筑工程集团公司</td><td>专业工长</td><td>×××</td><td>项目经理</td><td>×××</td></tr>
<tr><td>施工执行标准名称及编号</td><td colspan="6">《混凝土结构工程施工工艺标准》(QB ×××—2005)</td></tr>
<tr><td>分包单位</td><td>/</td><td>分包项目经理</td><td colspan="2">/</td><td>施工班组长</td><td>×××</td></tr>
<tr><td colspan="4">施工质量验收规范的规定</td><td colspan="2">施工单位检查评定记录</td><td>监理(建设)单位验收记录</td></tr>
<tr><td rowspan="4">主控项目</td><td>1</td><td>混凝土强度等级及试件的取样和留置</td><td>第7.4.1条</td><td colspan="2">√</td><td rowspan="4">同意验收</td></tr>
<tr><td>2</td><td>混凝土抗渗及试件取样和留置</td><td>第7.4.2条</td><td colspan="2">√</td></tr>
<tr><td>3</td><td>原材料每盘称量的偏差</td><td>第7.4.3条</td><td colspan="2">√</td></tr>
<tr><td>4</td><td>混凝土初凝时间控制</td><td>第7.4.4条</td><td colspan="2">√</td></tr>
<tr><td rowspan="3">一般项目</td><td>1</td><td>施工缝的位置及处理</td><td>第7.4.5条</td><td colspan="2">√</td><td rowspan="3">同意验收</td></tr>
<tr><td>2</td><td>后浇带的位置和浇筑</td><td>第7.4.6条</td><td colspan="2">√</td></tr>
<tr><td>3</td><td>混凝土养护</td><td>第7.4.7条</td><td colspan="2">√</td></tr>
<tr><td>施工单位检查评定结果</td><td colspan="6">主控项目全部合格,一般项目满足规范规定,检查评定结果为合格。

项目专业质量检查员:××× ××年×月×日</td></tr>
<tr><td>监理(建设)单位验收结论</td><td colspan="6">同意验收。

监理工程师:×××
(建设单位项目专业技术负责人) ××年×月×日</td></tr>
</table>

《混凝土施工检验批质量验收记录表》填写说明：

1. 主控项目

(1)结构混凝土的强度等级必须符合设计要求。用于检查结构构件混凝土强度的试件，应在混凝土的浇筑地点随机抽取。取样与试件留置应符合下列规定：

1)每拌制100盘且不超过$100m^3$的同配合比的混凝土，取样不得少于一次；

2)每工作班拌制的同一配合比的混凝土不足100盘时，取样不得少于一次；

3)当一次连续浇筑超过$1000m^3$时，同一配合比的混凝土每$200m^3$取样不得少于一次；

4)每一楼层、同一配合比的混凝土，取样不得少于一次；

5)每次取样应至少留置一组标准养护试件，同条件养护试件的留置组数应根据实际需要确定。

检查施工记录及试件强度试验报告。

(2)对有抗渗要求的混凝土结构，其混凝土试件应在浇筑地点随机取样。同一工程、同一配合比的混凝土，取样不应少于一次，留置组数可根据实际需要确定。检查试件抗渗试验报告。

(3)混凝土原材料每盘称量的偏差应符合《混凝土结构工程施工质量验收规范》(GB 50204—2002)表7.4.3的规定。每工作班抽查不少于一次，检查后形成记录。

(4)混凝土运输、浇筑及间歇的全部时间不应超过混凝土的初凝时间。同一施工段的混凝土应连续浇筑，并应在底层混凝土初凝之前将上一层混凝土浇筑完毕。当底层混凝土初凝后浇筑上一层混凝土时，应按施工技术方案中对施工缝的要求进行处理。观察及检查施工记录。

2. 一般项目

(1)施工缝的位置应在混凝土浇筑前按设计要求和施工方案确定。施工缝的处理应按施工技术方案执行。观察和检查施工记录。

(2)后浇带的留置位置应按设计要求和施工技术方案确定。后浇带混凝土浇筑应按施工技术方案进行。观察和检查施工记录。

(3)混凝土浇筑完毕后，应按施工技术方案及时采取有效的养护措施。

1)应在浇筑完毕后的12h以内对混凝土加以覆盖并保湿养护。

2)混凝土浇水养护的时间：对采用硅酸盐水泥、普通硅酸盐水泥或矿渣硅酸盐水泥拌制的混凝土，不得少于7d；对掺用缓凝型外加剂或有抗渗要求的混凝土，不得少于14d；日平均气温低于5℃时，不得浇水；大体积混凝土应有控温措施。

3)浇水次数应能保持混凝土处于湿润状态；混凝土养护用水应与拌制用水相同。

4)采用塑料布覆盖养护的混凝土，其敞露的全部表面应覆盖严密，并应保持塑料布内有凝结水，当混凝土表面不便浇水或使用塑料布时，宜涂刷养护剂。

5)混凝土强度达到$1.2N/mm^2$前，不得在其上踩踏或安装模板及支架。观察和检查施工记录。

四、现浇结构分项工程检验批质量验收记录表

现浇结构外观及尺寸偏差检验批质量验收记录表

GB 50204—2002(Ⅰ)

010603□□

020105□□

工程名称	××工程	分项工程名称	现浇结构分项工程	验收部位	××
施工单位	××建筑工程集团公司	专业工长	×××	项目经理	×××
施工执行标准名称及编号	《混凝土结构工程施工工艺标准》(QB ×××—2005)				
分包单位	/	分包项目经理	/	施工班组长	×××

施工质量验收规范的规定						施工单位检查评定记录										监理(建设)单位验收记录
主控项目	1	外观质量			第8.2.1条	√										同意验收
	2	过大尺寸偏差处理及验收			第8.3.1条	√										
一般项目	1	外观质量一般缺陷			第8.2.2条	√										同意验收
	2	轴线位置(mm)	基础		15	10	8	6	5	6	6	7	8	10	8	
			独立基础		10											
			墙、柱、梁		8											
			剪力墙		5											
	3	垂直度(mm)	层高	≤5m	8	4	3	3	6	8	2	0	6	5		
				>5m	10											
			全高(H)		H/1000且≤30											
	4	标高(mm)	层高		±10	+8	−6	+6	+4	−8	−8	−6	+5	+5	−6	
			全高		±30											
	5	截面尺寸			+8,−5	−2	−3	+5	+4	+2	+8	−1	0			
	6	电梯井(mm)	井筒长、宽对定位中心线		+25,0	+10	+8	0	+2	+6	+8	+10	0	+18		
			井筒全高(H)垂直度		H/1000且≤30											
	7	表面平整度(mm)			8	4	3	6	5	1	0	3	3			
	8	预埋设施中心线位置(mm)	预埋件		10	8	8	6	3	5	2	8	10	9	8	
			预埋螺栓		5	3	0	4	2	2	2	3	0	4	3	
			预埋管		5	2	5	4	3	1	4	0	3			
	9	预留洞中心线位置(mm)			15	8	10	9	4	3	6	1	12	10		
施工单位检查评定结果	主控项目全部合格,一般项目满足规范规定,检查评定结果为合格。 项目专业质量检查员:××× ××年×月×日															
监理(建设)单位验收结论	同意验收。 监理工程师:××× (建设单位项目专业技术负责人) ××年×月×日															

《现浇结构外观及尺寸偏差检验批质量验收记录表》填写说明：

1. 主控项目

(1)外观质量不出现严重缺陷。现浇结构的外观质量不应有严重缺陷，对已经出现的严重缺陷，应由施工单位提出技术处理方案，并经监理(建设)单位认可后进行处理。经处理的部位，应重新检查验收。全数检查，观察和检查技术处理方案。

(2)过大尺寸偏差处理和验收。现浇结构不应有影响结构性能和使用功能的尺寸偏差。对超过尺寸允许偏差且影响结构性能和安装、使用功能的部位，应由施工单位提出技术处理方案，并经监理(建设)单位认可后进行处理。经处理的部位，应重新检查验收。全数检查，观察和尺量检查。

2. 一般项目

(1)外观质量一般缺陷。现浇结构的外观质量不宜有一般缺陷。对已经出现的一般缺陷，应由施工单位按技术处理方案进行处理，并重新检查验收。观察检查。

(2)现浇结构允许偏差应符合规定。经纬仪、水准仪，2m 靠尺和塞尺，拉线和尺量检查。

混凝土设备基础外观及尺寸偏差检验批验收记录表
GB 50204—2002
(Ⅱ)

010603□□

020105□□

<table>
<tr><td>工程名称</td><td>××工程</td><td>分项工程名称</td><td colspan="2">现浇结构分项工程</td><td>验收部位</td><td>××</td></tr>
<tr><td>施工单位</td><td colspan="2">××建筑工程集团公司</td><td>专业工长</td><td>×××</td><td>项目经理</td><td>×××</td></tr>
<tr><td>施工执行标准名称及编号</td><td colspan="6">《混凝土结构工程施工工艺标准》(QB ×××—2005)</td></tr>
<tr><td>分包单位</td><td>/</td><td>分包项目经理</td><td colspan="2">/</td><td>施工班组长</td><td>×××</td></tr>
</table>

<table>
<tr><td colspan="5">施工质量验收规范的规定</td><td colspan="10">施工单位检查评定记录</td><td>监理(建设)单位验收记录</td></tr>
<tr><td rowspan="2">主控项目</td><td>1</td><td colspan="2">外观质量</td><td>第 8.2.1 条</td><td colspan="10">√</td><td rowspan="2">同意验收</td></tr>
<tr><td>2</td><td colspan="2">过大尺寸偏差处理及验收</td><td>第 8.3.1 条</td><td colspan="10">√</td></tr>
<tr><td rowspan="20">一般项目</td><td>1</td><td colspan="2">外观质量一般缺陷</td><td>第 8.2.2 条</td><td colspan="10">√</td><td rowspan="20">同意验收</td></tr>
<tr><td>2</td><td colspan="2">坐标位置(mm)</td><td>20</td><td>16</td><td>12</td><td>8</td><td>5</td><td>5</td><td>5</td><td>10</td><td>8</td><td>6</td><td></td></tr>
<tr><td>3</td><td colspan="2">不同平面的标高(mm)</td><td>0,−20</td><td>−5</td><td>−5</td><td>−5</td><td>0</td><td>−2</td><td>−4</td><td>0</td><td>−4</td><td></td><td></td></tr>
<tr><td>4</td><td colspan="2">平面外形尺寸(mm)</td><td>±20</td><td>+10</td><td>+12</td><td>+6</td><td>−8</td><td>−6</td><td>+16</td><td>−12</td><td>+6</td><td>−10</td><td>−9</td></tr>
<tr><td>5</td><td colspan="2">凸台上平面外形尺寸(mm)</td><td>0,−20</td><td>+6</td><td>−8</td><td>−8</td><td>−6</td><td>+5</td><td>0</td><td>0</td><td>+6</td><td>0</td><td></td></tr>
<tr><td>6</td><td colspan="2">凹穴尺寸(mm)</td><td>+20,0</td><td>+6</td><td>+6</td><td>0</td><td>+8</td><td>+10</td><td>0</td><td>+6</td><td>+10</td><td></td><td></td></tr>
<tr><td rowspan="2">7</td><td rowspan="2">水平面度(mm)</td><td>每米</td><td>5</td><td></td><td></td><td></td><td></td><td></td><td></td><td></td><td></td><td></td><td></td></tr>
<tr><td>全长</td><td>10</td><td>6</td><td>4</td><td>3</td><td>3</td><td>5</td><td>6</td><td>3</td><td>4</td><td>6</td><td>5</td></tr>
<tr><td rowspan="2">8</td><td rowspan="2">垂直度(mm)</td><td>每米</td><td>5</td><td>2</td><td>2</td><td>3</td><td>1</td><td>4</td><td>3</td><td>2</td><td>1</td><td>1</td><td>3</td></tr>
<tr><td>全高</td><td>10</td><td></td><td></td><td></td><td></td><td></td><td></td><td></td><td></td><td></td><td></td></tr>
<tr><td rowspan="2">9</td><td rowspan="2">预埋地脚螺栓(mm)</td><td>标高(顶部)</td><td>+20,0</td><td>+10</td><td>+12</td><td>+12</td><td>+6</td><td>+8</td><td>0</td><td>+16</td><td>+8</td><td></td><td></td></tr>
<tr><td>中心距</td><td>±2</td><td>+1</td><td>0</td><td>0</td><td>0</td><td>+1</td><td>−2</td><td>+3</td><td>−2</td><td>−2</td><td></td></tr>
<tr><td rowspan="3">10</td><td rowspan="3">预埋地脚螺栓孔(mm)</td><td>中心线位置</td><td>10</td><td>6</td><td>4</td><td>6</td><td>5</td><td>6</td><td>3</td><td>5</td><td>2</td><td>1</td><td></td></tr>
<tr><td>深度</td><td>+20,0</td><td>+12</td><td>+8</td><td>+48</td><td>+10</td><td>0</td><td>+6</td><td>+8</td><td>+12</td><td>0</td><td>+8</td></tr>
<tr><td>孔垂直度</td><td>10</td><td>6</td><td>6</td><td>8</td><td>2</td><td>5</td><td>4</td><td>3</td><td>3</td><td>2</td><td></td></tr>
<tr><td rowspan="4">11</td><td rowspan="4">预埋活动地脚螺栓锚板(mm)</td><td>标高</td><td>+20,0</td><td></td><td></td><td></td><td></td><td></td><td></td><td></td><td></td><td></td><td></td></tr>
<tr><td>中心线位置</td><td>5</td><td>3</td><td>3</td><td>4</td><td>2</td><td>5</td><td>3</td><td>2</td><td>1</td><td></td><td></td></tr>
<tr><td>带槽锚板平整度</td><td>5</td><td></td><td></td><td></td><td></td><td></td><td></td><td></td><td></td><td></td><td></td></tr>
<tr><td>带螺纹孔锚板平整度</td><td>2</td><td>1</td><td>1</td><td>1</td><td>0</td><td>2</td><td>0</td><td>2</td><td>0</td><td>0</td><td>1</td></tr>
<tr><td colspan="2">施工单位检查评定结果</td><td colspan="14">主控项目全部合格,一般项目满足规范规定,检查评定结果为合格。
项目专业质量检查员:××× ××年×月×日</td></tr>
<tr><td colspan="2">监理(建设)单位验收结论</td><td colspan="14">同意验收。
监理工程师:×××
(建设单位项目专业技术负责人) ××年×月×日</td></tr>
</table>

《混凝土设备基础外观及尺寸偏差检验批验收记录表》填写说明：

1. 主控项目

(1)现浇结构的外观质量不应有严重缺陷。对已经出现的严重缺陷，应由施工单位提出技术处理方案，并经监理(建设)单位认可后进行处理。经处理的部位，应重新全数检查验收。观察和检查技术处理方案。

(2)过大尺寸偏差处理和验收。现浇结构不应有影响结构性能和使用功能的尺寸偏差。对超过尺寸允许偏差且影响结构性能和安装、使用功能的部位，应由施工单位提出技术处理方案，并经监理(建设)单位认可后进行处理。经处理的部位，应重新全数检查验收。观察和尺量检查。

2. 一般项目

(1)外观质量一般缺陷。现浇结构的外观质量不宜有一般缺陷。对已经出现的一般缺陷，应由施工单位按技术处理方案进行处理，并重新检查验收。观察检查。

(2)设备基础允许偏差应符合规定。经纬仪、水准仪，2m 靠尺和塞尺，拉线和尺量检查。

五、装配式结构分项工程检验批质量验收记录表

预制构件检验批质量验收记录表

GB 50204—2002（Ⅰ）

020106□□

工程名称	××工程	分项工程名称	装配式结构分项工程	验收部位	××
施工单位	××建筑工程集团公司	专业工长	×××	项目经理	×××
施工执行标准名称及编号	《混凝土结构工程施工工艺标准》(QB ×××—2005)				
分包单位	/	分包项目经理	/	施工班组长	×××

施工质量验收规范的规定					施工单位检查评定记录										监理（建设）单位验收记录
主控项目	1	构件标志和预埋件等		第9.2.1条	√										同意验收
	2	外观质量严重缺陷处理		第9.2.2条	√										
	3	过大尺寸偏差处理		第9.2.3条	√										
一般项目	1	外观质量一般缺陷处理		第9.2.4条	√										同意验收
	2	长度(mm)	板、梁	+10，−5											
			柱	+5，−10	−8	−7	+4	−5	+2	−6	+4	+3	−6		
			墙板	±5											
			薄腹梁、桁架	+15，−10											
	3	宽度、高(厚)度(mm)	板、梁、柱、墙板、薄腹梁、桁架	±5	+2	−2	+4	+2	−4	−2	+2	+3	−4		
	4	侧向弯曲(mm)	梁、柱、板	$L/750$且≤20	8	6	7	8	9	6	4	8	5	4	
			墙板、薄腹梁、桁架	$L/1000$且≤20											
	5	预埋件(mm)	中心线位置	10	5	6	5	8	4	8	7	6			
			螺栓位置	5	4	2	3	3	2	2	1	4	2		
			螺栓外露长度	+10，−5	−4	+8	+6	−3	+5	−4	+7	+6	−2	+9	
	6	预留孔(mm)	中心线位置	5											
	7	预留洞(mm)	中心线位置	15											
	8	主筋保护层厚度(mm)	板	+5，−3											
			梁、柱、墙板、薄腹梁、桁架	+10，−5	−4	−3	(−6)	+6	+4	+3	+6	−3	−2	+4	
	9	对角线差(mm)	板、墙板	10											
	10	表面平整度(mm)	板、墙板、柱、梁	5	2	4	3	2	2	1	2	4	⑥		
	11	预应力构件预留孔道位置(mm)	梁、墙板、薄腹梁、桁架	3											
	12	翘曲(mm)	板	$L/750$											
			墙板	$L/1000$											

施工单位检查评定结果	主控项目全部合格，一般项目满足规范规定，检查评定结果为合格。 项目专业质量检查员：×××　　　　××年×月×日
监理（建设）单位验收结论	同意验收。 监理工程师：××× （建设单位项目专业技术负责人）　　　　××年×月×日

《预制构件检验批质量验收记录表》填写说明：

1. 主控项目

(1)预制构件应在明显部位标明生产单位、构件型号、生产日期和质量验收标志。构件上的预埋件、插筋和预留孔洞的规格、位置和数量应符合标准图或设计要求。全数观察检查。

(2)预制构件的外观质量不应有严重缺陷。对已经出现的严重缺陷，应按技术处理方案进行处理，并重新检查验收。观察和检查技术处理方案。

(3)预制构件不应有影响结构性能和安全、使用功能的尺寸偏差。对超过尺寸允许偏差且影响结构性能和安装、使用功能的部位，应按技术处理方案进行处理，并重新检查验收。尺量检查和检查技术处理方案。

2. 一般项目

(1)预制构件的外观质量不宜有一般缺陷。对已经出现的一般缺陷，应按技术处理方案进行处理，并重新检查验收。

(2)构件允许偏差应符合规定，允许偏差项目 90%以上应在范围内，10%以上的不应超过允许偏差的 1.5 倍。拉线及尺量检查，保护层厚度测定仪，2m 靠尺及塞尺检查。

装配式结构施工检验批质量验收记录表
GB 50204—2002
(Ⅱ)

020106□□

<table>
<tr><td>工程名称</td><td>××工程</td><td>分项工程名称</td><td colspan="2">装配式结构分项工程</td><td>验收部位</td><td>××</td></tr>
<tr><td>施工单位</td><td colspan="2">××建筑工程集团公司</td><td>专业工长</td><td>×××</td><td>项目经理</td><td>×××</td></tr>
<tr><td>施工执行标准名称及编号</td><td colspan="6">《混凝土结构工程施工工艺标准》(QB ×××—2005)</td></tr>
<tr><td>分包单位</td><td>/</td><td>分包项目经理</td><td colspan="2">/</td><td>施工班组长</td><td>×××</td></tr>
<tr><td colspan="4">施工质量验收规范的规定</td><td colspan="2">施工单位检查评定记录</td><td>监理(建设)单位验收记录</td></tr>
<tr><td rowspan="3">主控项目</td><td>1</td><td>预制构件进场检查</td><td>第 9.4.1 条</td><td colspan="2">√</td><td rowspan="3">同意验收</td></tr>
<tr><td>2</td><td>预制构件的连接</td><td>第 9.4.2 条</td><td colspan="2">√</td></tr>
<tr><td>3</td><td>接头和拼缝的混凝土强度</td><td>第 9.4.3 条</td><td colspan="2">√</td></tr>
<tr><td rowspan="5">一般项目</td><td>1</td><td>预制构件支承位置和方法</td><td>第 9.4.4 条</td><td colspan="2">√</td><td rowspan="5">同意验收</td></tr>
<tr><td>2</td><td>安装控制标志</td><td>第 9.4.5 条</td><td colspan="2">/</td></tr>
<tr><td>3</td><td>预制构件吊装</td><td>第 9.4.6 条</td><td colspan="2">√</td></tr>
<tr><td>4</td><td>临时固定措施和位置校正</td><td>第 9.4.7 条</td><td colspan="2">/</td></tr>
<tr><td>5</td><td>接头和拼缝的质量要求</td><td>第 9.4.8 条</td><td colspan="2">√</td></tr>
<tr><td>施工单位检查评定结果</td><td colspan="6">主控项目全部合格,一般项目满足规范规定,检查评定结果为合格。

项目专业质量检查员:××× ××年×月×日</td></tr>
<tr><td>监理(建设)单位验收结论</td><td colspan="6">同意验收。

监理工程师:×××
(建设单位项目专业技术负责人) ××年×月×日</td></tr>
</table>

《装配式结构施工检验批质量验收记录表》填写说明：

1. 主控项目

(1)进入现场的预制构件，其外观质量、尺寸偏差及结构性能应符合标准图或设计的要求。检查构件合格证。

(2)预制构件与结构之间的连接应符合设计要求。连接处钢筋或埋件采用焊接或机械连接时，接头质量应符合《钢筋焊接及验收规程》(JGJ 18—2003)、《钢筋机械连接通用技术规程》(JGJ 107—2003)的要求。观察，检查施工记录。

(3)承受内力的接头和拼缝，当其混凝土强度未达到设计要求时，不得吊装上一层结构构件；当设计无具体要求时，应在混凝土强度不小于10N/mm^2 或具有足够的支承方可吊装上一层结构构件。已安装完毕的装配式结构，应在混凝土强度达到设计要求后，方可承受全部设计荷载。检查施工记录及试件强度试验报告。

2. 一般项目

(1)预制构件码放和运输时的支承位置和方法应符合标准图或设计的要求。观察检查。

(2)预制构件吊装前，应按设计要求在构件和相应的支承结构上标示中心线、标高等控制尺寸，按标准图或设计文件校核预制构件及连接钢筋等，并作出标志。观察和尺量检查。

(3)预制构件应按标准图或设计的要求吊装。起吊时绳索与构件水平面的夹角不宜小于45°，否则应采用吊架或经验算确定。

(4)预制构件安装就位后，应采取保证构件稳定的临时固定措施，并应根据水准点和轴线校正位置。观察和尺量检查。

(5)预制构件安装就位后，稳定的装配式结构中的接头和拼缝应符合设计要求：当设计无具体要求时，应符合下列规定：

1)对承受内力的接头和拼缝应采用混凝土浇筑，其强度等级应比构件混凝土强度等级提高一级；

2)对不承受内力的接头和拼缝应采用混凝土或砂浆浇筑，其强度等级不应低于C15或M15；

3)用于接头和拼缝的混凝土或砂浆，宜采取微膨胀措施和快硬措施，在浇筑过程中应振捣密实，并应采取必要的养护措施。检查施工记录及试件强度试验报告。

第四章　预应力混凝土工程资料

第一节　预应力混凝土工程资料构成

预应力混凝土工程资料的构成见下表。

预应力混凝土工程资料构成

类别与编号	表格编号或资料来源	资料名称	备　注
施工技术资料（C2）	表 C2-2	图纸会审记录	见本书第二章
	表 C2-3	设计变更通知单	见本书第二章
	表 C2-4	工程洽商记录	见本书第二章
施工测量记录（C3）	专业施工单位提供	施工测量记录	
施工物资资料（C4）	表 C4-1	材料、构配件进场检验记录	
	供应单位提供	主要物资出厂质量证明及性能检测报告（预应力筋、锚具、夹具和连接器、涂包层、套管等）	
	检测单位提供	预应力筋复试报告	
	检测单位提供	预应力锚具、夹具和连接器复试报告（静载锚固性能）	
	检测单位提供	预应力工程用水泥、外加剂复试报告	
施工记录（C5）	表 C5-1	隐蔽工程检查记录	
	表 C5-2	预检记录	见本书第三章
	表 C5-4	交接检查记录	见本书第三章
	表 C5-20	预应力筋张拉记录（一）	
	表 C5-21	预应力筋张拉记录（二）	
	表 C5-22	有粘结预应力结构灌浆记录	
	专业施工单位提供	预应力筋封锚记录	
施工试验记录（C6）	表 C6-7	砂浆配合比申请单、通知单	见本书第五章
	表 C6-8	砂浆抗压强度试验报告	见本书第五章
	表 C6-10	混凝土配合比申请单、通知单	见本书第三章
	表 C6-11	混凝土抗压强度试验报告	见本书第三章
施工质量验收记录（C7）	020104	预应力原材料检验批质量验收记录表	参照 GB 50300 和专业施工质量验收规范
	020104	预应力制作与安装检验批质量验收记录表	
	020104	预应力张拉、放张、灌浆及封锚检验批质量验收记录表	

第二节　预应力混凝土工程施工物资资料

表 C4-1　　**材料、构配件进场检验记录**

编号：×××

工程名称		××工程			检验日期	××年×月×日	
序号	名称	规格型号	进场数量	生产厂家 合格证号	检验项目	检验结果	备　注
1	**热轧带肋钢筋**	**HRB 335Φ12**	**45.639t**	**××工厂 ×××—112**	**外观、质量证明文件**	**合格**	
2	**热轧圆盘条**	**Q235B φ8**	**14.31t**	**××工厂 ×××—009**	**外观、质量证明文件**	**合格**	
3							
4							

检验结论：

以上材料、构配件经外观检查合格，材质、规格型号及数量经复检均符合设计、规范要求，产品质量证明文件齐全。

签字栏	建设（监理）单位	施工单位	**××建筑工程公司**	
		专业质检员	专业工长	检验员
	×××	×××	×××	×××

《材料、构配件进场检验记录》填表说明：

(1)附件收集：

1)物资进场报验须附资料应根据具体情况（合同、规范、施工方案等要求）由监理、施工单位和物资供应单位预先协商确定。

2)由施工单位负责收集附件（包括产品出厂合格证、性能检测报告、出厂试验报告、进场复试报告、材料构配件进场检验记录、产品备案文件、进口产品的中文说明和商检证等）。

(2)资料流程：由直接使用所检查的材料及配件的施工单位填写，作为工程物资进场报验资料进入资料流程。

(3)相关规定与要求：工程物资进场后，施工单位应及时组织相关人员检查外观、数量及供货单位提供的质量证明文件等，合格后填写本表。

(4)注意事项：

1)工程名称填写应准确、统一，日期应准确。

2)物资名称、规格、数量、检验项目和结果等填写应规范、准确。

3)检验结论及相关人员签字应清晰可辨认，严禁其他人代签。

4)按规定应进场复试的工程物资，必须在进场检查验收合格后取样复试。

(5)本表由施工单位填写并保存。

第三节 预应力混凝土工程施工记录

一、隐蔽工程检查记录

表 C5-1

隐蔽工程检查记录

编号：×××

工程名称	××工程		
隐检项目	预应力筋制作与安装	隐检日期	××年×月×日
隐检部位	三层③～⑩/Ⓒ～Ⓚ 轴线 －0.03m 标高		

隐检依据：施工图图号 结施 5 ，设计变更/洽商（编号 / ）及有关国家现行标准等。

主要材料名称及规格/型号： 钢绞线（1860MPa）、挤压锚（BSMJ 15）

隐检内容：

1. 预留孔道的规格、数量、位置、形状、端部预埋垫板。
2. 预应力筋下料长度、切断方法、竖向位置偏差、固定、护套的完整性。
3. 锚具、夹具、连接点组装。

隐检内容已做完，请予以检查。

申报人：×××

检查意见：

经检查，上述项目均符合设计要求及《混凝土结构工程施工质量验收规范》（GB 50204—2002）规定。

检查结论：☑同意隐蔽 □不同意，修改后进行复查

复查结论：

复查人： 复查日期：

签字栏	建设（监理）单位	施工单位	××建设集团有限公司	
		专业技术负责人	专业质检员	专业工长
	×××	×××	×××	×××

《隐蔽工程检查记录》填表说明：

(1)附件收集：该隐蔽工程部位所涉及的施工试验报告等。

(2)资料流程：由施工单位填写后随各相应检验批进入资料流程，无对应检验批的直接报送监理单位审批后各相关单位存档。

(3)相关规定与要求：

1)工程名称、隐检项目、隐检部位及日期必须填写准确。

2)隐检依据、主要材料名称及规格型号应准确，尤其对设计变更、洽商等容易遗漏的资料应填写完全。

3)隐检内容应填写规范，必须符合各种规程、规范的要求。

4)签字应完整，严禁他人代签。

(4)注意事项：

1)检查意见应明确，隐检内容是否符合要求表述清楚。

2)复查结论主要是针对上一次隐检出现的问题进行复查，因此要对质量问题整改的结果描述清楚。

(5)本表由施工单位填报，建设单位、施工单位、城建档案馆各保存一份。

二、预应力筋张拉记录

表 C5-20　　**预应力筋张拉记录(一)**

编号：×××

工程名称	××工程	张拉日期	××年×月×日
施工部位	预应力 9# 屋架	预应力筋规格及抗拉强度	ϕ^s 1570N/m^3

预应力张拉程序及平面示意图：

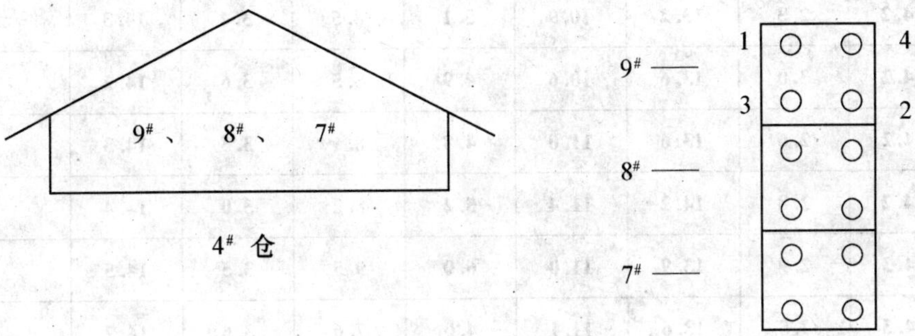

□有　☑无附页

张拉端锚具类型	—	固定端锚具类型	—
设计控制应力	305kN	实际张拉力	308kN
千斤顶编号	1#(表号 498)	压力表编号	20. 1
	2#(表号 457)		20. 3
混凝土设计强度	C50	张拉时混凝土实际强度	75MPa

预应力筋计算伸长值：

$$\Delta L=\frac{E_p\cdot L}{AP\cdot E_s}\qquad \frac{308\times 27400}{15\times 19.63\times 200}=143\text{mm}$$

预应力筋伸长值范围：

136～157mm

施工单位	××建筑公司	
专业技术负责人	专业质检员	记录人
×××	×××	×××

表 C5-21　　　　预应力筋张拉记录(二)

编号：×××

工程名称		××工程				张拉日期	××年×月×日			
施工部位		$7^{\#}$、$8^{\#}$、$9^{\#}$屋架								
张拉顺序编号	计算值	预应力筋张拉伸长实测值(cm)								备注
		一端张拉			另一端张拉			总伸长		
		原长 L_1	实长 L_2	伸长 ΔL	原长 L_1'	实长 L_2'	伸长 $\Delta L'$			
$7^{\#}$1孔	14.2	2.3	13.2	10.9	5.1	8.5	3.4	14.3		
$7^{\#}$2孔	14.2	3.0	13.6	10.6	4.9	8.5	3.6	14.2		
$7^{\#}$3孔	14.2	2.6	13.6	11.0	4.8	8.1	3.3	14.3		
$7^{\#}$4孔	14.2	2.8	14.2	11.4	5.2	8.2	3.0	14.4		
$8^{\#}$1孔	14.3	2.9	13.9	11.0	6.0	9.5	3.5	14.5		
$8^{\#}$2孔	14.3	2.5	13.6	11.1	4.0	7.6	3.6	14.7		
$8^{\#}$3孔	14.3	3.3	14.1	10.8	3.9	7.6	3.6	14.4		
$8^{\#}$4孔	14.3	2.9	14.3	11.4	3.8	6.9	3.1	14.5		
$9^{\#}$1孔	14.4	3.2	14.3	11.1	4.0	7.6	3.6	14.7		
$9^{\#}$2孔	14.4	2.7	13.5	10.8	3.0	6.6	3.6	14.4		
☑有　□无见证		见证单位	×××公司				见证人	×××		
施工单位		××建筑工程公司								
专业技术负责人		专业质检员				记录人				
×××		×××				×××				

《预应力筋张拉记录》填表说明：

(1)资料流程：由施工单位填写，建设单位、施工单位、城建档案馆各保存一份。

(2)相关规定与要求：

1)预应力筋张拉记录：应由专业施工人员负责填写。《预应力筋张拉记录(一)》包括预应力施工部位、预应力筋规格、平面示意图、张拉程序、应力记录、伸长量等。《预应力筋张拉记录(二)》对每根预应力筋的张拉实测值进行记录。后张法预应力张拉施工应执行实行见证管理，按规定要求做见证张拉记录。

2)预应力张拉原始施工记录应归档保存。

3)预应力工程施工记录由有相应资质的专业施工单位负责提供。

三、有粘结预应力结构灌浆记录

表 C5-22 **有粘结预应力结构灌浆记录**

编号：×××

工程名称	××工程			灌浆日期	××年×月×日
施工部位	三层①－①～①－⑧/①－Ⓐ～①－Ⓔ轴预应力框架梁				
灌浆配合比	0.36			灌浆要求压力值	0.3～0.5MPa
水泥强度等级	P·O 32.5	进厂日期	××年×月×日	复试报告编号	××－×××

灌浆点简图与编号：

1. 灌浆点简图

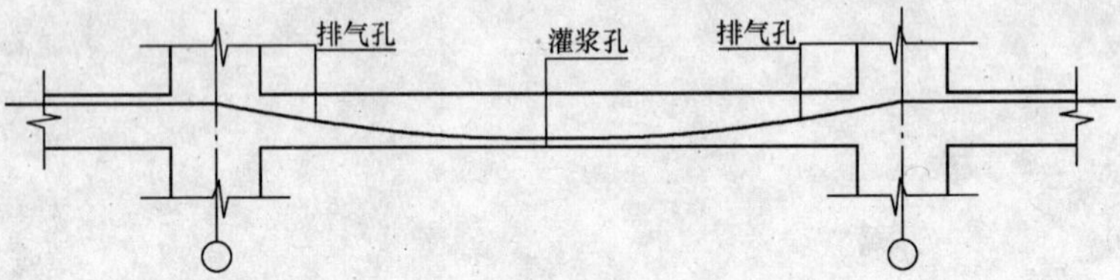

2. 灌浆点编号由梁号、预应力筋编号和每道梁中对应的孔道顺序号组成

灌浆点编号	灌浆压力值（MPa）	灌浆量(L)	灌浆点编号	灌浆压力值（MPa）	灌浆量(L)
YKL－2－1①1	0.43	92.1	YKL－2－7④1	0.43	41.0
YKL－2－2①1	0.45	92.0	YKL－2－8④1	0.43	40.8
YKL－2－3②1	0.41	67.5	YKL－2－9⑫1	0.41	84.8
YKL－2－3③1	0.43	70.3			
YKL－2－4②1	0.45	67.3			
YKL－2－4③1	0.41	69.8			
YKL－2－5①1	0.43	92.3			
YKL－2－6④1	0.41	41.9			

备注：

施工单位	××建设集团有限公司	
专业技术负责人	专业质检员	记录人
×××	×××	×××

《有粘结预应力结构灌浆记录》填写说明：

(1)预应力筋张拉后，孔道应及时灌浆；当采用电热法时，孔道灌浆应在钢筋冷却后进行。孔道内水泥浆应饱满、密实。

(2)用连接器连接的多跨连续预应力筋的孔道灌浆，应张拉完一跨随即灌注一跨，不得在各跨全部张拉完毕后，一次连续灌浆。

(3)孔道灌浆应采用强度等级不低于32.5级的普通硅酸盐水泥配制的水泥浆。灌浆用水泥浆的水灰比不应大于0.45，搅拌后3h泌水率不宜大于2%，且不应大于3%，泌水应能在24h内全部重新被水泥砂吸收。当需要增加孔道灌浆的密实性时，水泥浆可掺入对预应力筋无腐蚀作用的外加剂。灌浆用水泥浆的抗压强度不应小于30N/mm^2。

(4)灌浆前孔道应湿润，洁净；灌浆顺序宜先灌注下层孔道；灌浆应缓慢均匀地进行，不得中断，并应排气通顺；在灌满孔道并封闭排气孔后，宜再继续加压至0.5～0.6MPa，稍后再封闭灌浆孔。

(5)不掺外加剂的水泥浆，可采用二次灌浆法。

(6)本表由施工单位填写，建设单位、施工单位、城建档案馆各保存一份。

四、预应力筋封锚记录

预应力筋封锚记录

<table>
<tr><td>工程名称</td><td>××大厦</td><td>记录日期</td><td>××年×月×日</td></tr>
<tr><td>施工单位</td><td>××建设工程有限公司</td><td>结构部位</td><td>四层①～⑨/Ⓒ～Ⓙ轴预应力框架</td></tr>
<tr><td>封锚处理简图及说明</td><td colspan="3">灌浆完成后，及时对锚具进行防护处理或浇筑封锚混凝土，对封锚混凝土加强养护，并符合下列规定：
(1)应采取防止锚具腐蚀和遭受机械损伤的有效措施。
(2)凸出式锚固端锚具的保护层厚度不应小于 50mm。
(3)外露预应力筋的保护层厚度：在正常环境时，不应小于 20mm；处于易受腐蚀的环境时，不应小于 50mm。
（封锚处理简图略）</td></tr>
<tr><td>结论</td><td colspan="3">符合设计要求和《混凝土结构工程施工质量验收规范》(GB 50204—2002)的规定。</td></tr>
<tr><td colspan="4">监理工程师：
（建设单位代表）：××× 施工技术负责人：××× 施工质检员：××× 记录人：×××</td></tr>
</table>

第四节　预应力混凝土工程施工质量验收记录

一、预应力原材料检验批质量验收记录表

预应力原材料检验批质量验收记录表
GB 50204—2002
（Ⅰ）

020104□□

<table>
<tr><td colspan="2">工程名称</td><td colspan="2">××工程</td><td>分项工程名称</td><td>预应力分项工程</td><td>验收部位</td><td>××</td></tr>
<tr><td colspan="2">施工单位</td><td colspan="3">××建筑工程集团公司</td><td>专业工长　×××</td><td>项目经理</td><td>×××</td></tr>
<tr><td colspan="2">施工执行标准名称及编号</td><td colspan="6">《混凝土结构工程施工工艺标准》(QB ×××—2005)</td></tr>
<tr><td colspan="2">分包单位</td><td colspan="2">/</td><td>分包项目经理</td><td>/</td><td>施工班组长</td><td>×××</td></tr>
<tr><td colspan="5">施工质量验收规范的规定</td><td colspan="2">施工单位检查评定记录</td><td>监理（建设）单位验收记录</td></tr>
<tr><td rowspan="4">主控项目</td><td>1</td><td colspan="2">预应力筋力学性能检验</td><td>第 6.2.1 条</td><td colspan="2">√</td><td rowspan="4">同意验收</td></tr>
<tr><td>2</td><td colspan="2">无粘结预应力筋的涂包质量</td><td>第 6.2.2 条</td><td colspan="2">√</td></tr>
<tr><td>3</td><td colspan="2">锚具、夹具和连接器的性能</td><td>第 6.2.3 条</td><td colspan="2">√</td></tr>
<tr><td>4</td><td colspan="2">孔道灌浆用水泥和外加剂</td><td>第 6.2.4 条</td><td colspan="2">√</td></tr>
<tr><td rowspan="4">一般项目</td><td>1</td><td colspan="2">预应力筋外观质量</td><td>第 6.2.5 条</td><td colspan="2">√</td><td rowspan="4">同意验收</td></tr>
<tr><td>2</td><td colspan="2">锚具、夹具和连接器的外观质量</td><td>第 6.2.6 条</td><td colspan="2">√</td></tr>
<tr><td>3</td><td colspan="2">金属螺旋管的尺寸和性能</td><td>第 6.2.7 条</td><td colspan="2">√</td></tr>
<tr><td>4</td><td colspan="2">金属螺旋管的外观质量</td><td>第 6.2.8 条</td><td colspan="2">√</td></tr>
<tr><td colspan="2">施工单位检查评定结果</td><td colspan="6">主控项目全部合格，一般项目满足规范规定，检查评定结果为合格。
项目专业质量检查员：×××　　××年×月×日</td></tr>
<tr><td colspan="2">监理（建设）单位验收结论</td><td colspan="6">同意验收。
监理工程师：×××
（建设单位项目专业技术负责人）　　××年×月×日</td></tr>
</table>

《预应力原材料检验批质量验收记录表》填写说明：

1. 主控项目

(1)预应力筋的性能。预应力筋进场时，应按《预应力混凝土用钢绞线》(GB/T 5224—2003)等的规定抽取试件作力学性能检验，其质量必须符合有关标准的规定。检查产品合格证和进场检验报告。

(2)无粘结预应力筋的涂包质量应符合无粘结预应力钢绞线标准的规定。观察和检查产品合格证及进场检验报告。

(3)预应力筋用锚具、夹具和连接器应按设计要求采用，其性能应符合《预应力筋用锚具、夹具和连接器》(GB/T 14370—2000)的规定。检查产品合格证和进场检验报告。

(4)孔道灌浆用水泥应采用普通硅酸盐水泥，其质量应符合《硅酸盐水泥、普通硅酸盐水泥》(GB 175—1999)的规定。孔道灌浆用外加剂的质量应符合《混凝土外加剂应用技术规范》(GB 50119—2003)的规定。检查产品合格证和进场检验报告。

2. 一般项目

(1)预应力筋使用前进行外观检查，其质量符合下列要求：

1)有粘结预应力筋展开后平顺，不得有弯折，表面不应有裂纹、小刺、机械损伤、氧化铁皮和油污等；

2)无粘结预应力筋护套应光滑、无裂缝，无明显褶皱。

(2)预应力筋用锚具、夹具和连接器使用前应进行外观检查，其表面应无污物、锈蚀、机械损伤和裂纹。观察检查。

(3)预应力混凝土用金属螺旋管的尺寸和性能应符合《预应力混凝土用金属螺旋管》(JG/T 3013—1994)的规定。检查产品合格证和进场检验报告。

(4)预应力混凝土用金属螺旋管在使用前应进行外观检查，其内外表面应清洁，无锈蚀，不应有油污、孔洞和不规则的褶皱。咬口不应有开裂或脱扣。观察检查。

二、预应力制作与安装检验批质量验收记录表

预应力制作与安装检验批质量验收记录表
GB 50204—2002
（Ⅱ）

020104□□

<table>
<tr><td>工程名称</td><td colspan="2">××工程</td><td>分项工程名称</td><td>预应力分项工程</td><td>验收部位</td><td>××</td></tr>
<tr><td>施工单位</td><td colspan="3">××建筑工程集团公司</td><td>专业工长 ×××</td><td>项目经理</td><td>×××</td></tr>
<tr><td>施工执行标准名称及编号</td><td colspan="6">《混凝土结构工程施工工艺标准》(QB ×××—2005)</td></tr>
<tr><td>分包单位</td><td colspan="2">/</td><td>分包项目经理</td><td>/</td><td>施工班组长</td><td>×××</td></tr>
<tr><td colspan="4">施工质量验收规范的规定</td><td colspan="2">施工单位检查评定记录</td><td>监理（建设）单位验收记录</td></tr>
<tr><td rowspan="3">主控项目</td><td>1</td><td>预应力筋品种、级别、规格和数量</td><td>第 6.3.1 条</td><td colspan="2">√</td><td rowspan="3">同意验收</td></tr>
<tr><td>2</td><td>避免隔离剂沾污</td><td>第 6.3.2 条</td><td colspan="2">√</td></tr>
<tr><td>3</td><td>避免电火花损伤</td><td>第 6.3.3 条</td><td colspan="2">√</td></tr>
<tr><td rowspan="6">一般项目</td><td>1</td><td>预应力筋切断方法和钢丝下料长度</td><td>第 6.3.4 条</td><td colspan="2">/</td><td rowspan="6">同意验收</td></tr>
<tr><td>2</td><td>锚具制作质量</td><td>第 6.3.5 条</td><td colspan="2">/</td></tr>
<tr><td>3</td><td>预留孔道质量</td><td>第 6.3.6 条</td><td colspan="2">√</td></tr>
<tr><td>4</td><td>预应力筋束形控制</td><td>第 6.3.7 条</td><td colspan="2">√</td></tr>
<tr><td>5</td><td>无粘结预应力筋铺设</td><td>第 6.3.8 条</td><td colspan="2">√</td></tr>
<tr><td>6</td><td>预应力筋防锈措施</td><td>第 6.3.9 条</td><td colspan="2">√</td></tr>
<tr><td>施工单位检查评定结果</td><td colspan="6">主控项目全部合格，一般项目满足规范规定，检查评定结果为合格。
项目专业质量检查员：××× ××年×月×日</td></tr>
<tr><td>监理（建设）单位验收结论</td><td colspan="6">同意验收。
监理工程师：×××
（建设单位项目专业技术负责人） ××年×月×日</td></tr>
</table>

《预应力制作与安装检验批质量验收记录表》填写说明：

1. 主控项目

(1)预应力筋安装时，其品种、级别、规格、数量必须符合设计要求。观察和尺量检查。

(2)先张法预应力施工时应选用非油质类模板隔离剂，并应避免沾污预应力筋。观察检查。

(3)施工过程中应避免电火花损伤预应力筋，受损伤的预应力筋应予以更换。观察检查。

2. 一般项目

(1)预应力筋下料应符合下列要求：

1)预应力筋应采用砂轮锯或切断机切断，不得采用电弧切割；

2)当钢丝束两端采用镦头锚具时，同一束中各根钢丝长度的极差不应大于钢丝长度的1/5000，且不应大于5mm。当成组张拉长度不大于10m的钢丝时，同组钢丝长度的极差不得大于2mm。观察和尺量检查。

(2)预应力筋端部锚具的制作质量应符合下列要求：

1)挤压锚具制作时压力表油压应符合操作说明书的规定，挤压后预应力筋外端应露出挤压套筒1～5mm；

2)钢绞线压花锚成形时，表面应清洁、无油污，梨形头尺寸和直线段长度应符合设计要求；

3)钢丝镦头的强度不得低于钢丝强度标准值的98%。观察、尺量检查和检查镦头试验报告。

(3)后张法有粘结预应力筋预留孔道的规格、数量、位置和形状除应符合设计要求外，尚应符合下列规定：

1)预留孔道的定位应牢固，浇筑混凝土时不应出现移位和变形；

2)孔道应平顺，端部的预埋锚垫板应垂直于孔道中心线；

3)成孔用管道应密封良好，接头应严密且不得漏浆；

4)灌浆孔的间距：对预埋金属螺旋管不宜大于30m；对抽芯成形孔道不宜大于12m；

5)在曲线孔道的曲线波峰部位应设置排气兼泌水管，必要时可在最低点设置排水孔；

6)灌浆孔及泌水管的孔径应能保证浆液畅通。观察和尺量检查。

(4)预应力筋束形控制点的竖向位置偏差应符合《混凝土结构工程施工质量验收规范》(GB 50204—2002)表6.3.7的规定。

(5)无粘结预应力筋的铺设除应符合规定外，尚应符合下列要求：

1)无粘结预应力筋的定位应牢固，浇筑混凝土时不应出现移位和变形；

2)端部和预埋锚垫板应垂直于预应力筋；

3)内埋式固定端垫板不应重叠，锚具与垫板应贴紧；

4)无粘结预应力筋成束布置时应能保证混凝土密实并能裹住预应力筋；

5)无粘结预应力筋的护套应完整，局部破损处应采用防水胶带缠绕紧密。观察检查。

(6)浇筑混凝土前穿入孔道的后张法有粘结预应力筋，宜采取防止锈蚀的措施。观察检查。

三、预应力张拉、放张、灌浆及封锚检验批质量验收记录表

预应力张拉、放张、灌浆及封锚检验批质量验收记录表
GB 50204—2002
(Ⅲ)

020104□□

<table>
<tr><td colspan="3">工程名称</td><td>××工程</td><td>分项工程名称</td><td colspan="2">预应力分项工程</td><td>验收部位</td><td>××</td></tr>
<tr><td colspan="3">施工单位</td><td colspan="2">××建筑工程集团公司</td><td>专业工长</td><td>×××</td><td>项目经理</td><td>×××</td></tr>
<tr><td colspan="3">施工执行标准名称及编号</td><td colspan="6">《混凝土结构工程施工工艺标准》(QB ×××—2005)</td></tr>
<tr><td colspan="3">分包单位</td><td>/</td><td>分包项目经理</td><td colspan="2">/</td><td>施工班组长</td><td>×××</td></tr>
<tr><td colspan="4">施工质量验收规范的规定</td><td colspan="4">施工单位检查评定记录</td><td>监理(建设)单位验收记录</td></tr>
<tr><td rowspan="6">主控项目</td><td>1</td><td>张拉或放张时的混凝土强度</td><td>第 6.4.1 条</td><td colspan="4">√</td><td rowspan="6">同意验收</td></tr>
<tr><td>2</td><td>张拉力、张拉或放张顺序及张拉工艺</td><td>第 6.4.2 条</td><td colspan="4">√</td></tr>
<tr><td>3</td><td>实际预应力值控制</td><td>第 6.4.3 条</td><td colspan="4">√</td></tr>
<tr><td>4</td><td>预应力筋断裂或滑脱</td><td>第 6.4.4 条</td><td colspan="4">√</td></tr>
<tr><td>5</td><td>孔道灌浆的一般要求</td><td>第 6.5.1 条</td><td colspan="4">√</td></tr>
<tr><td>6</td><td>锚具的封闭保护</td><td>第 6.5.2 条</td><td colspan="4">√</td></tr>
<tr><td rowspan="5">一般项目</td><td>1</td><td>锚固阶段张拉端预应力筋的内缩量</td><td>第 6.4.5 条</td><td colspan="4">√</td><td rowspan="5">同意验收</td></tr>
<tr><td>2</td><td>先张法预应力筋张拉后位置</td><td>第 6.4.6 条</td><td colspan="4">√</td></tr>
<tr><td>3</td><td>外露预应力筋的切断方法和外露长度</td><td>第 6.5.3 条</td><td colspan="4">√</td></tr>
<tr><td>4</td><td>灌浆用水泥浆的水灰比和泌水率</td><td>第 6.5.4 条</td><td colspan="4">√</td></tr>
<tr><td>5</td><td>灌浆用水泥浆的抗压强度</td><td>第 6.5.5 条</td><td colspan="4">√</td></tr>
<tr><td colspan="3">施工单位检查评定结果</td><td colspan="6">主控项目全部合格，一般项目满足规范规定，检查评定结果为合格。
项目专业质量检查员：×××　　××年×月×日</td></tr>
<tr><td colspan="3">监理（建设）单位验收结论</td><td colspan="6">同意验收。
监理工程师：×××
（建设单位项目专业技术负责人）　　××年×月×日</td></tr>
</table>

《预应力张拉、放张、灌浆及封锚检验批质量验收记录表》填写说明：

1. 主控项目

(1)预应力筋张拉或放张时，混凝土强度应符合设计要求；当设计无具体要求时，不应低于设计的混凝土立方体抗压强度标准值的75%。检查同条件养护试件试验报告。

(2)预应力筋的张拉力、张拉或放张顺序及张拉工艺应符合设计及施工技术方案的要求，并应符合下列规定：

1)当施工需要超张拉时，最大张拉应力不应大于《混凝土结构设计规范》(GB 50010—2002)的规定；

2)张拉工艺应能保证同一束中各根预应力筋的应力均匀一致；

3)后张法施工中，当预应力筋是逐根或逐束张拉时，应保证各阶段不出现对结构不利的应力状态，同时宜考虑后批张拉预应力筋所产生的结构构件的弹性压缩对先批张拉预应力筋的影响，确定张拉力；

4)先张法预应力筋放张时，宜缓慢放松锚固装置，使各根预应力筋同时缓慢放松；

5)当采用应力控制方法张拉时，应校核预应力筋的伸长值。实际伸长值与设计计算理论伸长值的相对允许偏差为±6%。检查张拉记录。

(3)预应力筋张拉锚固后实际建立的预应力值与工程设计规定检验值的相对允许偏差为±5%。对先张法施工，检查预应力筋应力检测记录，后张法施工，检查张拉记录。

(4)张拉过程中应避免预应力筋断裂或滑脱。当发生断裂或滑脱时，必须符合下列规定：

1)对后张法预应力结构构件，断裂或滑脱的数量严禁超过同一截面预应力筋总根数的3%，且每束钢丝不得超过一根，对多跨双向连续板，其同一截面应按每跨计算；

2)对先张法预应力构件，在浇筑混凝土前发生断裂或滑脱的预应力筋必须予以更换。观察和检查张拉记录。

(5)后张法有粘结预应力筋张拉后应尽早进行孔道灌浆，孔道内水泥浆应饱满、密实。观察和检查灌浆记录。

(6)锚具的封闭保护应符合设计要求；当设计无具体要求时，应符合下列规定：

1)应采取防止锚具腐蚀和遭受机械损伤的有效措施；

2)凸出式锚固端锚具的保护层厚度不应小于50mm；

3)外露预应力筋的保护层厚度：处于正常环境时，不应小于20mm；处于易受腐蚀的环境时，不应小于50mm。观察和尺量检查。

2. 一般项目

(1)锚固阶段张拉端预应力筋的内缩量应符合设计要求；当设计无具体要求时，应符合《混凝土结构工程施工质量验收规范》(GB 50204—2002)表6.4.5的规定。

(2)先张法预应力筋张拉后与设计位置的偏差不得大于5mm，且不得大于构件截面短边边长的4%。尺量检查。

(3)后张法预应力筋锚固后的外露部分宜采用机械方法切割，其外露长度不宜小于预应力筋直径的1.5倍，且不宜小于30mm。观察和尺量检查。

(4)灌浆用水泥浆的水灰比不应大于0.45，搅拌后3h泌水率不宜大于2%，且不应大于3%，泌水应能在24h内全部重新被水泥浆吸收。同一配合比检查一次。检查水泥浆性能试验报告。

(5)灌浆用水泥浆的抗压强度不应小于30N/mm²。检查水泥浆试件强度试验报告。

第五章　砌体工程资料

第一节　砌体工程资料构成

砌体工程资料的构成见下表。

砌体工程资料构成

<table>
<tr><th>类别与编号</th><th>表格编号
或资料来源</th><th colspan="2">资料名称</th><th>备　注</th></tr>
<tr><td rowspan="9">施工技术
资料(C2)</td><td>施工单位编制</td><td colspan="2">施工组织设计及施工方案</td><td></td></tr>
<tr><td rowspan="5">表 C2-1</td><td rowspan="5">技术交底
记录</td><td>砖砌体工程施工技术交底</td><td rowspan="5">见本书第二章</td></tr>
<tr><td>混凝土小型空心砌块砌体工程施工技术交底</td></tr>
<tr><td>石砌体工程施工技术交底</td></tr>
<tr><td>配筋砌体工程施工技术交底</td></tr>
<tr><td>填充墙砌体工程施工技术交底</td></tr>
<tr><td>表 C2-2</td><td colspan="2">图纸会审记录</td><td>见本书第二章</td></tr>
<tr><td>表 C2-3</td><td colspan="2">设计变更通知单</td><td>见本书第二章</td></tr>
<tr><td>表 C2-4</td><td colspan="2">工程洽商记录</td><td>见本书第二章</td></tr>
<tr><td rowspan="8">施工物资
资料(C4)</td><td>表 A9</td><td colspan="2">工程材料/构配件/设备报审表</td><td>见本书第九章</td></tr>
<tr><td>表 C4-1</td><td colspan="2">材料、构配件进场检验记录表</td><td>见本书第三章</td></tr>
<tr><td>供应单位提供</td><td colspan="2">材料的出厂合格证及检测报告及掺有机塑化剂的砂浆型式检验报告</td><td></td></tr>
<tr><td>表 C4-9</td><td colspan="2">钢材试验报告</td><td>见本书第三章</td></tr>
<tr><td>表 C4-10</td><td colspan="2">水泥试验报告</td><td>见本书第三章</td></tr>
<tr><td>表 C4-11</td><td colspan="2">砂试验报告</td><td>见本书第三章</td></tr>
<tr><td>表 C4-17</td><td colspan="2">砖(砌块)试验报告</td><td></td></tr>
<tr><td>检测单位提供</td><td colspan="2">其他材料试验报告</td><td></td></tr>
<tr><td rowspan="5">施工记录
(C5)</td><td>表 C5-1</td><td colspan="2">隐蔽工程检查记录</td><td></td></tr>
<tr><td>表 C5-3</td><td colspan="2">施工检查记录</td><td></td></tr>
<tr><td>施工单位提供</td><td colspan="2">自检记录</td><td></td></tr>
<tr><td>表 C5-4</td><td colspan="2">交接检查记录</td><td>见本书第三章</td></tr>
<tr><td>施工单位提供</td><td colspan="2">砂浆原材料称量记录</td><td></td></tr>
<tr><td rowspan="3">施工试
验记录
(C6)</td><td>表 C6-7</td><td colspan="2">砂浆配合比申请单、通知单</td><td></td></tr>
<tr><td>表 C6-8</td><td colspan="2">砂浆抗压强度试验报告</td><td></td></tr>
<tr><td>表 C6-9</td><td colspan="2">砌筑砂浆试块强度统计、评定记录</td><td></td></tr>
</table>

续表

类别与编号	表格编号 或资料来源	资料名称	备 注
施工质量验收记录（C7）	020301	砖砌体工程检验批质量验收记录表	参照 GB 50300 和专业施工质量验收规范
	020302	混凝土小型空心砌块砌体工程检验批质量验收记录表	
	020303	石砌体工程检验批质量验收记录表	
	020304	填充墙砌体工程检验批质量验收记录表	
	020305	配筋砌体工程检验批质量验收记录表	

第二节 砌体工程施工物资资料

表 C4-17 **砖(砌块)试验报告**

编号：×××

试验编号：××-0011

委托编号：××-00736

<table>
<tr><td>工程名称</td><td colspan="3">××工程</td><td>试样编号</td><td>012</td></tr>
<tr><td>委托单位</td><td colspan="3">××建筑工程公司</td><td>试验委托人</td><td>×××</td></tr>
<tr><td>种类</td><td colspan="3">烧结普通砖</td><td>生产厂</td><td>××砖厂</td></tr>
<tr><td>强度等级</td><td>MU10</td><td>密度等级</td><td>/</td><td>代表数量</td><td>16 万</td></tr>
<tr><td>试件处理日期</td><td>××年×月×日</td><td>来样日期</td><td>××年×月×日</td><td>试验日期</td><td>××年×月×日</td></tr>
</table>

<table>
<tr><td rowspan="15">试验结果</td><td colspan="8">烧结普通砖</td></tr>
<tr><td colspan="2" rowspan="2">抗压强度平均值 f（MPa）</td><td colspan="3">变导系数 $\delta \leqslant 0.21$</td><td colspan="3">变导系数 $\delta > 0.21$</td></tr>
<tr><td colspan="3">强度标准值 f_k（MPa）</td><td colspan="3">单块最小强度值 f_k（MPa）</td></tr>
<tr><td colspan="2">16</td><td colspan="3">14.8</td><td colspan="3">/</td></tr>
<tr><td colspan="8">轻集料混凝土小型空心砌块</td></tr>
<tr><td colspan="5">砌块抗压强度（MPa）</td><td colspan="3" rowspan="2">砌块干燥表观密度（kg/m³）</td></tr>
<tr><td colspan="2">平均值</td><td colspan="3">最小值</td></tr>
<tr><td colspan="2"></td><td colspan="3"></td><td colspan="3"></td></tr>
<tr><td colspan="8">其他种类</td></tr>
<tr><td colspan="6">抗压强度（MPa）</td><td colspan="2">抗折强度（MPa）</td></tr>
<tr><td rowspan="2">平均值</td><td rowspan="2">最小值</td><td colspan="2">大面</td><td colspan="2">条面</td><td rowspan="2">平均值</td><td rowspan="2">最小值</td></tr>
<tr><td>平均值</td><td>最小值</td><td>平均值</td><td>最小值</td></tr>
<tr><td></td><td></td><td></td><td></td><td></td><td></td><td></td><td></td></tr>
</table>

结论：

根据《烧结普通砖》(GB/T 5101—2003)标准，符合 MU10 砖抗压强度要求。

批准	×××	审核	×××	试验	×××
试验单位	××建筑工程公司试验室				
报告日期	××年×月×日				

注：本表由试验单位提供，建设单位、施工单位、城建档案馆各保存一份。

《砖(砌块)试验报告》填表说明：

(1)资料流程：材料试验报告由具备相应资质等级的检测单位出具，作为各种相关材料的附件进入资料流程。

(2)相关规定与要求：

1)对于不需要进场复试的物资，由供货单位直接提供。

2)对于需要进场复试的物资，由施工单位及时取样后送至规定的检测单位，检测单位根据相关标准进行试验后，填写材料试验报告并返还施工单位。

(3)注意事项：

1)工程名称、使用部位及代表数量应准确并符合规范要求(应对检测单位告之准确内容)。

2)返还的试验报告应重点保存。

3)本书仅列数种材料试验的专用表格，凡按规范要求须做进场复试的物资，应按其相应专用复试表格填写，未规定专用复试表格的，应按《材料试验报告(通用)》填写。

第三节　砌体工程施工记录

一、隐蔽工程检查记录

表 C5-1　　　　隐蔽工程检查记录

编号：×××

工程名称	××工程		
隐检项目	砌体基础	隐检日期	××年×月×日
隐检部位	砌体基础　①～⑥/Ⓐ～Ⓕ轴线　　－1.8m 标高		

隐检依据：施工图图号 结施 2、施工方案 ，设计变更/洽商（编号 / ）及有关国家现行标准等。

主要材料名称及规格/型号： 蒸压灰砂砖 MU15、混合砂浆 M10

隐检内容：

(1)蒸压灰砂砖、混合砂浆组成材料的质量证明文件、复试报告齐全、合格。砂浆配合比通知单(编号:×××)。

(2)灰缝横平竖直，厚薄均匀，均在 8～12mm 以内；水平灰缝砂浆饱满度均大于 80%。

(3)预留孔洞位置尺寸准确，符合设计图纸要求。

(4)拉结筋的品种、规格、数量、埋入长度及弯钩符合规范、设计要求。

(5)留槎方式符合规范要求。

(6)基础砌至防潮层标高时，铺设厚度为 20mm 的水泥防水砂浆，压实抹平。

(7)轴线位置偏移、基础顶面标高共测×处，实测值均在规范允许偏差范围内。

申报人：×××

检查意见：

经检查，符合设计要求和《砌体工程施工质量验收规范》(GB 50203—2002)的规定。

检查结论：　☑同意隐蔽　　□不同意，修改后进行复查

复查结论：

经复查，符合设计要求。

复查人：×××　　　　复查日期：××年×月×日

签字栏	建设（监理）单位	施工单位	××建设工程有限公司	
		专业技术负责人	专业质检员	专业工长
	×××	×××	×××	×××

本表由施工单位填写，建设单位、施工单位、城建档案馆各保存一份。

二、施工检查记录

表 C5-3　　　　施工检查记录(通用)

编号：×××

<table>
<tr><td>工程名称</td><td>××幼儿园</td><td>检查项目</td><td colspan="2">砌筑</td></tr>
<tr><td>检查部位</td><td>三层①～⑫/Ⓐ～Ⓟ轴墙体</td><td>检查日期</td><td colspan="2">××年×月×日</td></tr>
<tr><td colspan="5">检查依据：
(1)施工图纸建—1，建—5。
(2)《砌体工程施工质量验收规范》(GB 50203—2002)。</td></tr>
<tr><td colspan="5">检查内容：
(1)瓦工班 15 人砌筑①～⑫/Ⓐ～Ⓟ轴填充墙，并于当日全部完成。
(2)质检员检查时发现一处填充墙砌筑不合格(①/Ⓑ～Ⓒ轴卧室)并责令瓦工班进行返工处理。
(3)试验员制作两组砌筑砂浆试块，强度等级 M7.5。</td></tr>
<tr><td colspan="5">检查结论：
经检查：①/Ⓑ～Ⓒ轴卧室处填充墙返工重新砌筑，其他检查内容符合设计及《砌体工程施工质量验收规范》(GB 50203—2002)规定。</td></tr>
<tr><td colspan="5">复查意见：
经复查，返工部分已整改完成，符合设计要求。

复查人：×××　　　　复查日期：××年×月×日</td></tr>
<tr><td colspan="2">施工单位</td><td colspan="3">××建筑工程公司</td></tr>
<tr><td colspan="2">专业技术负责人</td><td colspan="2">专业质检员</td><td>专业工长</td></tr>
<tr><td colspan="2">×××</td><td colspan="2">×××</td><td>×××</td></tr>
</table>

《施工检查记录》填表说明：

(1)附件收集：附相关图表、图片、照片及说明文件等。

(2)资料流程：由施工单位填写并保存。

(3)相关规定与要求：按照现行规范要求应进行施工检查的重要工序，且无与其相适应的施工记录表格的，可填写《施工检查记录(通用)》，《施工检查记录(通用)》适用于各专业。

(4)注意事项：对隐蔽检查记录和预检记录不适用的其他重要工序，应按照现行规范要求进行施工质量检查，填写《施工检查记录(通用)》。

三、砂浆原材料称量记录

砂浆原材料称量记录

工程名称	××工程					强度等级	M10
部　　位	基础①～⑫/Ⓐ～Ⓖ轴	施工日期	××年×月×日9时至××年×月×日11时				
现场配合比	原　材　料	水泥	石	砂	水	掺合料(石灰膏)	外加剂
	每盘用量(kg)	100	/	659	37	27	/

施工现场每盘实际称量偏差记录(kg)

序号	水泥	石	砂	水	掺合料	外加剂	序号	水泥	石	砂	水	掺合料	外加剂
1	−1	/	4	0.2	−0.1	/							
2	0.5	/	6	0.1	0.3	/							
3	1	/	3	0.6	0.1	/							
4	1	/	4	0.2	0.2	/							

设计配合比	原材料	水泥	石	砂	水	掺合料(石灰膏)	外加剂
	每盘用量(kg)	100	/	650	45	27	/

司磅员：×××　　　　监理员：×××　　　　第 1 页 共 1 页

注：1. 按设计配合比报告计算出每盘原材料的设计配合比用量，填入相应栏内；

2. 按施工现场材料的含水量调整出每盘原材料现场配合比用量，填入相应栏内；

3. 使用掺合料、外加剂时，在相应栏中填入所用的材料名称，如粉煤灰、早强剂等。

第四节　砌体工程施工试验记录

一、砂浆配合比申请单、通知单

表 C6-7　　砂浆配合比申请单

编号：×××

委托编号：××-01370

工程名称	××工程				
委托单位	××建筑工程公司			试验委托人	×××
砂浆种类	混合砂浆			强度等级	M5
水泥品种	P·O 32.5			厂别	×××水泥厂
水泥进场日期	××年×月×日			试验编号	××C-012
砂产地	×××	粗细级别	中砂	试验编号	××S-016
掺合料种类	白灰膏			外加剂种类	/
申请日期	××年×月×日			要求使用日期	××年×月×日

表 C6-7　　砂浆配合比通知单

配合比编号：××-0082

试配编号：×××

强度等级	M5		试验日期		××年×月×日
配合比					
材料名称	水泥	砂	白灰膏	掺合料	外加剂
每 $1m^3$ 用量（kg/m^3）	238	1571	95		
比例	1	6.6	0.4		
注：砂浆稠度为 70～100mm，白灰膏稠度为 120±5mm。					
批准	×××	审核	×××	试验	×××
试验单位	××建筑工程公司试验室				
报告日期	××年×月×日				

注：本表由施工单位保存。

二、砂浆抗压强度试验报告

表 C6-8　　　　砂浆抗压强度试验报告

编号：×××

试验编号：××-0039

委托编号：××-01375

<table>
<tr><td colspan="2">工程名称及部位</td><td colspan="3">××工程　地上五层
①～⑧/Ⓐ～Ⓔ轴砌体</td><td>试件编号</td><td colspan="3">××-007</td></tr>
<tr><td colspan="2">委托单位</td><td colspan="3">×××</td><td>试验委托人</td><td colspan="3">×××</td></tr>
<tr><td colspan="2">砂浆种类</td><td>水泥混合砂浆</td><td>强度等级</td><td>M10</td><td>稠度</td><td colspan="3">70mm</td></tr>
<tr><td colspan="2">水泥品种及强度等级</td><td colspan="3">P·O 32.5</td><td>试验编号</td><td colspan="3">××-0017</td></tr>
<tr><td colspan="2">矿产地及种类</td><td colspan="3">×××　中砂</td><td>试验编号</td><td colspan="3">××-0012</td></tr>
<tr><td colspan="2">掺合料种类</td><td colspan="3">/</td><td>外加剂种类</td><td colspan="3">/</td></tr>
<tr><td colspan="2">配合比编号</td><td colspan="7">××—0206</td></tr>
<tr><td colspan="2">试件成型日期</td><td>××年×月×日</td><td>要求龄期(天)</td><td colspan="2">28</td><td colspan="2">要求试验日期</td><td>××年×月×日</td></tr>
<tr><td colspan="2">养护方法</td><td>标准</td><td>试件收到日期</td><td colspan="2">××年×月×日</td><td colspan="2">试件制作人</td><td>×××</td></tr>
<tr><td rowspan="8">试验结果</td><td rowspan="2">试压日期</td><td rowspan="2">实际龄期
(天)</td><td rowspan="2">试件边长
(mm)</td><td rowspan="2">受压面积
(mm^2)</td><td colspan="2">荷载(kN)</td><td rowspan="2">抗压强度
(MPa)</td><td rowspan="2">达设计强度等级
(%)</td></tr>
<tr><td>单块</td><td>平均</td></tr>
<tr><td rowspan="6">××年×月×日</td><td rowspan="6">28</td><td rowspan="6">70.7</td><td rowspan="6">5000</td><td>54.6</td><td rowspan="6">62.7</td><td rowspan="6">12.5</td><td rowspan="6">125</td></tr>
<tr><td>56.3</td></tr>
<tr><td>69.8</td></tr>
<tr><td>65.5</td></tr>
<tr><td>60.7</td></tr>
<tr><td>69.4</td></tr>
<tr><td colspan="9">结论：

合格。</td></tr>
</table>

<table>
<tr><td>批准</td><td>×××</td><td>审核</td><td>×××</td><td>试验</td><td>×××</td></tr>
<tr><td>试验单位</td><td colspan="5">×××试验室</td></tr>
<tr><td>报告日期</td><td colspan="5">××年×月×日</td></tr>
</table>

注：本表建设单位、施工单位各保存一份。

三、砌筑砂浆试块强度统计、评定记录

表 C6-9　　　　砌筑砂浆试块强度统计、评定记录

编号：×××

<table>
<tr><td>工程名称</td><td colspan="3">××工程</td><td colspan="3">强度等级</td><td colspan="3">M7.5</td></tr>
<tr><td>施工单位</td><td colspan="3">××建筑工程公司</td><td colspan="3">养护方法</td><td colspan="3">标养</td></tr>
<tr><td>统计期</td><td colspan="3">××年×月×日至××年×月×日</td><td colspan="3">结构部位</td><td colspan="3">主体围护墙</td></tr>
<tr><td>试块组数
(n)</td><td colspan="2">强度标准值
f_2(MPa)</td><td colspan="2">平均值
$f_{2,m}$(MPa)</td><td colspan="2">最小值
$f_{2,min}$(MPa)</td><td colspan="3">$0.75f_2$</td></tr>
<tr><td>8</td><td colspan="2">7.5</td><td colspan="2">11.46</td><td colspan="2">9.1</td><td colspan="3">5.63</td></tr>
<tr><td rowspan="8">每组强度值(MPa)</td><td>12.6</td><td>10.6</td><td>9.8</td><td>10.6</td><td>14.6</td><td>11</td><td>9.1</td><td>13.4</td><td></td></tr>
<tr><td></td><td></td><td></td><td></td><td></td><td></td><td></td><td></td><td></td></tr>
<tr><td></td><td></td><td></td><td></td><td></td><td></td><td></td><td></td><td></td></tr>
<tr><td></td><td></td><td></td><td></td><td></td><td></td><td></td><td></td><td></td></tr>
<tr><td></td><td></td><td></td><td></td><td></td><td></td><td></td><td></td><td></td></tr>
<tr><td></td><td></td><td></td><td></td><td></td><td></td><td></td><td></td><td></td></tr>
<tr><td></td><td></td><td></td><td></td><td></td><td></td><td></td><td></td><td></td></tr>
<tr><td></td><td></td><td></td><td></td><td></td><td></td><td></td><td></td><td></td></tr>
<tr><td>判定式</td><td colspan="4">$f_{2,m} \geqslant f_2$</td><td colspan="5">$f_{2,min} \geqslant 0.75f_2$</td></tr>
<tr><td>结果</td><td colspan="4">11.46>7.5</td><td colspan="5">9.1>5.63</td></tr>
<tr><td colspan="10">结论：

依据《砌体工程施工质量验收规范》(GB 50203—2002)第 4.0.12 条标准评定为合格。</td></tr>
</table>

批准	审核	统计
×××	×××	×××
报告日期	××年×月×日	

《砌筑砂浆试块强度统计、评定记录》填表说明：

(1)填写单位：由具备相应资质等级的检测单位出具后随相关资料进入资料流程。

(2)相关规定与要求：

1)应有配合比申请单和试验室签发的配合比通知单。

2)应有按规定留置的龄期为28天标养试块的抗压强度试验报告。

3)承重结构的砌筑砂浆试块应按规定实行有见证取样和送检。

4)砂浆试块的留置数量及必试项目符合相关规范要求。

5)应有单位工程砌筑砂浆试块抗压强度统计、评定记录，按同一类型、同一强度等级砂浆为一验收批统计，评定方法及合格标准如下：

①同一验收批砂浆试块抗压强度平均值必须大于或等于设计强度等级所对应的立方体抗压强度。

②同一验收批砂浆试块抗压强度的最小一组平均值必须大于或等于设计强度等级所对应的立方体抗压强度的0.75倍。

(3)本表建设单位、施工单位、城建档案馆各保存一份。

第五节　砌体工程施工质量验收记录

一、砖砌体工程检验批质量验收记录表

砖砌体工程检验批质量验收记录表
GB 50203—2002

020301□□

<table>
<tr><td colspan="2">工程名称</td><td>××工程</td><td>分项工程名称</td><td colspan="4">砖砌体工程</td><td colspan="3">验收部位</td><td>××</td></tr>
<tr><td colspan="2">施工单位</td><td colspan="2">××建筑工程集团公司</td><td colspan="2">专业工长</td><td colspan="2">×××</td><td colspan="3">项目经理</td><td>×××</td></tr>
<tr><td colspan="2">施工执行标准名称及编号</td><td colspan="10">《砌体工程施工工艺标准》(QB ×××—2005)</td></tr>
<tr><td colspan="2">分包单位</td><td>/</td><td>分包项目经理</td><td colspan="4">/</td><td colspan="3">施工班组长</td><td>×××</td></tr>
<tr><td colspan="4">施工质量验收规范的规定</td><td colspan="7">施工单位检查评定记录</td><td>监理(建设)单位验收记录</td></tr>
<tr><td rowspan="7">主控项目</td><td>1</td><td>砖强度等级</td><td>设计要求 MU10</td><td colspan="7">4 份试验报告 MU10</td><td rowspan="7">同意验收</td></tr>
<tr><td>2</td><td>砂浆强度等级</td><td>设计要求 M7.5</td><td colspan="7">符合要求</td></tr>
<tr><td>3</td><td>水平灰缝砂浆饱满度</td><td>≥80%</td><td colspan="7">90、92、87、90、96、93</td></tr>
<tr><td>4</td><td>斜槎留置</td><td>第 5.2.3 条</td><td colspan="7">√</td></tr>
<tr><td>5</td><td>直槎拉结筋及接槎处理</td><td>第 5.2.4 条</td><td colspan="7">√</td></tr>
<tr><td>6</td><td>轴线偏移</td><td>≤10mm</td><td>6</td><td>3</td><td>3</td><td>4</td><td>2</td><td>5</td><td>7</td></tr>
<tr><td>7</td><td>垂直度(每层)</td><td>≤5mm</td><td>2</td><td>2</td><td>2</td><td>1</td><td>0</td><td>3</td><td>4</td></tr>
<tr><td rowspan="8">一般项目</td><td>1</td><td>组砌方法</td><td>第 5.3.1 条</td><td colspan="7">√</td><td rowspan="8">同意验收</td></tr>
<tr><td>2</td><td>水平灰缝厚度 10mm</td><td>8～12mm</td><td>8</td><td>10</td><td>8</td><td>8</td><td>12</td><td>10</td><td>8</td></tr>
<tr><td>3</td><td>顶(楼)面标高</td><td>±15mm</td><td>+8</td><td>+6</td><td>−5</td><td>−10</td><td>−8</td><td>+6</td><td>+5</td></tr>
<tr><td>4</td><td>表面平整度</td><td>清水:5mm
混水:8mm</td><td>4</td><td>4</td><td>6</td><td>5</td><td>7</td><td>4</td><td></td></tr>
<tr><td>5</td><td>门窗洞口</td><td>±5mm</td><td>0</td><td>−2</td><td>+4</td><td>+2</td><td>0</td><td>−3</td><td></td></tr>
<tr><td>6</td><td>窗口偏移</td><td>20mm</td><td>7</td><td>8</td><td>10</td><td>6</td><td>5</td><td>6</td><td>6</td></tr>
<tr><td>7</td><td>水平灰缝平直度</td><td>清水:7mm
混水:10mm</td><td>6</td><td>5</td><td>5</td><td>8</td><td>10</td><td>6</td><td></td></tr>
<tr><td>8</td><td>清水墙游丁走缝</td><td>20mm</td><td colspan="7">/</td></tr>
<tr><td colspan="3">施工单位检查评定结果</td><td colspan="9">主控项目全部合格，一般项目满足规范规定要求，检查评定结果为合格。

项目专业质量检查员:×××　　　　××年×月×日</td></tr>
<tr><td colspan="3">监理(建设)单位验收结论</td><td colspan="9">同意验收。

监理工程师:×××
(建设单位项目专业技术负责人)　　　　××年×月×日</td></tr>
</table>

《砖砌体工程检验批质量验收记录表》填写说明：

1. 主控项目

(1)砖及砂浆强度等级，按设计要求检查和验收；砖应有进场验收报告，批量及强度满足设计要求为合格；砂浆有配合比报告，计量配制，按规定留试块，在试块强度未出来之前，先将试块编号填写，出来后核对，并在分项工程中，按批进行强度评定，符合要求为合格。

(2)水平灰缝砂浆饱满度不小于80%。用百格网检查，每检验批不少于5处，每处3块砖，砖底面砂浆痕迹的面积，取平均值。不小于80%为合格。

(3)斜槎留置，按规范留置，水平投影长度不小于高度的2/3为合格。

(4)直槎拉结筋及接槎处理。按规定设置，留槎正确，拉结筋数量、直径正确，竖向间距偏差±100mm，留置长度基本正确为合格。

(5)轴线位置偏移10mm，经纬仪、尺量及吊线测量，不大于10mm为合格。垂直度每层5mm，2m托线板，不超过5mm为合格。

2. 一般项目

(1)组砌方法，上下错缝，内外搭砌，砖柱不用包心砌法。混水墙不大于300mm的通缝，每间房不超过3处，且不得在同一墙体上为合格。清水墙不得有通缝(上下两皮砖搭接长度小于25mm的为通缝)。

(2)水平灰缝厚度10mm，量10皮砖砌体高度折算，按皮数杆10皮砖的高度计算。10皮砖在－8mm，＋12mm范围内为合格。

(3)基础顶面、墙面标高±15mm，用水平仪和尺量检查。表面平整度混水墙8mm；用2m靠尺和楔形塞尺检查。门窗洞口高宽度(后塞口)±5mm；用尺检查。外墙上下窗口偏移20mm；用经纬仪吊线检查。

水平灰缝平直度10mm；拉10m线和尺量检查。

各项目80%检测点应满足要求，其余20%点可超过允许值，但不得超过其值的1.5倍，即为合格，否则，返工处理。

如果验收清水墙，其表面平整度为5mm；水平灰缝平直度为7mm；并增加项目清水墙游丁走缝偏差为20mm。

二、混凝土小型空心砌块砌体工程检验批质量验收记录表

混凝土小型空心砌块砌体工程检验批质量验收记录表
GB 50203—2002

020302□□

工程名称	××工程	分项工程名称	混凝土小型空心砌块砌体工程		验收部位	××
施工单位	××建筑工程集团公司		专业工长	×××	项目经理	×××
施工执行标准名称及编号	《砌体工程施工工艺标准》(QB ×××—2005)					
分包单位	/	分包项目经理	/		施工班组长	×××

		施工质量验收规范的规定		施工执行标准名称及编号										监理(建设)单位验收记录
主控项目	1	小砌块强度等级	设计要求 MU10	3 份试验报告 MU10										同意验收
	2	砂浆强度等级	设计要求 M5.0	符合要求										
	3	砌筑留槎	第 6.2.3 条	√										
	4	水平灰缝饱满度	≥90%	90、92、95、93、98、96、97										
	5	竖向灰缝饱满度	≥80%	82、88、92、91、92、90										
	6	轴线位移	≤10mm	8	5	5	7	8	5	5	6			
	7	垂直度(每层)	≤5mm	3	2	4	3	1	4	5	4	3		
一般项目	1	水平灰缝厚度宽度	8～12mm	10	9	12	8	10	10	9	13	10		同意验收
	2	顶面标高	±15mm	−8	+10	+5	+8	−6	+12	+14	−8	−9		
	3	表面平整度	清水:5mm 混水:8mm	6	6	6	7	4	5	7	6			
	4	门窗洞口	±5mm	+2	+2	−3	−4	+3	−4	+2	+2	−3		
	5	窗口偏移	20mm	15	10	8	8	10	7	7	8	10	8	
	6	水平灰缝平直度	清水:7mm 混水:10mm	5	5	6	8	6	6	8	6	8		

施工单位检查评定结果	主控项目全部合格,一般项目满足规范规定要求,检查评定结果为合格。 项目专业质量检查员:××× ××年×月×日
监理(建设)单位验收结论	同意验收。 监理工程师:××× (建设单位项目专业技术负责人) ××年×月×日

《混凝土小型空心砌块砌体工程检验批质量验收记录表》填写说明：

1. 主控项目

(1)小砌块强度等级应符合设计要求。检查出厂合格证、试验报告、批量，符合设计要求为合格。

(2)砂浆强度等级应符合设计要求，要有配合比报告，计量配制，在试块强度未出来之前，先将试块编号填写，待试验报告出来后核对，并在分项工程中，按批进行强度评定，符合要求为合格。

(3)墙体转角处和纵横墙交接处应同时砌筑。临时间断处应砌成斜槎，斜槎水平投影长度不应小于高度的 2/3。观察检查。

(4)水平灰缝的砂浆饱满度不低于 90%，按净面积计算。用百格网检查，每批不少于 3 处，每处检测 3 块小砌块，取其平均值。

(5)竖向灰缝不低于 80%，竖缝凹槽填满砂浆，不能出现瞎缝或透缝。观察检查。

(6)轴线位移 10mm，检查全部承重墙，不大于 10mm。

(7)层高垂直度，选质量较差的抽查，不少于 6 处，不大于 5mm。经纬仪、吊线和尺量检查。

2. 一般项目

(1)水平灰缝厚度和竖向灰缝宽度，宜为 10mm，以 8～12mm 为限。每个检验批不少于 3 处，用尺量小砌块 5 皮高度的砌体，检查 2mm 砌体长度的竖向灰缝折算。

(2)基础顶面和楼面标高，±15mm，用水平仪检测。

(3)表面平整度，清水墙 5mm，混水墙 8mm，用 2m 靠尺及塞尺测量。

(4)门窗洞口高宽(后塞口)±5mm，尺量检查。

(5)窗口偏移 20mm，吊线或经纬仪检查。

(6)水平灰缝平直度，拉 10mm 小线尺量检查。各项目的 80%点允许偏差达到要求，其余 20%的可超过允许值，但不得超过其值的 150%，即为合格，否则，返工处理。

三、石砌体工程检验批质量验收记录表

石砌体工程检验批质量验收记录表
GB 50203—2002

020303□□

工程名称	××工程	分项工程名称	石砌体工程	验收部位	××
施工单位	××建筑工程集团公司	专业工长	×××	项目经理	×××
施工执行标准名称及编号	《砌体工程施工工艺标准》(QB ×××—2005)				
分包单位	/	分包项目经理	/	施工班组长	×××

施工质量验收规范的规定				施工单位检查评定记录										监理（建设）单位验收记录
主控项目	1	石材强度等级	设计要求 MU20	2 份试验报告 MU20										同意验收
	2	砂浆强度等级	设计要求 M7.5	符合要求										
	3	砂浆饱满度	≥80%	90	85	85	95	90	90	90	85	86	92	
	4	轴线位移	第 7.2.3 条	5	3	3	3	7	6	2	5			
	5	垂直度（每层）	第 7.2.3 条	6	4	6	5	8	2	2	5	8		
一般项目	1	顶面标高	第 7.3.1 条	7	7	6	10	3	5	2	6	8		同意验收
	2	砌体厚度	第 7.3.1 条	4	6	6	10	8	5	5	10	6	6	
	3	表面平整度	第 7.3.1 条	3	3	2	6	5	10	4	5	3		
	4	灰缝平直度	第 7.3.1 条	1	5	2	4	3	3	4	2	5	4	
	5	组砌形式	第 7.3.2 条	√										

施工单位检查评定结果	主控项目全部合格，一般项目满足规范规定要求，检查评定结果为合格。 项目专业质量检查员：××× ××年×月×日
监理（建设）单位验收结论	同意验收。 监理工程师：××× （建设单位项目专业技术负责人） ××年×月×日

《石砌体工程检验批质量验收记录表》填写说明：

1. 主控项目

(1)石材强度等级符合设计要求，检查石材试验报告。

(2)砂浆强度等级符合设计要求，有配合比报告，计量配制，在试块强度出来之前先将试件编号填写，待试验报告出来后核对。

(3)砂浆饱满度不应小于80%。观察检查，每步架不少于1处。

(4)石砌体的轴线位置及垂直度允许偏差应符合规定。经纬仪、吊线及尺量检查。

2. 一般项目

(1)砌体的一般尺寸允许偏差应符合规定，其每项的80%点符合要求，其余20%点可放宽到偏差值的150%，但不应有超过150%的点出现。水准仪、拉线及尺量检查。

(2)石砌体的组砌形式规定。观察检查。

1)内外搭砌，上下错缝，拉结石、丁砌石交错设置；

2)毛石墙拉结石每0.7m^2墙面不应少于1块。

四、填充墙砌体工程检验批质量验收记录表

填充墙砌体工程检验批质量验收记录表
GB 50203—2002

020304□□

工程名称	××工程	分项工程名称	填充墙砌体工程	验收部位	××
施工单位	××建筑工程集团公司	专业工长	×××	项目经理	×××
施工执行标准名称及编号	《砌体工程施工工艺标准》(QB ×××—2005)				
分包单位	/	分包项目经理	/	施工班组长	×××

		施工质量验收规范的规定		施工单位检查评定记录							监理(建设)单位验收记录
主控项目	1	块材强度等级	设计要求 MU10	4 份试验报告 MU10							同意验收
	2	砂浆强度等级	设计要求 M2.5	符合要求							
一般项目	1	无混砌现象	第 9.3.2 条	√							同意验收
	2	拉结钢筋或网片位置	第 9.3.4 条	√							
	3	错缝搭砌	第 9.3.5 条	√							
	4	灰缝厚度、宽度	第 9.3.6 条	√							
	5	梁底砌法	第 9.3.7 条	√							
	6	水平灰缝砂浆饱满度	≥80%	75	90	85	70	85	90	90	
	7	轴线位移	≤10mm	8	6	5	3	4	7	6	
	8	垂直度	≤3m,≤5mm >3m,≤10mm	3	3	6	5	2	4	8	
	9	表面平整度	≤8mm	5	2	2	2	7	5	4	
	10	门窗洞口高、宽(后塞口)	±5mm	+3	−4	+2	+2	−1	+3		
	11	外墙上、下窗口偏移	20mm	12	8	8	10	6	8	10	

施工单位检查评定结果	主控项目全部合格,一般项目满足规范规定要求,检查评定结果为合格。 项目专业质量检查员:××× ××年×月×日
监理(建设)单位验收结论	同意验收。 监理工程师:××× (建设单位项目专业技术负责人) ××年×月×日

《填充墙砌体工程检验批质量验收记录表》填写说明：

1. 主控项目

砖、砌块和砌筑砂浆的强度按设计要求检查和验收，符合设计要求。检查产品合格证，按规定留置试块，在试块强度未出来之前，先将试块编号填写，待试验报告出来后核对。

2. 一般项目

(1)蒸压加气混凝土砌块砌体和轻骨料混凝土小型空心砌块砌体不应与其他块材混砌。

(2)填充墙砌体留置的拉结钢筋或网片的位置应与块体皮数杆相符合。拉结钢筋或网片应置于灰缝中，埋置长度应符合设计要求，竖向位置偏差不应超过一皮砖高度。观察和用尺量检查。

(3)填充墙砌筑时应错缝搭砌，蒸压加气混凝土砌块搭砌长度不应小于砌块长度的1/3；轻骨料混凝土小型空心砌块搭砌长度不应小于90mm；竖向通缝不应大于2皮。观察和用尺检查。

(4)填充墙砌体的灰缝厚度和宽度应正确。空心砖、轻骨料混凝土小型空心砌块的砌体灰缝应为8～12mm。蒸压加气混凝土砌块砌体的水平灰缝厚度及竖向灰缝宽度分别宜为15mm和20mm。用尺量5皮空心砖或小砌块的高度和2m砌体长度折算。

(5)填充墙砌至接近梁、板底时，应留一定空隙，待填充墙砌筑完并至少间隔7天后，再将其补砌挤紧。观察检查。

(6)填充墙砌体的砂浆饱满度，水平灰缝应不小于80%，垂直灰缝、空心砖砌体不得有透缝，砌块也应不小于80%。用百格网每步架不少于3处，每处3块砌块的平均值，垂直灰缝观察检查。

(7)各项目的80%点允许偏差达到要求，其余20%的点可超过允许偏差值，但不得超过其值的150%，否则，返工处理。

五、配筋砌体工程检验批质量验收记录表

配筋砌体工程检验批质量验收记录表
GB 50203—2002

020305□□

工程名称		××工程	分项工程名称	配筋砌体工程							验收部位			××
施工单位		××建筑工程集团公司		专业工长			×××				项目经理			×××
施工执行标准名称及编号		《砌体工程施工工艺标准》(QB ×××—2005)												
分包单位		/	分包项目经理	/					施工班组长					×××
施工质量验收规范的规定				施工单位检查评定记录										监理(建设)单位验收记录
主控项目	1	钢筋品种规格数量	第8.2.1条	√										同意验收
	2	混凝土、砂浆强度	设计要求C20 设计要求M7.5	混凝土2份试验报告C20 砂浆4份试验报告M7.5										
	3	马牙槎拉结筋	第8.2.3条	√										
	4	芯柱	第8.2.5条	√										
	5	柱中心线位置	≤10mm	6	8	5	8	8	10	6	5			
	6	柱层间错位	≤8mm	3	5	6	5	4	2	5	2	2		
	7	柱垂直度	每层≤10mm	8	2	5	6	3	4	5	6	2		
			全高(≤10mm)≤15mm											
			全高(>10mm)≤20mm											
一般项目	1	水平灰缝钢筋	第8.3.1条	√										同意验收
	2	钢筋防锈	第8.3.2条	√										
	3	网状配筋间距	第8.3.3条	√										
	4	组合砌体及拉结筋	第8.3.4条	√										
	5	砌块砌体钢筋搭接	第8.3.5条	√										
施工单位检查评定结果		主控项目全部合格,一般项目满足规范规定要求,检查评定结果为合格。 项目专业质量检查员:××× ××年×月×日												
监理(建设)单位验收结论		同意验收。 监理工程师:××× (建设单位项目专业技术负责人) ××年×月×日												

《配筋砌体工程检验批质量验收记录表》填写说明：

1. 主控项目

(1)钢筋的品种、规格和数量符合设计要求。检查钢筋合格证书,钢筋性能试验报告、隐蔽工程记录。

(2)构造柱、芯柱、组合砌体构件、配筋砌体剪力墙构件的混凝土或砂浆强度等级符合设计要求。检查混凝土、砂浆试块试验报告。

(3)构造柱与墙体的连接处应砌成马牙槎,马牙槎应先退后进,预留的拉结钢筋应位置正确,施工中不得任意弯折。观察检查。

(4)配筋混凝土小型空心砌块砌体,芯柱混凝土应在装配式楼盖处贯通,不得削弱芯柱截面尺寸。观察检查。

(5)柱中心线位置、柱层间错位、柱垂直度允许偏差。用经纬仪和尺量检查,柱层高垂直度用2m 托线板检查。

2. 一般项目

(1)设置在砌体水平灰缝内的钢筋,应居中置于灰缝中。水平灰缝厚度应大于钢筋直径4mm 以上。砌体外露面砂浆保护层的厚度不应小于 15mm。观察及尺量检查。

(2)设置在砌体灰缝内的钢筋在潮湿环境或有化学侵蚀介质环境中应有防腐措施,防腐涂料无漏刷(喷浸),无起皮脱落现象。观察检查。

(3)网状配筋砌体中,钢筋网及放置间距应符合设计规定。钢筋网沿砌体高度位置超过设计规定一皮砖厚不得多于 1 处。

钢筋规格检查钢筋网成品,钢筋网放置间距局部剔缝观察,或用探针刺入灰缝内检查,或用钢筋位置测定仪测定。

(4)组合砖砌体构件,竖向受力钢筋保护层应符合设计要求,距砖砌体表面距离不应小于5mm;拉结筋两端应设弯钩,拉结筋及箍筋的位置应正确。钢筋保护层符合设计要求,拉结筋位置及弯钩设置 80%及以上符合要求,箍筋间距超过规定者,每件不得多 2 处,且每处不得超过一皮砖。支模前观察和尺量检查。

(5)配筋砌块砌体剪力墙中,采用搭接接头的受力钢筋搭接长度不应小于 $35d$,且不应少于300mm。尺量检查。

第六章　钢结构工程资料

第一节　钢结构工程资料构成

钢结构工程资料的构成见下表。

钢结构工程资料构成

<table>
<tr><th>类别与编号</th><th>表格编号或资料来源</th><th colspan="2">资料名称</th><th>备注</th></tr>
<tr><td rowspan="14">施工技术资料（C2）</td><td rowspan="11">表 C2-1</td><td rowspan="11">技术交底记录</td><td>钢结构焊接工程施工技术交底</td><td rowspan="11">见本书第二章</td></tr>
<tr><td>紧固件连接工程施工技术交底</td></tr>
<tr><td>钢零件及钢构件加工工程施工技术交底</td></tr>
<tr><td>钢构件组装工程施工技术交底</td></tr>
<tr><td>钢构件预拼装工程施工技术交底</td></tr>
<tr><td>单层钢结构安装工程施工技术交底</td></tr>
<tr><td>多层及高层钢结构安装工程施工技术交底</td></tr>
<tr><td>钢网架结构安装工程施工技术交底</td></tr>
<tr><td>压型金属板工程施工技术交底</td></tr>
<tr><td>钢结构防腐涂料涂装施工技术交底</td></tr>
<tr><td>钢结构防火涂料涂装施工技术交底</td></tr>
<tr><td>表 C2-2</td><td colspan="2">图纸会审记录</td><td>见本书第二章</td></tr>
<tr><td>表 C2-3</td><td colspan="2">设计变更通知单</td><td>见本书第二章</td></tr>
<tr><td>表 C2-4</td><td colspan="2">工程洽商记录</td><td>见本书第二章</td></tr>
<tr><td rowspan="10">施工物资资料（C4）</td><td>表 A9</td><td colspan="2">工程材料/构配件/设备报审表</td><td>见本书第九章</td></tr>
<tr><td>表 C4-1</td><td colspan="2">材料、构配件进场检验记录</td><td>见本书第三章</td></tr>
<tr><td>供应单位提供</td><td colspan="2">焊条、焊丝、焊剂、电渣熔嘴等焊接材料出厂质量证明文件及检验报告</td><td></td></tr>
<tr><td>检测单位提供</td><td colspan="2">重要钢结构采用的焊接材料复验报告</td><td></td></tr>
<tr><td>检测单位提供</td><td colspan="2">钢结构金相试验报告</td><td></td></tr>
<tr><td>检测单位提供</td><td colspan="2">钢结构用钢材复试报告</td><td></td></tr>
<tr><td>供应、检测单位提供</td><td colspan="2">普通紧固件的出厂合格证、检验报告和复验报告</td><td></td></tr>
<tr><td>供应、检测单位提供</td><td colspan="2">高强度螺栓连接副的出厂合格证、摩擦面抗滑移系数试验报告、复验报告和检查记录表</td><td></td></tr>
<tr><td>供应、检测单位提供</td><td colspan="2">钢结构工程所用钢材、焊接材料、紧固件、涂装材料等的产品质量合格证明文件、中文标志及检验报告或复验报告</td><td></td></tr>
</table>

续表

类别与编号	表格编号或资料来源	资料名称	备注
施工物资资料（C4）	表 C4-7	钢构件出厂合格证	
	表 C4-9	钢材试验报告	
	供应、检测单位提供	安装时所用钢材、连接材料和涂装材料的质量证明书和试(复)验报告	
	供应单位提供	工厂制作的网架零部件产品合格证书	
	供应单位提供	压型钢板、焊接材料等的出厂合格证及检验报告	
	供应、检测单位提供	涂料的产品合格证、检验报告及复验报告	
	供应单位提供	防火涂料的生产许可证、见证记录	
	施工单位提供	材料代用申请	
施工记录（C5）	表 C5-1	隐蔽工程检查记录	
	表 C5-16	焊接材料烘焙记录	
	专业施工单位提供	钢结构焊缝外观检查记录	
		钢结构焊缝尺寸检查记录	
		大六角头高强度螺栓施工检查记录	
		扭剪型高强度螺栓施工检查记录	
		网架拼装各工序检测记录和质量评定资料	
		焊缝质量检验资料	
		高强度螺栓质量检验资料	
		总拼就位后检验记录和质量评定资料	
		网架安装后涂料检测记录和质量评定资料	
		钢结构防腐涂料涂层厚度检查记录	
		钢结构防火涂料涂层厚度检查记录	
		有关安全功能的检验和见证检测项目检查记录	
		有关观感质量检验项目检查记录	
		钢结构工程竣工图及相关文件	
		不合格项的处理记录及验收记录	
		重大质量、技术问题实施方案及验收记录	
		其他有关文件和记录	
施工试验记录（C6）	表 C6-8	砂浆抗压强度试验报告	见本书第五章
	表 C6-15	超声波探伤报告	
	表 C6-16	超声波探伤记录	
	表 C6-17	钢构件射线探伤报告	
	检测单位提供	磁粉探伤检验报告	
		无损检测报告	
		焊接工艺评定试验	
		焊接工艺评定报告	

续表

类别与编号	表格编号或资料来源	资料名称	备注
施工质量验收记录（C7）	010901,020401	钢结构制作（安装）焊接工程检验批质量验收记录表	参照 GB 50300 和专业施工质量验收规范
	010901,020401	焊钉（栓钉）焊接工程检验批质量验收记录表	
	010902,020402	普通紧固件连接工程检验批质量验收记录表	
	010902,020402	高强度螺栓连接工程检验批质量验收记录表	
	020403	钢结构零、部件加工工程检验批质量验收记录表	
	020403	钢网架制作工程检验批质量验收记录表	
	020404	单层钢构件安装工程检验批质量验收记录表	
	020405	多层及高层钢构件安装工程检验批质量验收记录表	
	020406	钢构件组装工程检验批质量验收记录表	
	020407	钢构件预拼装工程检验批质量验收记录表	
	020408	钢网架安装工程检验批质量验收记录表	
	020409	压型金属板工程检验批质量验收记录表	
	010905,020410	防腐涂料涂装工程检验批质量验收记录表	
	010906,020411	防火涂料涂装工程检验批质量验收记录表	

第二节　钢结构工程施工物资资料

一、钢结构金相试验报告

钢结构金相试验报告

编号：×××

工程名称	××工程			试样编号	1#、2#
委托单位	××钢结构工程有限公司			试验委托人	×××
材质及规格	Q235　650mm×200mm×8mm×6mm　焊态			试件名称	×××
代表数量	30	来样日期	××年×月×日	试验日期	××年×月×日
试验情况与结果： （略）					
结论： 热影响区粗晶区：粒状贝氏体、方向性分布的粒贝、铁素体和针状铁素体。从组织情况看为受再热影响的粗晶区部位。 热影响区细晶区：铁素体、珠光体呈团簇状不均匀带状分布。					

试验单位	××建设工程检测中心				
技术负责人	×××	审核	×××	试(检)验	×××

二、钢构件出厂合格证

表 C4-7 **钢构件出厂合格证**

编号：×××

工程名称	××工程				
委托单位	××钢构件厂		焊药型号	/	
钢材材质		防腐状况	已做防腐处理	焊条或焊丝型号	E4303 3.2mm×350mm
供应总量(t)	70	加工日期	××年×月×日	出厂日期	××年×月×日

序号	构件名称及编号	构件数量	构件单重(kg)	原材报告编号	复试报告编号	使用部位
1	$1^{\#}$钢柱	15	83	×××	200×-×××	一层①~⑨/Ⓑ~Ⓘ轴
2	$1^{\#}$桁架	5	28	×××	200×-×××	屋面

备注：

供应单位技术负责人	填表人	供应单位名称 (盖章)
×××	×××	
填表日期	××年×月×日	

注：本表由钢构件供应单位提供，建设单位、施工单位各保存一份。

《钢构件出厂合格证》填表说明：

(1)钢构件出厂合格证应包括以下主要内容：工程名称、委托单位、合格证编号、钢材原材报告及复试报告编号、焊条或焊丝及焊药型号、供应总量、加工及出厂日期、构件名称及编号、构件数量、防腐状况、使用部位、技术负责人(签字)、填表人(签字)及单位盖章等内容。

(2)钢构件出厂时，其质量必须合格，并符合《钢结构工程施工质量验收规范》(GB 50205—2001)中的有关规定，并应提交以下资料：

1)钢构件出厂合格证。

2)施工图和设计变更文件，设计变更的内容应在施工图中相应部位加以注明。

3)制作中对技术问题处理的协议文件。

4)钢材、连接材料和涂装材料的质量证明书或试验报告。

5)焊接工艺评定报告。

6)有预拼要求时，钢构件验收应具备预拼装记录。

7)构件发运和包装清单。

(3)合格证要填写齐全，不得漏填或错填。数据真实，结论正确，符合标准要求。

(4)本表由钢构件供应单位提供，建设单位、施工单位各保存一份。

三、钢材试验报告

表 C4-9 　　　　　　　　**钢材试验报告**

编号：×××

工程名称	××工程			试件编号	×××
委托单位	××建筑工程公司			试验委托人	××
钢材种类	热轧圆盘条	规格或牌号	结构钢 Q235B	生产厂	鞍钢
代表数量	37.08t	来样日期	××年×月×日	试验日期	××年×月×日
公称直径(厚度)	6.8mm			公称面积	35.18mm^2

试验结果	力学性能					弯曲性能		
	屈服点(MPa)	抗拉强度(MPa)	伸长率(%)	$\sigma_{b实}/\sigma_{s实}$	$\sigma_{s实}/\sigma_{b标}$	弯心直径	角度	结果
	270	415	26	1.30	1.14	3.15	180	合格
	270	415	24	1.30	1.14	3.15	180	合格
	化学分析							其他：
	分析编号	化学成分(%)						
		C	Si	Mn	P	S	ceq	

结论：

依据《低碳钢热轧圆盘条》(GB/T 701—1997)标准，复试符合 Q235B 要求。

批准	×××	审核	×××	试验	×××
试验单位	××中心试验室(单位章)				
报告日期	××年×月×日				

注：本表由试验单位提供，建设单位、施工单位、城建档案馆各保存一份。

第三节 钢结构工程施工记录

一、隐蔽工程检查记录

表 C5-1 **隐蔽工程检查记录**

编号：×××

<table>
<tr><td>工程名称</td><td colspan="5">××工程</td></tr>
<tr><td>隐检项目</td><td colspan="2">钢结构焊缝</td><td>隐检日期</td><td colspan="2">××年×月×日</td></tr>
<tr><td>隐检部位</td><td colspan="5">一层钢梁柱角焊缝 ①～⑧/Ⓐ～Ⓔ轴线 ××标高</td></tr>
<tr><td colspan="6">隐检依据：施工图图号 结施 ，设计变更/洽商（编号 / ）及有关国家现行标准等。
主要材料名称及规格/型号： ×××
隐检内容：
焊缝外观质量项目（未焊满、根部收缩、咬边、弧坑裂纹、电弧擦伤、接头不良、表面夹渣、表面气孔）符合《钢结构工程施工质量验收规范》（GB 50205—2001）附录 A 及设计要求。
焊缝长度尺寸允许偏差均在 2mm 以内，符合要求。
焊缝外观达到外形均匀、成型较好、焊道与焊道、焊道与基体金属间过渡较平滑，焊渣与飞溅物基本清除干净。</td></tr>
<tr><td colspan="6">检查意见：
经检查，符合设计要求和《钢结构工程施工质量验收规范》（GB 50205—2001）的规定。同意隐蔽。
检查结论： ☑同意隐蔽 □不同意，修改后进行复查</td></tr>
<tr><td colspan="6">复查结论：
复查人： 复查日期：</td></tr>
<tr><td rowspan="3">签字栏</td><td rowspan="2">建设（监理）单位</td><td>施工单位</td><td colspan="3">××钢结构工程有限公司</td></tr>
<tr><td>专业技术负责人</td><td colspan="2">专业质检员</td><td>专业工长</td></tr>
<tr><td>×××</td><td>×××</td><td colspan="2">×××</td><td>×××</td></tr>
</table>

注：本表由施工单位填写，建设单位、施工单位、城建档案馆各保存一份。

二、焊接材料烘焙记录

表 C5-16 焊接材料烘焙记录

编号：×××

工程名称	××工程				
焊材牌号	THJ506	规格(mm)	ϕ4.0	焊材厂家	××焊接材料有限公司
钢材材质	Q345B	烘焙方法	电炉烘干法	烘焙日期	××年×月×日

序号	施焊部位	烘焙数量(kg)	烘焙要求					保温要求		备注
			烘干温度(℃)	烘干时间(h)	实际烘焙			降至恒温(℃)	保温时间(h)	
					烘焙日期	从时分	至时分			
1	③~⑧/Ⓒ~Ⓕ轴 82.500~86.200m	35	300	1.5	11月25日	6:00	7:00	100	1~2	
2	③~⑧/Ⓒ~Ⓕ轴 82.500~86.200m	35	300	1.5	11月26日	11:00	12:00	100	1~2	
3	③~⑧/Ⓒ~Ⓕ轴 82.500~86.200m	35	300	1.5	11月27日	6:00	7:00	100	1~2	
4	③~⑧/Ⓒ~Ⓕ轴 82.500~86.200m	35	300	1.5	11月27日	11:00	12:00	100	1~2	
5	③~⑧/Ⓒ~Ⓕ轴 82.500~86.200m	35	300	1.5	11月28日	6:00	7:00	100	1~2	
6	③~⑧/Ⓒ~Ⓕ轴 82.500~86.200m	35	300	1.5	11月28日	11:00	12:00	100	1~2	
7	③~⑧/Ⓒ~Ⓕ轴 82.500~86.200m	35	300	1.5	11月29日	6:00	7:00	100	1~2	
8	③~⑧/Ⓒ~Ⓕ轴 82.500~86.200m	35	300	1.5	11月29日	11:00	12:00	100	1~2	
9	③~⑧/Ⓒ~Ⓕ轴 82.500~86.200m	35	300	1.5	11月30日	6:00	7:00	100	1~2	
10	③~⑧/Ⓒ~Ⓕ轴 82.500~86.200m	35	300	1.5	11月30日	11:00	12:00	100	1~2	
11	③~⑧/Ⓒ~Ⓕ轴 82.500~86.200m	35	300	1.5	12月1日	6:00	7:00	100	1~2	
12	③~⑧/Ⓒ~Ⓕ轴 82.500~86.200m	35	300	1.5	12月1日	11:00	12:00	100	1~2	

说明：

焊条、焊剂等在使用前，应按产品说明书及有关工艺文件规定的技术要求进行烘干。

施工单位	××钢结构工程有限公司	
专业技术负责人	专业质检员	记录人
×××	×××	×××

注：本表由施工单位填写并保存。

三、钢结构焊缝外观检查记录

钢结构焊缝外观检查记录

编号：×××

工程名称		××工程			构件名称、编号			钢梁 BH550×250×8×12 编号：×××					施工单位			××钢结构工程有限公司			
序号	焊接日期	焊缝编号	焊工代号	焊缝长度（mm）	裂纹		焊瘤	气孔		夹渣		电弧擦伤	接头不良		未焊满和根部收缩		咬边		
					长度	数量		直径	数量	深度	长度		深度	数量	深度	长度	深度	连续长度	两侧总长度
1	200×年×月×日	a	××	230	无	无	无	无	无	无	无	无	无	无	无	无	无	无	无
2	200×年×月×日	b	××	230	无	无	无	无	无	无	无	无	无	无	无	无	无	无	无
3	200×年×月×日	c	××	230	无	无	无	无	无	无	无	无	无	无	无	无	无	无	无
4	200×年×月×日	d	××	230	无	无	无	无	无	无	无	无	无	无	无	无	无	无	无
检查结论	钢梁所检项目符合《钢结构工程施工质量验收规范》（GB 50205—2001）要求。																		
施工单位	项目技术负责人：××× 记录人：××× ××年×月×日				监理（建设）单位			监理工程师（建设单位代表）： ××× ××年×月×日					其他单位			代表：××× ××年×月×日			

四、钢结构焊缝尺寸检查记录

钢结构焊缝尺寸检查记录

编号：×××

工程名称		××大厦		构件名称、编号		××	施工单位		××钢结构工程有限公司
序号	焊缝编号	焊工代号	焊缝等级	焊缝焊脚尺寸			焊缝余高和错边		
				一般全焊缝的角接与对接组合焊缝	需经疲劳验算的全焊透角接与对接组合焊缝	角焊缝及部分焊透的角接与对接组合焊缝	对接焊接余高	对接焊缝错边	角焊缝余高
1	01	××	Ⅱ级						
2	02	××	Ⅱ级						
3	03	××	Ⅱ级						
4	04	××	Ⅱ级						
检查结论	焊脚尺寸、角焊缝余高的检测值在允许偏差范围内，符合《钢结构工程施工质量验收规范》（GB 50205—2001）要求。								
施工单位	项目技术负责人：××× 记录人：××× ××年×月×日			监理（建设）单位	监理工程师（建设单位代表）： ××× ××年×月×日		其他单位	代表：××× ××年×月×日	

五、大六角头高强度螺栓施工检查记录

大六角头高强度螺栓施工检查记录

编号：×××

<table>
<tr><td colspan="3">工程名称</td><td colspan="4">××大厦</td><td colspan="3">连接构件名称</td><td colspan="4">××</td><td colspan="3">施工单位</td><td colspan="5">××钢结构工程有限公司</td></tr>
<tr><td colspan="5">抽查节点</td><td rowspan="3">连接摩擦面质量</td><td rowspan="3">螺栓穿孔质量</td><td colspan="3">连接接头外观质量</td><td colspan="4">施拧扭矩值（N·m）</td><td colspan="4">大六角头终拧质量</td><td colspan="2">扭矩扳手质量</td><td colspan="2">初、终拧标记</td></tr>
<tr><td rowspan="2">部位</td><td rowspan="2">数量</td><td colspan="3">螺栓</td><td rowspan="2">穿入方向</td><td rowspan="2">螺栓露长</td><td rowspan="2">垫圈方向</td><td rowspan="2">扭矩系数复试平均值K</td><td rowspan="2">初拧</td><td rowspan="2">复拧</td><td rowspan="2">终拧</td><td rowspan="2">小锤逐只敲击质量检查</td><td colspan="3">松扣、回扣检查</td><td rowspan="2">定期标定记录</td><td rowspan="2">班前班后检查记录</td><td rowspan="2">初拧</td><td rowspan="2">终拧</td></tr>
<tr><td>等级</td><td>规格</td><td>数量</td><td>检查扭矩值</td><td>偏差值（%）</td><td>检查结果</td></tr>
<tr><td>1</td><td></td><td>10.9s</td><td>M22×75</td><td>10套</td><td>符合要求</td><td>符合要求</td><td>正确</td><td>5mm</td><td>正确</td><td>0.125</td><td>0.24</td><td>0.42</td><td>0.52</td><td>合格</td><td>合格</td><td>0.6</td><td>合格</td><td>齐全</td><td>齐全</td><td>正确</td><td>正确</td></tr>
<tr><td>2</td><td></td><td>10.9s</td><td>M22×75</td><td>10套</td><td>符合要求</td><td>符合要求</td><td>正确</td><td>5mm</td><td>正确</td><td>0.120</td><td>0.23</td><td>0.40</td><td>0.51</td><td>合格</td><td>合格</td><td>0.5</td><td>合格</td><td>齐全</td><td>齐全</td><td>正确</td><td>正确</td></tr>
<tr><td>3</td><td></td><td>10.9s</td><td>M22×75</td><td>10套</td><td>符合要求</td><td>符合要求</td><td>正确</td><td>5mm</td><td>正确</td><td>0.134</td><td>0.26</td><td>0.41</td><td>0.53</td><td>合格</td><td>合格</td><td>0.7</td><td>合格</td><td>齐全</td><td>齐全</td><td>正确</td><td>正确</td></tr>
<tr><td></td><td></td><td></td><td></td><td></td><td></td><td></td><td></td><td></td><td></td><td></td><td></td><td></td><td></td><td></td><td></td><td></td><td></td><td></td><td></td><td></td><td></td></tr>
<tr><td></td><td></td><td></td><td></td><td></td><td></td><td></td><td></td><td></td><td></td><td></td><td></td><td></td><td></td><td></td><td></td><td></td><td></td><td></td><td></td><td></td><td></td></tr>
<tr><td colspan="2">检查结论</td><td colspan="20">经检查，符合《钢结构工程施工质量验收规范》(GB 50025—2001)要求。</td></tr>
<tr><td colspan="3">施工单位</td><td colspan="4">项目技术负责人：×××
记录人：×××
××年×月×日</td><td colspan="3">监理（建设）单位</td><td colspan="4">监理工程师（建设单位代表）：
×××
××年×月×日</td><td colspan="3">其他单位</td><td colspan="5">代表：×××
××年×月×日</td></tr>
</table>

六、扭剪型高强度螺栓施工检查记录

扭剪型高强度螺栓施工检查记录

编号：×××

工程名称	××大厦	连接构件名称	××	施工单位	××钢结构工程有限公司

抽查节点							连接接头外观质量					螺栓梅花头未在终拧中拧掉数及处理结果						
部位	数量	螺栓			连接摩擦面质量	螺栓穿孔质量	螺栓穿入方向	螺栓露长	垫圈方向	初拧扭矩(N·m)	未拧断梅花头螺栓数量(只)	扭矩扳手施拧扭矩值(N·m)		终拧质量检查		初、终拧标记		扳手标定记录
		等级	规格	数量								初拧	终拧	小锤逐只敲检	松扣、回扣检查	初拧	终拧	
5		10.9s	M24×75	10套	符合要求	符合要求	正确	5mm	正确	0.24		0.24	0.52	合格	合格	正确	正确	符合要求
6		10.9s	M24×75	10套	符合要求	符合要求	正确	5mm	正确	0.22		0.22	0.50	合格	合格	正确	正确	符合要求
7		10.9s	M24×75	10套	符合要求	符合要求	正确	5mm	正确	0.24		0.24	0.52	合格	合格	正确	正确	符合要求

检查结论	经检查，符合《钢结构工程施工质量验收规范》(GB 50205—2001)要求。

施工单位	项目技术负责人：××× 记录人：××× ××年×月×日	监理(建设)单位	监理工程师(建设单位代表)： ××× ××年×月×日	其他单位	代表：××× ××年×月×日

第四节 钢结构工程施工试验记录

一、超声波探伤报告

表 C6-15 **超声波探伤报告**

编号：×××

试验编号：

委托编号：

工程名称及施工部位	××工程 四层梁、柱		
委托单位	××钢结构公司	试验委托人	×××
构件名称	钢梁/钢柱	检测部位	梁柱对接焊缝
材质	Q345B	板厚(mm)	12、14、16
仪器型号	×××	试块	×××
耦合剂	×××	表面补偿	×××
表面状况	打磨	执行处理	GB 11345—1989
探头型号	×××	探伤日期	200×年×月×日
探伤结果及说明： **依据《钢焊缝手工超声波探伤方法和探伤结果分级》(GB 11345—1989)表 6 中规定的 B-11 级验收要求，经超声波检测未发现超标缺陷，焊缝评定合格。**			

批准	×××	审核	×××	试验	×××
试验单位	××建设工程质量检测中心				
报告日期	××年×月×日				

注：本表由建设单位、施工单位、城建档案馆各保存一份。

二、超声波探伤记录

表 C6-16 **超声波探伤记录**

编号：

工程名称					报告编号					
施工单位					检测单位					
焊缝编号(两侧)	板厚(mm)	折射角(°)	回波高度	*X*(mm)	*D*(mm)	*Z*(mm)	*L*(mm)	级别	评定结果	备注

批准	审核	检测	检测单位名称 (公章)
报告日期			

注：本表由建设单位、施工单位、城建档案馆各保存一份。

三、钢构件射线探伤报告

表 C6-17 钢构件射线探伤报告

编号：________
试验编号：________
委托编号：________

工程名称					
委托单位			试验委托人		
检测单位			检测部位		
构件名称			构件编号		
材　　质		焊缝型式		板厚(mm)	
仪器型号		增感方式		像质计型号	
胶片型号		像质指数		黑　度	
评定标准		焊缝全长		探伤比例与长度	

探伤结果：

底片编号	黑度	灵能度	主要缺陷	评级	示意图
					备注

批准		审核		试验	
试验单位					
报告日期					

《超声波探伤报告》、《超声波探伤记录》、《钢构件射线探伤报告》填表说明：

(1)填写单位：试验报告由具备相应资质等级的检测单位出具后随相关资料进入资料流程。

(2)相关规定与要求：

1)高强度螺栓连接应有摩擦面抗滑移系数检验报告及复试报告，并实行有见证取样和送检。

2)施工首次使用的钢材、焊接材料、焊接方法、焊后热处理等应进行焊接工艺评定，有焊接工艺评定报告。

3)设计要求的一、二级焊缝应做缺陷检验，由有相应资质等级的检测单位出具超声波、射线探伤检验报告或磁粉探伤报告。《超声波探伤报告》(表 C6-15)、《超声波探伤记录》(表 C6-16)《钢构件射线探伤报告》(表 C6-17)。

4)建筑安全等级为一级、跨度 40m 及以上的公共建筑钢网架结构，且设计有要求的，应对其焊(螺栓)球节点进行节点承载力试验，并实行有见证取样和送检。

5)钢结构工程所使用的防腐、防火涂料应做涂层厚度检测，其中防火涂层应有相应资质的检测单位检测报告。

6)焊(连)接工人必须持有效的岗位证书。

(3)本表由建设单位、施工单位、城建档案馆各保存一份。

四、磁粉探伤检验报告

磁粉探伤检验报告

编号：×××

<table>
<tr><td>工程名称</td><td colspan="6">××工程</td></tr>
<tr><td>委托单位</td><td colspan="2">××建筑工程公司</td><td colspan="2">检验日期</td><td colspan="2">××年×月×日</td></tr>
<tr><td>见证单位</td><td colspan="2">××建设监理咨询公司</td><td colspan="2">见证人</td><td colspan="2">×××</td></tr>
<tr><td>检验依据</td><td colspan="6">《无损检测磁粉检测第1部分：总则》(GB/T 15822.1—2005)</td></tr>
<tr><td>检验仪器</td><td colspan="3">多功能磁粉探伤仪</td><td colspan="3">检定证书编号：×××</td></tr>
<tr><td rowspan="2">检验条件</td><td>母材材质</td><td>Q235</td><td>试块/试片</td><td>A型试片</td><td>检验地点</td><td>检测中心</td></tr>
<tr><td>磁粉种类</td><td>非荧光磁粉</td><td>施加方法</td><td>湿粉法</td><td>磁化方法</td><td>磁轭化</td></tr>
<tr><td colspan="7">金属表面磁粉探伤检验结果</td></tr>
<tr><td>样品编号</td><td>型号规格</td><td>磁粉探伤结果</td><td colspan="2">样品编号</td><td>型号规格</td><td>磁粉探伤结果</td></tr>
<tr><td>××××</td><td></td><td>未发现裂纹</td><td colspan="2">××××</td><td></td><td>未发现裂纹</td></tr>
<tr><td>××××</td><td></td><td>未发现裂纹</td><td colspan="2">××××</td><td></td><td>未发现裂纹</td></tr>
<tr><td>××××</td><td></td><td>未发现裂纹</td><td colspan="2">××××</td><td></td><td>未发现裂纹</td></tr>
<tr><td>××××</td><td></td><td>未发现裂纹</td><td colspan="2">××××</td><td></td><td>未发现裂纹</td></tr>
<tr><td>××××</td><td></td><td>未发现裂纹</td><td colspan="2">××××</td><td></td><td>未发现裂纹</td></tr>
<tr><td>××××</td><td></td><td>未发现裂纹</td><td colspan="2"></td><td></td><td></td></tr>
<tr><td>××××</td><td></td><td>未发现裂纹</td><td colspan="2"></td><td></td><td></td></tr>
<tr><td>××××</td><td></td><td>未发现裂纹</td><td colspan="2"></td><td></td><td></td></tr>
<tr><td>××××</td><td></td><td>未发现裂纹</td><td colspan="2"></td><td></td><td></td></tr>
<tr><td>××××</td><td></td><td>未发现裂纹</td><td colspan="2"></td><td></td><td></td></tr>
<tr><td>检验结论</td><td colspan="6">该构件经磁粉探伤未发现裂纹。</td></tr>
</table>

批准：×××	审核：×××	校核：×××	检验：×××

第五节 钢结构工程施工质量验收记录

一、钢结构焊接工程检验批质量验收记录表

钢结构制作(安装)焊接工程检验批质量验收记录表

GB 50205—2001

(Ⅰ)

010901□□

020401□□

工程名称	××工程	分项工程名称	钢结构焊接工程	验收部位	××
施工单位	××建筑工程集团公司	专业工长	×××	项目经理	×××
施工执行标准名称及编号	《钢结构工程施工工艺标准》(QB ×××—2005)				
分包单位	/	分包项目经理	/	施工班组长	×××
主控项目 1	焊接材料品种、规格	第4.3.1条	√		同意验收
主控项目 2	焊接材料复验	第4.3.2条	√		
主控项目 3	材料匹配	第5.2.1条	/		
主控项目 4	焊工证书	第5.2.2条	√		
主控项目 5	焊接工艺评定	第5.2.3条	√		
主控项目 6	内部缺陷	第5.2.4条	√		
主控项目 7	组合焊缝尺寸	第5.2.5条	√		
主控项目 8	焊缝表面缺陷	第5.2.6条	√		
一般项目 1	焊接材料外观质量	第4.3.4条	√		同意验收
一般项目 2	预热和后热处理	第5.2.7条	√		
一般项目 3	焊缝外观质量	第5.2.8条	√		
一般项目 4	焊缝尺寸偏差	第5.2.9条	√		
一般项目 5	凹形角焊缝	第5.2.10条	√		
一般项目 6	焊缝感观	第5.2.11条	√		
施工单位检查评定结果	主控项目全部合格,一般项目满足规范规定要求,检查评定结果为合格。 项目专业质量检查员:×××　　××年×月×日				
监理(建设)单位验收结论	同意验收。 监理工程师:××× (建设单位项目专业技术负责人)　　××年×月×日				

《钢结构制作(安装)焊接工程检验批质量验收记录表》填写说明：

1. 主控项目

(1)焊接材料的品种、规格、性能符合产品标准和设计要求。检查产品合格证明文件、中文标志及检验报告。

(2)重要结构用焊接材料抽样复试结果符合产品标准和设计要求。检查复试报告。

(3)焊条、焊丝、焊剂、电渣焊熔嘴等焊接材料与母材的匹配应符合设计要求《建筑钢结构焊接技术规程》(JGJ 81—2002)的规定。焊接材料在使用前，应按规定进行烘焙和存放。检查质量证明书和烘焙记录。

(4)焊工必须有证书。持证焊工必须在其考试合格项目及其认可范围内施焊。检查焊工合格证及其认可范围、有效期。

(5)施工单位对其首次采用的钢材、焊接材料、焊接方法、焊后热处理等，应进行焊接工艺评定，并应根据评定报告确定焊接工艺。检查焊接工艺评定报告。

(6)设计要求全焊透的一、二级焊缝应采用超声波探伤进行内部缺陷的检验，超声波探伤不能对缺陷作出判断时，应采用射线探伤。

(7)T形接头、十字接头、角接接头等要求熔透的对接和角对接组合焊缝，其焊脚尺寸应符合《钢结构工程施工质量验收规范》(GB 50205—2001)第5.2.5条的规定。

(8)焊缝表面不得有裂纹、焊瘤等缺陷。一级、二级焊缝不得有表面气孔、夹渣、弧坑裂纹、电弧擦伤等缺陷。且一级焊缝不得有咬边、未焊满、根部收缩等缺陷。观察检查或使用放大镜、焊缝量规和钢尺检查，当存在疑义时，采用渗透或磁粉探伤检查。

2. 一般项目

(1)焊条外观不应有外皮脱落、焊芯生锈等缺陷；焊剂不受潮结块。观察检查。

(2)对于需要进行焊前预热或焊后热处理的焊缝，预热区在焊道两侧，每侧宽度均应大于焊件厚度的1.5倍以上，且不应小于100mm；后热处理应在焊后立即进行，保温时间应根据板厚按每25mm板厚重1h确定。检查试验报告。

(3)二级、三级焊缝外观质量标准应符合《钢结构工程施工质量验收规范》(GB 50205—2001)附录A中表A.0.1规定。三级对接焊缝应按二级焊缝标准进行外观质量检验。观察检查或使用放大镜、焊缝量规和钢尺检查。

(4)焊缝尺寸允许偏差应符合《钢结构工程施工质量验收规范》(GB 50205—2001)附录A中表A.0.2的规定。用焊缝量规检查。

(5)焊成凹形的角焊缝，焊缝金属与母材间应平缓过渡；加工成凹形的角焊缝，不得在其表面留下切痕。观察检查。

(6)焊缝感观应达到：外形均匀、成型较好、焊道与焊道、焊道与基本金属间过渡较平滑，焊渣和飞溅物基本清除干净。观察检查。

焊钉(栓钉)焊接工程检验批质量验收记录表
GB 50205—2001
(Ⅱ)

010901□□
020401□□

<table>
<tr><td colspan="2">工程名称</td><td>××工程</td><td>分项工程名称</td><td colspan="2">钢结构焊接工程</td><td>验收部位</td><td>××</td></tr>
<tr><td colspan="2">施工单位</td><td colspan="2">××建筑工程集团公司</td><td>专业工长</td><td>×××</td><td>项目经理</td><td>×××</td></tr>
<tr><td colspan="2">施工执行标准名称及编号</td><td colspan="6">《钢结构工程施工工艺标准》(QB ×××—2005)</td></tr>
<tr><td colspan="2">分包单位</td><td>/</td><td>分包项目经理</td><td colspan="2">/</td><td>施工班组长</td><td>×××</td></tr>
<tr><td colspan="5">施工质量验收规范的规定</td><td colspan="2">施工单位检查评定记录</td><td>监理(建设)单位验收记录</td></tr>
<tr><td rowspan="4">主控项目</td><td>1</td><td colspan="2">焊接材料品种规格</td><td>第 4.3.1 条</td><td colspan="2">√</td><td rowspan="4">同意验收</td></tr>
<tr><td>2</td><td colspan="2">焊接材料复验</td><td>第 4.3.2 条</td><td colspan="2">√</td></tr>
<tr><td>3</td><td colspan="2">焊接工艺评定</td><td>第 5.3.1 条</td><td colspan="2">√</td></tr>
<tr><td>4</td><td colspan="2">焊后弯曲试验</td><td>第 5.3.2 条</td><td colspan="2">√</td></tr>
<tr><td rowspan="2">一般项目</td><td>1</td><td colspan="2">焊钉和瓷环尺寸</td><td>第 4.3.3 条</td><td colspan="2">√</td><td rowspan="2">同意验收</td></tr>
<tr><td>2</td><td colspan="2">焊缝外观质量</td><td>第 5.3.3 条</td><td colspan="2">√</td></tr>
<tr><td colspan="2">施工单位检查评定结果</td><td colspan="6">主控项目全部合格,一般项目满足规范规定要求,检查评定结果为合格。

项目专业质量检查员:×××　　　　××年×月×日</td></tr>
<tr><td colspan="2">监理(建设)单位验收结论</td><td colspan="6">同意验收。

监理工程师:×××
(建设单位项目专业技术负责人)　　　　××年×月×口</td></tr>
</table>

《焊钉(栓钉)焊接工程检验批质量验收记录表》填写说明：

1. 主控项目

(1)焊接材料的品种、规格、性能，符合产品标准和设计要求。检查产品合格证明文件、中文标志和检验报告。

(2)重要结构用焊接材料抽样复试结果符合产品标准和设计要求。检查复试报告。

(3)施工单位对其采用的焊钉和钢材焊接应进行焊接工艺评定，其结果应符合设计要求和国家现行有关标准的规定。瓷环应按其产品说明书进行烘焙。检查焊接工艺评定报告和烘焙记录。

(4)焊钉焊接后应进行弯曲试验检查，其焊缝和热影响区不应有肉眼可见的裂纹。焊钉弯曲30°后用角尺检查和观察检查。

2. 一般项目

(1)焊钉及焊接瓷环的规格尺寸及偏差应符合《圆柱头焊钉》(GB/T 10433—2002)的规定。用钢尺量和游标卡尺量测。

(2)焊钉根部焊脚应均匀，焊脚立面的局部未熔合或不足360°的焊脚应进行修补。观察检查。

二、紧固件连接工程检验批质量验收记录表

普通紧固件连接工程检验批质量验收记录表
GB 50205—2001
(Ⅰ)

010902□□

020402□□

<table>
<tr><td>工程名称</td><td colspan="2">××工程</td><td colspan="2">分项工程名称</td><td>紧固件连接工程</td><td>验收部位</td><td>××</td></tr>
<tr><td>施工单位</td><td colspan="4">××建筑工程集团公司</td><td>专业工长　×××</td><td>项目经理</td><td>×××</td></tr>
<tr><td>施工执行标准名称及编号</td><td colspan="7">《钢结构工程施工工艺标准》(QB ×××—2005)</td></tr>
<tr><td>分包单位</td><td colspan="2">/</td><td colspan="2">分包项目经理</td><td>/</td><td>施工班组长</td><td>×××</td></tr>
<tr><td colspan="6">施工质量验收规范的规定</td><td>施工单位检查评定记录</td><td>监理(建设)单位验收记录</td></tr>
<tr><td rowspan="3">主控项目</td><td>1</td><td colspan="3">成品进场</td><td>第 4.4.1 条</td><td>√</td><td rowspan="3">同意验收</td></tr>
<tr><td>2</td><td colspan="3">螺栓实物复验</td><td>第 6.2.1 条</td><td>√</td></tr>
<tr><td>3</td><td colspan="3">匹配及间距</td><td>第 6.2.2 条</td><td>√</td></tr>
<tr><td rowspan="2">一般项目</td><td>1</td><td colspan="3">螺栓紧固</td><td>第 6.2.3 条</td><td>√</td><td rowspan="2">同意验收</td></tr>
<tr><td>2</td><td colspan="3">外观质量</td><td>第 6.2.4 条</td><td>√</td></tr>
<tr><td>施工单位检查评定结果</td><td colspan="7">主控项目全部合格，一般项目满足规范规定要求，检查评定结果为合格。

项目专业质量检查员：×××　　　　××年×月×日</td></tr>
<tr><td>监理(建设)单位验收结论</td><td colspan="7">同意验收。

监理工程师：×××
(建设单位项目专业技术负责人)　　　　××年×月×日</td></tr>
</table>

《普通紧固件连接工程检验批质量验收记录表》填写说明：

1. 主控项目

(1)普通螺栓、铆钉、自攻钉、拉铆钉、射钉、锚栓(机械型和化学试剂型)、地脚锚栓等紧固标准件及螺母、垫圈等标准配件，其品种、规格、性能等应符合现行国家产品标准和设计要求。检查产品质量合格证明文件、中文标志及检验报告。

(2)普通螺栓作为永久性连接螺栓时，当设计有要求或对其质量有疑义时，应进行螺栓实物最小拉力载荷复验，试验方法见《钢结构工程施工质量验收规范》(GB 50205—2001)附录B，其结果应符合《紧固件机构性能螺栓、螺钉和螺柱》(GB/T 3098—2000)的规定。检查螺栓实物复验报告。

(3)连接薄钢板采用的自攻钉、拉铆钉、射钉等其规格尺寸应与被连接钢板相匹配，其间距、边距等应符合设计要求。观察和尺量检查。

2. 一般项目

(1)永久性普通螺栓紧固应牢固、可靠，外露螺纹不少于2扣。观察和用小锤敲击检查。

(2)自攻螺钉、钢拉铆钉、射钉等与连接钢板紧固密贴，外观排列整齐。观察或用小锤敲击检查。

高强度螺栓连接工程检验批质量验收记录表

GB 50205—2001

（Ⅱ）

010902□□

020402□□

<table>
<tr><td>工程名称</td><td>××工程</td><td>分项工程名称</td><td colspan="2">紧固件连接工程</td><td>验收部位</td><td>××</td></tr>
<tr><td>施工单位</td><td colspan="2">××建筑工程集团公司</td><td>专业工长</td><td>×××</td><td>项目经理</td><td>×××</td></tr>
<tr><td>施工执行标准名称及编号</td><td colspan="6">《钢结构工程施工工艺标准》(QB ×××—2005)</td></tr>
<tr><td>分包单位</td><td>/</td><td>分包项目经理</td><td colspan="2">/</td><td>施工班组长</td><td>×××</td></tr>
<tr><td colspan="4">施工质量验收规范的规定</td><td colspan="2">施工单位检查评定记录</td><td>监理（建设）单位验收记录</td></tr>
<tr><td rowspan="4">主控项目</td><td>1</td><td>成品进场</td><td>第 4.4.1 条</td><td colspan="2">√</td><td rowspan="4">同意验收</td></tr>
<tr><td>2</td><td>扭矩系数或预拉力复验</td><td>第 4.2.2 条或第 4.4.3 条</td><td colspan="2">√</td></tr>
<tr><td>3</td><td>抗滑移系数试验</td><td>第 6.3.1 条</td><td colspan="2">√</td></tr>
<tr><td>4</td><td>终拧扭矩</td><td>第 6.3.2 条或第 6.3.3 条</td><td colspan="2">√</td></tr>
<tr><td rowspan="6">一般项目</td><td>1</td><td>成品进场检验</td><td>第 4.4.4 条</td><td colspan="2">√</td><td rowspan="6">同意验收</td></tr>
<tr><td>2</td><td>表面硬度试验</td><td>第 4.4.5 条</td><td colspan="2">/</td></tr>
<tr><td>3</td><td>初拧、复拧扭矩</td><td>第 6.3.4 条</td><td colspan="2">√</td></tr>
<tr><td>4</td><td>连接外观质量</td><td>第 6.3.5 条</td><td colspan="2">√</td></tr>
<tr><td>5</td><td>摩擦面外观</td><td>第 6.3.6 条</td><td colspan="2">√</td></tr>
<tr><td>6</td><td>扩孔</td><td>第 6.3.7 条</td><td colspan="2">/</td></tr>
<tr><td>施工单位检查评定结果</td><td colspan="6">主控项目全部合格，一般项目满足规范规定要求，检查评定结果为合格。

项目专业质量检查员：×××　　　　××年×月×日</td></tr>
<tr><td>监理（建设）单位验收结论</td><td colspan="6">同意验收。

监理工程师：×××
（建设单位项目专业技术负责人）　　　　××年×月×日</td></tr>
</table>

《高强度螺栓连接工程检验批质量验收记录表》填写说明：

1. 主控项目

(1)钢结构连接用高强度大六角头螺栓连接副、扭剪型高强度连接副的品种、规格、性能等应符合现行国家标准和设计要求。钢结构连接用高强度大六角头螺栓连接副和扭剪型高强度连接副出厂时应分别随箱带有扭矩系数和紧固轴力(预拉力)的检验报告。检查产品的质量合格证明文件、中文标志及检验报告等。

(2)高强度大六角头螺栓连接副扭矩系数，扭剪型高强度连接副预拉力，符合《钢结构工程施工质量验收规范》(GB 50205—2001)附录 B 的规定。检查复验报告。

(3)钢结构制作和安装单位应按《钢结构工程施工质量验收规范》(GB 50205—2001)附录 B 的规定分别进行高强度螺栓连接摩擦面的抗滑移系数试验和复验，现场处理的构件摩擦面应单独进行摩擦面抗滑移系数试验，其结果应符合设计要求。检查摩擦面抗滑移系数试验报告和复验报告。

(4)高强度大六角头螺栓连接副终拧完成 1h 后，48h 内应进行终拧矩检查，检查结果应符合《钢结构工程施工质量验收规范》(GB 50205—2001)附录 B 的规定。扭剪型高强度螺栓连接副终拧后，除因构造原因无法使用专用扳手终拧掉梅花头者外，未在终拧中拧掉梅花头的螺栓数不应大于该节点螺栓数的 5%。对所有梅花头未拧掉的扭剪型高强度螺栓连接副应采用扭矩或转角法进行终拧并作标记。并按前述规定进行终拧矩检查。规范要求及观察检查。

2. 一般项目

(1)高强度螺栓连接副进场检查，检查包装箱上批号、规格、数量及生产日期。核查螺栓、螺母、垫圈外观表面的涂油保护，没有生锈和沾染脏物，螺纹没损伤。观察检查。

(2)建筑结构安全等级为一级，跨度 40m 及以上的螺栓球节点钢网架结构，其连接高强度螺栓进行表面硬度试验。8.8 级的高强度螺栓其硬度应为 HRC21～29；10.9 级高强度螺栓其硬度应为 HRC32～36，且不得有裂纹或损伤。用硬度计、10 倍放大镜或磁粉探伤。

(3)高强度螺栓连接副的施拧顺序和初拧、复拧扭矩符合设计要求和《钢结构高强度螺栓连接的设计、施工及验收规程》(JGJ 82—1991)的规定。检查扭矩扳手标定记录和螺栓施工记录。

(4)高强度螺栓连接副终拧后，螺栓螺纹外露应为 2～3 扣，其中允许有 10%的螺栓螺纹外露 1 扣或 4 扣。观察检查。

(5)高强度螺栓连接摩擦面应保持干燥、整洁，不应有飞边、毛刺、焊接飞溅物、焊疤、氧化铁皮、污垢等，除设计要求外摩擦面不应涂漆。观察检查。

(6)高强度螺栓应自由穿入螺栓孔。高强度螺栓孔不应采用气割扩孔，扩孔数量应征得设计同意，扩孔后的孔径不应超过 $1.2d$(d 为螺栓直径)。观察检查及用卡尺检查。

三、钢零件及钢部件加工工程检验批质量验收记录表

钢结构零、部件加工工程检验批质量验收记录表
GB 50205—2001
(Ⅰ)

020403□□

<table>
<tr><td>工程名称</td><td>××工程</td><td>分项工程名称</td><td>钢零件及钢部位加工工程</td><td>验收部位</td><td>××</td></tr>
<tr><td>施工单位</td><td>××建筑工程集团公司</td><td>专业工长</td><td>×××</td><td>项目经理</td><td>×××</td></tr>
<tr><td>施工执行标准名称及编号</td><td colspan="5">《钢结构工程施工工艺标准》(QB ×××—2005)</td></tr>
<tr><td>分包单位</td><td>/</td><td>分包项目经理</td><td>/</td><td>施工班组长</td><td>×××</td></tr>
<tr><td colspan="4">施工质量验收规范的规定</td><td>施工单位检查评定记录</td><td>监理(建设)单位验收记录</td></tr>
<tr><td rowspan="6">主控项目</td><td>1</td><td>材料品种、规格</td><td>第 4.2.1 条</td><td>√</td><td rowspan="6">同意验收</td></tr>
<tr><td>2</td><td>钢材复验</td><td>第 4.2.2 条</td><td>√</td></tr>
<tr><td>3</td><td>切面质量</td><td>第 7.2.1 条</td><td>√</td></tr>
<tr><td>4</td><td>矫正和成型</td><td>第 7.3.1 条
第 7.3.2 条</td><td>/</td></tr>
<tr><td>5</td><td>边缘加工</td><td>第 7.4.1 条</td><td>√</td></tr>
<tr><td>6</td><td>制孔</td><td>第 7.6.1 条</td><td>/</td></tr>
<tr><td rowspan="6">一般项目</td><td>1</td><td>材料规格尺寸</td><td>第 4.2.3 条
第 4.2.4 条</td><td>√</td><td rowspan="6">同意验收</td></tr>
<tr><td>2</td><td>钢材表面质量</td><td>第 4.2.5 条</td><td>√</td></tr>
<tr><td>3</td><td>切割精度</td><td>第 7.2.2 条
第 7.2.3 条</td><td>√</td></tr>
<tr><td>4</td><td>矫正质量</td><td>第 7.3.3 条
第 7.3.4 条
第 7.3.5 条</td><td>√</td></tr>
<tr><td>5</td><td>边缘加工精度</td><td>第 7.4.2 条</td><td>√</td></tr>
<tr><td>6</td><td>制孔精度</td><td>第 7.6.2 条
第 7.6.3 条</td><td>/</td></tr>
<tr><td>施工单位检查评定结果</td><td colspan="5">主控项目全部合格,一般项目满足规范规定要求,检查评定结果为合格。
项目专业质量检查员:×××　　××年×月×日</td></tr>
<tr><td>监理(建设)单位验收结论</td><td colspan="5">同意验收。
监理工程师:×××
(建设单位项目专业技术负责人)　　××年×月×日</td></tr>
</table>

《钢结构零、部件加工工程检验批质量验收记录表》填写说明：

1. 主控项目

(1)钢材、铸钢件的品种、规格、性能符合产品标准和设计要求。检查质量合格证明文件、中文标志及检验报告。

(2)抽样复试的结果符合产品标准和设计要求。抽样的有：①外国进口钢材；②钢材混批；③板厚大于等于 40mm 有 Z 向性能要求的钢材；④结构安全等级为一级，大跨度的主要受力构件的钢材；⑤设计要求复试；⑥对质量有怀疑的钢材。全数检查，检查复试报告。

(3)钢材切割或剪切面应无裂纹、夹渣、分层和大于 1mm 的缺棱。全数检查。观察或用放大镜及百分尺检查，有疑义时作渗透、磁粉或超声波探伤检查。

(4)碳素结构钢在环境温度低于－16℃、低合金结构钢在环境温度低于－12℃，不应进行冷矫正和冷弯曲。碳素结构钢和低合金结构钢在加热矫正时，加热温度不应超过 900℃。低合金结构钢在加热矫正后应自然冷却。当零件采用热加工成型时，加热温度应控制在 900～1000℃；碳素结构钢和低合金结构钢在温度分别下降到 700℃和 800℃之前，应结束加工；低合金结构钢应自然冷却。全数检查。检查制作工艺报告和施工记录。

(5)气割或机械剪切的零件，进行边缘加工时，其刨削量不小于 2.0mm。检查工艺报告或施工记录。

(6)A、B 级螺栓孔(Ⅰ类孔)应具有 H12 的精度，孔壁表面粗糙度 R_a 不应大于 12.5μm，其孔径的允许偏差应符合《钢结构工程施工质量验收规范》(GB 50205—2001)表 7.6.1 的规定。C 级螺栓孔(Ⅱ类孔)，孔壁表面粗糙度 R_a 不应大于 25μm，其允许偏差应符合表 7.6.1 的规定。用游标卡尺或孔径量规检查。

2. 一般项目

(1)钢板厚度和型钢规格尺寸允许偏差符合产品标准规定。尺量检查或游标卡尺量测。

(2)钢材表面质量，符合有关产品规定，同时应符合：

1)锈蚀、麻点或划痕等其深度不大于厚度负允许偏差的 1/2。

2)锈蚀符合《涂装前钢材表面锈蚀等级和除锈等级》(GB 8923—1988)C 级及 C 级以上。

3)钢材端边或断口处不应有分层、夹渣等缺陷。观察检查。

(3)气割的允许偏差应符合《钢结构工程施工质量验收规范》(GB 50205—2001)表 7.2.2 的规定；机械剪切的允许偏差应符合《钢结构工程施工质量验收规范》(GB 50205—2001)表 7.2.3 的规定。观察尺量检查、塞尺检查。

(4)矫正后的钢材表面，不应有明显的凹面或损伤，划痕深度不得大于 0.5mm，且不应大于该钢材厚度负允许偏差的 1/2。全数检查。冷矫正和冷弯曲的最小曲率半径和最大弯曲矢高应符合《钢结构工程施工质量验收规范》(GB 50205—2001)表 7.3.4 的规定。按矫正冷弯曲 10%检查，且不少于 3 件。钢材矫正后的允许偏差，应符合《钢结构工程施工质量验收规范》(GB 50205—2001)表 7.3.5 的规定。按矫正件数抽查 10%，且不少于 3 件。观察和实测检查。

(5)边缘加工允许偏差应符合《钢结构工程施工质量验收规范》(GB 50205—2001)表 7.4.2 的规定。

(6)螺栓孔孔距的允许偏差应符合《钢结构工程施工质量验收规范》(GB 50205—2001)表 7.6.2 的规定。螺栓孔孔距超过表 7.6.2 规定时，应采用与母材材质相匹配的焊条补焊后重新制孔。全数检查。观察或尺量检查。

钢网架制作工程检验批质量验收记录表
GB 50205—2001
(Ⅱ)

020403□□

<table>
<tr><td>工程名称</td><td>××工程</td><td>分项工程名称</td><td colspan="2">钢零件及钢部件加工工程</td><td>验收部位</td><td>××</td></tr>
<tr><td>施工单位</td><td colspan="2">××建筑工程集团公司</td><td>专业工长</td><td>×××</td><td>项目经理</td><td>×××</td></tr>
<tr><td>施工执行标准名称及编号</td><td colspan="6">《钢结构工程施工工艺标准》(QB ×××—2005)</td></tr>
<tr><td>分包单位</td><td>/</td><td>分包项目经理</td><td colspan="2">/</td><td>施工班组长</td><td>×××</td></tr>
<tr><td colspan="4">施工质量验收规范的规定</td><td>施工单位检查评定记录</td><td colspan="2">监理(建设)单位验收记录</td></tr>
<tr><td rowspan="5">主控项目</td><td>1</td><td>材料品种、规格</td><td>第4.5.1条
第4.6.1条
第4.7.1条</td><td>√</td><td colspan="2" rowspan="5">同意验收</td></tr>
<tr><td>2</td><td>螺栓球加工</td><td>第7.5.1条
第4.6.2条</td><td>√</td></tr>
<tr><td>3</td><td>焊接球加工</td><td>第7.5.2条
第4.5.2条</td><td>√</td></tr>
<tr><td>4</td><td>封板、锥头套筒</td><td>第4.7.2条</td><td>√</td></tr>
<tr><td>5</td><td>制孔</td><td>第7.6.1条</td><td>/</td></tr>
<tr><td rowspan="4">一般项目</td><td>1</td><td>材料规格尺寸</td><td>第4.2.3条
第4.2.4条</td><td>√</td><td colspan="2" rowspan="4">同意验收</td></tr>
<tr><td>2</td><td>螺栓球加工精度</td><td>第7.5.3条
第4.6.3条
第4.6.4条</td><td>√</td></tr>
<tr><td>3</td><td>焊接球加工精度</td><td>第7.5.4条
第4.5.3条
第4.5.4条</td><td>√</td></tr>
<tr><td>4</td><td>管件加工精度</td><td>第7.5.5条</td><td>√</td></tr>
<tr><td>施工单位检查评定结果</td><td colspan="6">主控项目全部合格，一般项目满足规范规定要求，检查评定结果为合格。

项目专业质量检查员：×××　　　　××年×月×日</td></tr>
<tr><td>监理(建设)单位验收结论</td><td colspan="6">同意验收。

监理工程师：×××
(建设单位项目专业技术负责人)　　　　××年×月×日</td></tr>
</table>

《钢网架制作工程检验批质量验收记录表》填写说明：

1. 主控项目

(1)焊接球、螺栓球封板锥头套筒及其制造所用材料的品种、规格、性能符合产品标准和设计要求。检查质量合格证明文件、中文标志及检验报告。

(2)螺栓球成型后，不应有裂纹、褶皱、过烧。10倍放大镜观察检查或表面探伤。

(3)钢板压成半圆球后，不应有裂纹、褶皱；焊接球其对接坡口应采用机构加工，对接焊缝表面应打磨平整。焊接缝应进行无损检验，其质量符合设计要求，当设计无要求时，应符合二级焊缝标准。10倍放大镜观察检查表面探伤或超声波探伤检查。

(4)封板、锥头、套筒外观不得有裂纹、过烧及氧化皮。放大镜观察和表面探伤检查。

(5)A、B级螺栓孔(1类孔)应具有H12的精度，孔壁表面粗糙度 R_a 不应大于12.5μm，其孔径的允许偏差应符合《钢结构工程施工质量验收规范》(GB 50205—2001)表7.6.1-1的规定。C级螺栓孔(Ⅱ类孔)，孔壁表面粗糙度值 R_a 不应大于25μm，其允许偏差应符合表7.6.1-2的规定。用游标卡尺或孔径量规检查。

2. 一般项目

(1)钢板厚度和型钢规格尺寸允许偏差符合产品标准规定。尺量检查或游标卡尺量测。

(2)钢材表面质量，符合有关产品规定，同时应符合：

1)锈蚀、麻点或划痕等其深度不大于厚度允许偏差的1/2。

2)锈蚀符合《涂装前钢材表面锈蚀等级和除锈等级》(GB 8923—1988)C级及C级以上。

3)钢材端边或断口处不应有分层、夹渣等缺陷。观察检查。

(3)螺栓球加工的允许偏差符合《钢结构工程施工质量验收规范》(GB 50205—2001)表7.5.3的规定。螺栓球螺纹尺寸符合《普通螺纹基本尺寸》(GB/T 196—2003)粗牙螺纹的规定。螺纹公差符合《普通螺栓　公差》(GB/T 197—2003)H级精度的规定。卡尺、游标卡尺、分度头、百分表、百分表V型块及标准螺纹规检查。

(4)焊接球表面无明显波纹及局部凹凸不平不大于1.5mm。焊接球的直径、圆度、壁厚减薄量及允许偏差符合《钢结构工程施工质量验收规范》(GB 50205—2001)表7.5.4的规定。卡尺、游标卡尺、测厚仪及套模检查。

(5)钢网架(桁架)用钢管杆件加工允许偏差符合《钢结构工程施工质量验收规范》(GB 50205—2001)表7.5.5的规定。

四、单层钢构件安装工程检验批质量验收记录表

单层钢构件安装工程检验批质量验收记录表
GB 50205—2001

020404□□

<table>
<tr><td>工程名称</td><td>××工程</td><td>分项工程名称</td><td>单层钢结构安装工程</td><td>验收部位</td><td>××</td></tr>
<tr><td>施工单位</td><td>××建筑工程集团公司</td><td>专业工长</td><td>×××</td><td>项目经理</td><td>×××</td></tr>
<tr><td>施工执行标准名称及编号</td><td colspan="5">《钢结构工程施工工艺标准》(QB ×××—2005)</td></tr>
<tr><td>分包单位</td><td>/</td><td>分包项目经理</td><td>/</td><td>施工班组长</td><td>×××</td></tr>
</table>

<table>
<tr><td colspan="4">施工质量验收规范的规定</td><td colspan="10">施工单位检查评定记录</td><td>监理(建设)单位验收记录</td></tr>
<tr><td rowspan="5">主控项目</td><td>1</td><td>基础验收</td><td>第10.2.1条
第10.2.2条
第10.2.3条
第10.2.4条</td><td colspan="10">√</td><td rowspan="5">同意验收</td></tr>
<tr><td>2</td><td>构件验收</td><td>第10.3.1条</td><td colspan="10">√</td></tr>
<tr><td>3</td><td>顶紧接触面</td><td>第10.3.2条</td><td colspan="10">√</td></tr>
<tr><td>4</td><td>钢构件垂直度和侧弯矢高</td><td>第10.3.3条</td><td>2</td><td>2</td><td>2</td><td>0</td><td>1</td><td>3</td><td>2</td><td>5</td><td>0</td><td>3</td></tr>
<tr><td>5</td><td>主体结构尺寸</td><td>第10.3.4条</td><td>5</td><td>3</td><td>6</td><td>2</td><td>2</td><td>4</td><td>4</td><td>7</td><td>3</td><td></td></tr>
<tr><td rowspan="9">一般项目</td><td>1</td><td>地脚螺栓精度</td><td>第10.2.5条</td><td colspan="10">√</td><td rowspan="9">同意验收</td></tr>
<tr><td>2</td><td>标记</td><td>第10.3.5条</td><td colspan="10">√</td></tr>
<tr><td>3</td><td>桁架(梁)安装精度</td><td>第10.3.6条</td><td>−1</td><td>0</td><td>3</td><td>3</td><td>3</td><td>2</td><td>−1</td><td>2</td><td>2</td><td></td></tr>
<tr><td>4</td><td>钢柱安装精度</td><td>第10.3.7条</td><td>5</td><td>6</td><td>2</td><td>2</td><td>2</td><td>1</td><td>3</td><td>1</td><td>7</td><td>6</td></tr>
<tr><td>5</td><td>吊车梁安装精度</td><td>第10.3.8条</td><td></td><td></td><td></td><td></td><td></td><td></td><td></td><td></td><td></td><td></td></tr>
<tr><td>6</td><td>檩条、墙架等安装精度</td><td>第10.3.9条</td><td></td><td></td><td></td><td></td><td></td><td></td><td></td><td></td><td></td><td></td></tr>
<tr><td>7</td><td>平台、钢梯等安装精度</td><td>第10.3.10条</td><td></td><td></td><td></td><td></td><td></td><td></td><td></td><td></td><td></td><td></td></tr>
<tr><td>8</td><td>现场组对精度</td><td>第10.3.11条</td><td>0</td><td>0</td><td>1</td><td>0</td><td>2</td><td>2</td><td>1</td><td>1</td><td>1</td><td>2</td></tr>
<tr><td>9</td><td>结构表面</td><td>第10.3.12条</td><td colspan="10">√</td></tr>
<tr><td colspan="2">施工单位检查评定结果</td><td colspan="13">主控项目全部合格，一般项目满足规范规定要求，检查评定结果为合格。
项目专业质量检查员：×××　　××年×月×日</td></tr>
<tr><td colspan="2">监理(建设)单位验收结论</td><td colspan="13">同意验收。
监理工程师：×××
(建设单位项目专业技术负责人)　　××年×月×日</td></tr>
</table>

《单层钢构件安装工程检验批质量验收记录表》填写说明：

1. 主控项目

(1)基础验收。建筑物的定位轴线、基础轴线和标高、地脚螺栓的规格及其紧固应符合《钢结构工程施工质量验收规范》(GB 50205—2001)表 10.2.2 的规定。经纬仪、水准仪和尺量检查。

(2)构件验收。钢构件应符合设计要求和《钢结构工程施工质量验收规范》(GB 50205—2001)的规定。运输、堆放和吊装等造成的钢构件变形及涂层脱落，应进行矫正和修补。观察和现场实测检查。

(3)设计要求顶紧的节点，接触面不应少于 70%紧贴，且边缘最大间隙不应大于 0.8mm。钢尺和 0.3mm 和 0.8mm 厚的塞尺现场实测检查。

(4)钢屋(托)架、桁架、梁及受压杆件的垂直度和侧向弯曲矢高的允许偏差应符合《钢结构工程施工质量验收规范》(GB 50205—2001)表 10.3.3 的规定。吊线、拉线、经纬仪和尺量检查。

(5)单层钢结构主体结构的整体垂直度和整体平面弯曲的允许偏差。垂直度 $H/1000$，且不应大于 25.0mm；平面弯曲 $L/1500$，且不应大于 25.0mm。

2. 一般项目

(1)地脚螺栓(锚栓)尺寸的偏差。螺栓露出长度和螺纹长度均为：+30.0mm，-0.0mm；地脚螺栓(锚栓)的螺纹应受到保护。尺量检查。

(2)钢柱等主要构件的中心线及标高基准点等标记应齐全。观察检查。

(3)钢桁架(或梁)安装在混凝土柱上时，其支座中心对定位轴线的偏差不应大于 10mm；当采用大型混凝土屋面板时，钢桁架(或梁)间距的偏差不应大于 10mm。拉线及尺量检查。

(4)钢柱安装的允许偏差应符合《钢结构工程施工质量验收规范》(GB 50205—2001)附录 E 中表 E.0.1 的规定。吊线、经纬仪、水准仪和尺量检查。

(5)钢吊车梁或直接承受动力荷载的类似构件，其安装的允许偏差应符合《钢结构工程施工质量验收规范》(GB 50205—2001)附录 E 中表 E.0.2 的规定。

(6)檩条、墙架等次要构件安装的允许偏差应符合《钢结构工程施工质量验收规范》(GB 50205—2001)附录 E 中表 E.0.3 的规定。

(7)钢平台、钢梯、栏杆安装应符合《固定式钢直梯》(GB4053.1—1993)、《固定式钢斜梯》(GB4053.2—1993)、《固定式防护栏杆》(GB4053.3—1993)、《固定式钢平台》(GB4053.4—1983)的规定。钢平台、钢梯和防护栏杆安装的允许偏差应符合《钢结构工程施工质量验收规范》(GB 50205—2001)附录 E 中表 E.0.4 的规定。

(8)现场焊缝组对间隙的允许偏差应符合《钢结构工程施工质量验收规范》(GB 50205—2001)表 10.3.11 的规定。尺量检查。

(9)钢结构表面应干净，结构主要表面不应有疤痕、泥沙等污垢。观察检查。

五、多层及高层钢构件安装工程检验批质量验收记录表

多层及高层钢构件安装工程检验批质量验收记录表
GB 50205—2001

020405□□

工程名称	××工程	分项工程名称	多层及高层钢结构安装工程	验收部位	××
施工单位	××建筑工程集团公司	专业工长	×××	项目经理	×××
施工执行标准名称及编号	《钢结构工程施工工艺标准》(QB ×××—2005)				
分包单位	/	分包项目经理	/	施工班组长	×××

		施工质量验收规范的规定		施工单位检查评定记录	监理(建设)单位验收记录
主控项目	1	基础验收	第11.2.1条 第11.2.2条 第11.2.3条 第11.2.4条	√	同意验收
	2	构件验收	第11.3.1条	√	
	3	钢柱安装精度	第11.3.2条	√	
	4	顶紧接触面	第11.3.3条	√	
	5	垂直度和侧弯矢高	第11.3.4条	3 2 5 2 2 3 1 5 2 3	
	6	主体结构尺寸	第11.3.5条	8 12 6 10 8 5 5 10 6 8	
一般项目	1	地脚螺栓精度	第11.2.5条	√	同意验收
	2	标记	第11.3.7条	√	
	3	构件安装精度	第11.3.8条 第11.3.10条	√	
	4	主体结构高度	第11.3.9条	√	
	5	吊车梁安装精度	第11.3.11条	√	
	6	檩条、墙架安装精度	第11.3.12条	√	
	7	平台、钢梯等安装精度	第11.3.13条	√	
	8	现场组对精度	第11.3.14条	√	
	9	结构表面	第11.3.6条	√	

施工单位检查评定结果	主控项目全部合格，一般项目满足规范规定要求，检查评定结果为合格。 项目专业质量检查员：×××　　××年×月×日
监理（建设）单位验收结论	同意验收。 监理工程师：××× （建设单位项目专业技术负责人）　　××年×月×日

《多层及高层钢构件安装工程检验批质量验收记录表》填写说明：

1. 主控项目

(1)基础验收。建筑物的定位轴线、基础上柱的定位轴线和标高、地脚螺栓(锚栓)的规格的位置、地脚螺栓(锚栓)紧固应符合《钢结构工程施工质量验收规范》(GB 50205—2001)表 11.2.1 的规定。尺量检查。

(2)构件验收。钢构件应符合设计要求和《钢结构工程施工质量验收规范》(GB 50205—2001)的规定。运输、堆放和吊装等造成的钢构件变形及涂层脱落，应进行矫正和修补。观察和尺量检查。

(3)钢柱安装允许偏差应符合《钢结构工程施工质量验收规范》(GB 50205—2001)表 11.3.2 的规定。经纬仪和尺量检查。

(4)设计要求顶紧的节点，接触面不应少于 70%紧贴，且边缘最大间隙不应大于 0.8mm。用 0.3mm 和 0.8mm 塞尺和尺量检查。

(5)钢主梁、次梁及受压杆件的垂直度和侧向弯曲矢高的允许偏差应符合《钢结构工程施工质量验收规范》(GB 50205—2001)表 10.3.3 中有关钢层(托)架允许偏差的规定。吊线、拉线、经纬仪及尺量检查。

(6)主体结构尺寸。多层及高层钢结构主体结构的整体垂直度和整体平面弯曲的允许偏差应符合《钢结构工程施工质量验收规范》(GB 50205—2001)表 11.3.5 的规定。经纬仪、拉线和尺量检查。

2. 一般项目

(1)地脚螺栓尺寸允许偏差应符合《钢结构工程施工质量验收规范》(GB 50205—2001)表 10.2.5 的规定。尺量检查。地脚螺栓(锚栓)的螺纹受到保护。

(2)标记。钢柱等主要构件的中心线及标高基准点等标记应齐全。观察检查。

(3)钢构件安装的允许偏差应符合《钢结构工程施工质量验收规范》(GB 50205—2001)附录 E 中表 E.0.5 的规定。按表 E.0.5 的规定检查。当钢构件安装在混凝土柱上时，其支座中心对定位轴线的偏差不应大于 10mm，当采用大型混凝土屋面板时，钢梁(或桁架)间距的偏差不应大于 10mm。尺量检查。

(4)主体结构总高度的允许偏差应符合《钢结构工程施工质量验收规范》(GB 50205—2001)附录 E 中表 E.0.6 的规定。经纬仪和尺量检查。

(5)多层及高层钢结构中钢吊车或直接承受动力荷载的类似构件，其安装的允许偏差应符合《钢结构工程施工质量验收规范》(GB 50205—2001)附录 E 中表 E.0.2 的规定。

(6)多层及高层钢结构中檩条、墙架等次要构件安装的允许偏差应符合《钢结构工程施工质量验收规范》(GB 50205—2001)附录 E 中表 E.0.3 的规定。

(7)钢平台、钢梯、栏杆安装应符合《固定式钢直梯》(GB4053.1—1993)、《固定式钢直梯》(GB4053.2—1993)、《固定式防护栏杆》(GB4053.3—1993)、《固定式钢平台》(GB4053.4—1983)的规定。钢平台、钢梯和防护栏杆安装的允许偏差应符合《钢结构工程施工质量验收规范》(GB 50205—2001)附录 E 中表 E.0.4 的规定。

(8)多层及高层钢结构中现场焊缝组对间隙的允许偏差。无垫板间隙，+3.0mm，0.0mm；有垫板间隙+3.0mm，-2.0mm。尺量检查。

(9)钢结构表面应干净，结构主要表面不应有疤痕、泥沙等污垢。观察检查。

六、钢构件组装工程检验批质量验收记录表

钢构件组装工程检验批质量验收记录表

GB 50205—2001

020406□□

<table>
<tr><td colspan="2">工程名称</td><td>××工程</td><td>分项工程名称</td><td colspan="2">钢构件组装工程</td><td>验收部位</td><td>××</td></tr>
<tr><td colspan="2">施工单位</td><td colspan="2">××建筑工程集团公司</td><td>专业工长</td><td>×××</td><td>项目经理</td><td>×××</td></tr>
<tr><td colspan="2">施工执行标准名称及编号</td><td colspan="6">《钢结构工程施工工艺标准》(QB ×××—2005)</td></tr>
<tr><td colspan="2">分包单位</td><td>/</td><td>分包项目经理</td><td colspan="2">/</td><td>施工班组长</td><td>×××</td></tr>
<tr><td colspan="5">施工质量验收规范的规定</td><td colspan="2">施工单位检查评定记录</td><td>监理(建设)单位验收记录</td></tr>
<tr><td rowspan="3">主控项目</td><td>1</td><td colspan="2">吊车梁(桁架)</td><td>第 8.3.1 条</td><td colspan="2">√</td><td rowspan="3">同意验收</td></tr>
<tr><td>2</td><td colspan="2">端部铣平精度</td><td>第 8.4.1 条</td><td colspan="2">√</td></tr>
<tr><td>3</td><td colspan="2">外形尺寸</td><td>第 8.5.1 条</td><td colspan="2">√</td></tr>
<tr><td rowspan="8">一般项目</td><td>1</td><td colspan="2">焊接 H 型钢接缝</td><td>第 8.2.1 条</td><td colspan="2">√</td><td rowspan="8">同意验收</td></tr>
<tr><td>2</td><td colspan="2">焊接 H 型钢精度</td><td>第 8.2.2 条</td><td colspan="2">√</td></tr>
<tr><td>3</td><td colspan="2">焊接组装精度</td><td>第 8.3.2 条</td><td colspan="2">√</td></tr>
<tr><td>4</td><td colspan="2">顶紧接触面</td><td>第 8.3.3 条</td><td colspan="2">√</td></tr>
<tr><td>5</td><td colspan="2">轴线交点错位</td><td>第 8.3.4 条</td><td colspan="2">√</td></tr>
<tr><td>6</td><td colspan="2">焊缝坡口精度</td><td>第 8.4.2 条</td><td colspan="2">√</td></tr>
<tr><td>7</td><td colspan="2">铣平面保护</td><td>第 8.4.3 条</td><td colspan="2">√</td></tr>
<tr><td>8</td><td colspan="2">外形尺寸</td><td>第 8.5.2 条</td><td colspan="2">√</td></tr>
<tr><td colspan="2">施工单位检查评定结果</td><td colspan="6">主控项目全部合格，一般项目满足规范规定要求，检查评定结果为合格。

项目专业质量检查员：×××　　　　××年×月×日</td></tr>
<tr><td colspan="2">监理（建设）单位验收结论</td><td colspan="6">同意验收。

监理工程师：×××
（建设单位项目专业技术负责人）　　　　××年×月×日</td></tr>
</table>

《钢构件组装工程检验批质量验收记录表》填写说明：

1. 主控项目

(1)吊车梁和吊车桁架不应下挠。水准仪和尺量检查。

(2)端部铣平的允许偏差，两端铣平时构件长度允许偏差±2.0mm；两端铣平时零件长度允许偏差±0.5mm；铣平面的平面度0.3mm；铣平面与轴线垂直度$L/1500$。

(3)钢构件外形尺寸的允许偏差符合《钢结构工程施工质量验收规范》(GB 50205—2001)表8.5.1的规定。全数尺量检查。

2. 一般项目

(1)焊接H型钢的翼缘板拼接缝和腹板拼接缝的间距不应小于200mm。翼缘板拼接长度不应小于2倍板宽；腹板拼接宽度不应小于300mm，长度不应小于600mm。观察和尺量检查。

(2)焊接H型钢的允许偏差应符合《钢结构工程施工质量验收规范》(GB 50205—2001)附录C中表C.0.1的规定，用钢尺、角尺、塞尺等检查。

(3)焊接连接组装的允许偏差应符合《钢结构工程施工质量验收规范》(GB 50205—2001)附录C中表C.0.2的规定。尺量检查。

(4)顶紧接触面应有75%以上的面积紧贴。按接触面的数量抽查10%，且不应少于10个，用0.3mm塞尺检查，其塞入面积应小于25%，边缘间隙不应大于0.8mm。

(5)桁架结构杆件轴线交点错位的允许偏差不得大于3.0mm。尺量检查。

(6)安装焊缝坡口的允许偏差，坡口角度±5°，钝边±1.0mm。焊缝量规检查。

(7)外露铣平面应防锈保护。观察检查。

(8)外形尺寸。钢构件外形尺寸一般项目的允许偏差应符合《钢结构工程施工质量验收规范》(GB 50205—2001)附录C中表C.0.3～表C.0.9的规定。

七、钢构件预拼装工程检验批质量验收记录表

钢构件预拼装工程检验批质量验收记录表

GB 50205—2001

020407□□

<table>
<tr><td>工程名称</td><td>×××</td><td>分项工程名称</td><td colspan="2">钢构件预拼装工程</td><td>验收部位</td><td>××</td></tr>
<tr><td>施工单位</td><td colspan="3">××建筑工程集团公司</td><td>专业工长 ×××</td><td>项目经理</td><td>×××</td></tr>
<tr><td>施工执行标准
名称及编号</td><td colspan="6">《钢结构工程施工工艺标准》(QB ×××—2005)</td></tr>
<tr><td>分包单位</td><td>/</td><td>分包项目经理</td><td colspan="2">/</td><td>施工班组长</td><td>×××</td></tr>
<tr><td colspan="5">施工质量验收规范的规定</td><td>施工单位检查
评定记录</td><td>监理(建设)单位
验收记录</td></tr>
<tr><td>主控项目</td><td>多层板叠螺栓孔</td><td colspan="3">第 9.2.1 条</td><td>√</td><td>同意验收</td></tr>
<tr><td>一般项目</td><td>预拼装精度</td><td colspan="3">第 9.2.2 条</td><td>√</td><td>同意验收</td></tr>
<tr><td>施工单位检
查评定结果</td><td colspan="6">主控项目全部合格，一般项目满足规范规定要求，检查评定结果为合格。

项目专业质量检查员：×××　　　　××年×月×日</td></tr>
<tr><td>监理（建设）
单位验收结论</td><td colspan="6">同意验收。

监理工程师：×××
（建设单位项目专业技术负责人）　　　　××年×月×日</td></tr>
</table>

《钢构件预拼装工程检验批质量验收记录表》填写说明：

1. 主控项目

高强度螺栓和普通螺栓连接的多层板叠，应采用试孔器进行检查，符合下列规定：

(1)当采用比孔公称直径小 1.0mm 的试孔器检查时，每组孔的通过率不应小于 85%；

(2)当采用比螺栓公称直径大 0.3mm 的试孔器检查时，通过率应为 100%。

按预拼装单元全数检查。采用试孔器检查。

2. 一般项目

预拼装的允许偏差应符合《钢结构工程施工质量验收规范》(GB 50205—2001)附录 D 表 D 的规定。按预拼装单元全数检查，检查方法按《钢结构工程施工质量验收规范》(GB 50205—2001)附录 D 表 D 规定。

八、钢网架安装工程检验批质量验收记录表

钢网架安装工程检验批质量验收记录表
GB 50205—2001

020408□□

<table>
<tr><td>工程名称</td><td colspan="2">××工程</td><td>分项工程名称</td><td colspan="2">钢网架安装工程</td><td>验收部位</td><td>××</td></tr>
<tr><td>施工单位</td><td colspan="3">××建筑工程集团公司</td><td>专业工长</td><td>×××</td><td>项目经理</td><td>×××</td></tr>
<tr><td>施工执行标准名称及编号</td><td colspan="7">《钢结构工程施工工艺标准》(QB ×××—2005)</td></tr>
<tr><td>分包单位</td><td colspan="2">/</td><td>分包项目经理</td><td colspan="2">/</td><td>施工班组长</td><td>×××</td></tr>
<tr><td colspan="5">施工质量验收规范的规定</td><td>施工单位检查评定记录</td><td colspan="2">监理(建设)单位验收记录</td></tr>
<tr><td rowspan="6">主控项目</td><td>1</td><td colspan="2">基础验收</td><td>第 12.2.1 条
第 12.2.2 条</td><td>√</td><td colspan="2" rowspan="6">同意验收</td></tr>
<tr><td>2</td><td colspan="2">支座</td><td>第 12.2.3 条
第 12.2.4 条</td><td>√</td></tr>
<tr><td>3</td><td colspan="2">橡胶垫</td><td>第 4.10.1 条</td><td>√</td></tr>
<tr><td>4</td><td colspan="2">拼装精度</td><td>第 12.3.1 条
第 12.3.2 条</td><td>√</td></tr>
<tr><td>5</td><td colspan="2">节点承载力试验</td><td>第 12.3.3 条</td><td>√</td></tr>
<tr><td>6</td><td colspan="2">结构挠度</td><td>第 12.3.4 条</td><td>√</td></tr>
<tr><td rowspan="4">一般项目</td><td>1</td><td colspan="2">锚栓精度</td><td>第 12.2.5 条</td><td>√</td><td colspan="2" rowspan="4">同意验收</td></tr>
<tr><td>2</td><td colspan="2">结构表面</td><td>第 12.3.5 条</td><td>√</td></tr>
<tr><td>3</td><td colspan="2">安装精度</td><td>第 12.3.6 条</td><td>√</td></tr>
<tr><td>4</td><td colspan="2">高强度螺栓紧固</td><td>第 6.3.8 条</td><td>√</td></tr>
<tr><td>施工单位检查评定结果</td><td colspan="7">主控项目全部合格，一般项目满足规范规定要求，检查评定结果为合格。

项目专业质量检查员：×××　　　　××年×月×日</td></tr>
<tr><td>监理(建设)单位验收结论</td><td colspan="7">同意验收。

监理工程师：×××
(建设单位项目专业技术负责人)　　　　××年×月×日</td></tr>
</table>

《钢网架安装工程检验批质量验收记录表》填写说明：

1. 主控项目

(1)基础验收。钢网架结构支座定位轴线的位置、支座锚栓的规格符合设计要求。支承面顶板的位置、标高、水平度及支座锚栓位置的允许偏差：支承面顶板位置 15mm；顶面标高 0，−3mm；顶面水平度 $L/1000$；支座锚栓中心偏移±5mm。经纬仪、水平尺、水准仪及尺量检查。

(2)支座。支承垫块的种类、规格、摆放位置和朝向，必须符合设计要求和有关标准的规定。橡胶垫块与刚性垫块之间或不同类型刚性垫块之间不得互换使用。网架支座锚栓的紧固符合设计要求。观察和用钢尺实测。

(3)橡胶垫。橡胶垫的品种、规格、性能符合产品标准和设计要求。检查产品合格证、中文标志及检验报告。

(4)拼装精度。小拼单元的允许偏差符合《钢结构工程施工质量验收规范》(GB 50205—2001)表 12.3.1 的规定；中拼单元的允许偏差符合《钢结构工程施工质量验收规范》(GB 50205—2001)表 12.3.2 的规定。拉线和尺量等辅助量具实测。

(5)节点承载力试验。建筑结构安全等级为一级，跨度 40m 及以上的公共建筑钢网架结构，且设计有要求时，应按下列项目进行节点承载力试验，其结果应符合以下规定：

1)焊接球节点应按设计指定规格的球及其匹配的钢管焊接成试件，进行轴心拉、压承载力试验，其试验破坏荷载值大于或等于 1.6 倍设计承载力为合格。

2)螺栓球节点应按设计指定规格的球最大螺栓孔螺纹进行抗拉强度保证荷载试验，当达到螺栓的设计承载力时，螺孔、螺纹及封板仍完好无损为合格。每项试验做 3 个试件。在万能试验机上进行检验，检查试验报告。

(6)钢网架结构总拼完成后及屋面工程完成后应分别测量其挠度值，且所测的挠度值不应超过相应设计值的 1.15 倍。跨度 24m 及以下钢网架结构测量下弦中央一点，跨度 24m 以上钢网架结构测量下弦中央一点及各向下弦跨度的四等分点。用钢尺和水准仪实测。

2. 一般项目

(1)支座锚栓的螺纹得到保护，其尺寸的允许偏差符合《钢结构工程施工质量验收规范》(GB 50205—2001)表 10.2.5 的规定。尺量检查。

(2)结构表面。钢网架结构安装完成后，其节点及杆件表面应干净，不应有明显的疤痕、泥沙和污垢。螺栓球节点应将所有接缝用油腻子填嵌严密，并应将多余螺孔封口。观察检查。

(3)钢网架结构安装完成后，其安装的允许偏差应符合《钢结构工程施工质量验收规范》(GB 50205—2001)表 12.3.6 的规定。经纬仪、水准仪及尺量检查。

(4)螺栓球节点网架总拼完成后，高强度螺栓与球节点应紧固连接，高强度螺栓拧入螺栓球内的螺纹长度不应小于 1.0d(d 为螺栓直径)，连接处不应出现有间隙、松动等未拧紧情况。普通扳手及尺量检查。

九、压型金属板工程检验批质量验收记录表

压型金属板工程检验批质量验收记录表

GB 50205—2001

020409□□

<table>
<tr><td>工程名称</td><td colspan="2">××工程</td><td>分项工程名称</td><td colspan="2">压型金属板工程</td><td>验收部位</td><td>××</td></tr>
<tr><td>施工单位</td><td colspan="3">××建筑工程集团公司</td><td>专业工长</td><td>×××</td><td>项目经理</td><td>×××</td></tr>
<tr><td>施工执行标准名称及编号</td><td colspan="7">《钢结构工程施工工艺标准》(QB ×××—2005)</td></tr>
<tr><td>分包单位</td><td colspan="2">/</td><td>分包项目经理</td><td colspan="2">/</td><td>施工班组长</td><td>×××</td></tr>
<tr><td colspan="5">施工质量验收规范的规定</td><td colspan="2">施工单位检查评定记录</td><td>监理(建设)单位验收记录</td></tr>
<tr><td rowspan="5">主控项目</td><td>1</td><td colspan="2">压型金属板及其原材料</td><td>第4.8.1条
第4.8.2条</td><td colspan="2">√</td><td rowspan="5">同意验收</td></tr>
<tr><td>2</td><td colspan="2">基板裂纹、涂层缺陷</td><td>第13.2.1条
第13.2.2条</td><td colspan="2">√</td></tr>
<tr><td>3</td><td colspan="2">现场安装</td><td>第13.3.1条</td><td colspan="2">√</td></tr>
<tr><td>4</td><td colspan="2">搭接</td><td>第13.3.2条</td><td colspan="2">√</td></tr>
<tr><td>5</td><td colspan="2">端部锚固</td><td>第13.3.3条</td><td colspan="2">√</td></tr>
<tr><td rowspan="5">一般项目</td><td>1</td><td colspan="2">压型金属板精度</td><td>第4.8.3条</td><td colspan="2">√</td><td rowspan="5">同意验收</td></tr>
<tr><td>2</td><td colspan="2">轧制精度</td><td>第13.2.3条
第13.2.5条</td><td colspan="2">√</td></tr>
<tr><td>3</td><td colspan="2">表面质量</td><td>第13.2.4条</td><td colspan="2">√</td></tr>
<tr><td>4</td><td colspan="2">安装质量</td><td>第13.3.4条</td><td colspan="2">√</td></tr>
<tr><td>5</td><td colspan="2">安装精度</td><td>第13.3.5条</td><td colspan="2">√</td></tr>
<tr><td>施工单位检查评定结果</td><td colspan="7">主控项目全部合格，一般项目满足规范规定要求，检查评定结果为合格。

项目专业质量检查员：×××　　　　××年×月×日</td></tr>
<tr><td>监理(建设)单位验收结论</td><td colspan="7">同意验收。

监理工程师：×××
(建设单位项目专业技术负责人)　　　　××年×月×日</td></tr>
</table>

《压型金属板工程检验批质量验收记录表》填写说明：

1. 主控项目

(1)压型金属板及其材质。金属压型板及制造所采用原材料品种、规格、性能符合产品标准和设计要求。压型金属泛水板、包角板和零配件的品种、规格以及防水密封材料的性能符合产品标准和设计要求。检查产品合格证明文件、中文标志及检验报告等。

(2)基板裂纹。压型金属板成型后，其基板不应有裂纹。有涂层、镀层压型金属板成型后，涂、镀层不应有肉眼可见的裂纹、剥落和擦痕等。观察和10倍放大镜检查。

(3)压型金属板、泛水板和包角板等固定可靠、牢固，防腐涂料涂刷和密封材料敷设应完好，连接件数量、间距应符合设计要求和有关标准规定。观察及尺量检查。

(4)搭接压型金属板应在支承构件上可靠搭接，搭接长度应符合设计要求。截面高度大于70mm，搭接长度为375mm；截面高度小于等于70mm，屋面坡度小于1/10时，搭接长度250mm，屋面坡度小于等于1/10时，搭接长度200mm；墙面搭接长度120mm。观察和尺量检查。

(5)端部锚固。组合楼板中压型钢板与主体结构(梁)的锚固支承长度应符合设计要求，且不应小于50mm，端部锚固件连接应可靠，设置位置应符合设计要求。观察和尺量检查。

2. 一般项目

(1)压型金属板的规格和尺寸及允许偏差、表面质量、涂层质量应符合设计要求和《钢结构工程施工质量验收规范》(GB 50205—2001)的规定。观察10倍放大镜和尺量检查。

(2)压型金属板的尺寸偏差符合《钢结构工程施工质量验收规范》(GB 50205—2001)表13.2.3的规定，其施工现场制作允许偏差应符合表13.2.5的规定。拉线和尺量检查。

(3)压型金属板成型后，表面应干净，不应有明显凹凸和皱褶。观察检查。

(4)压型金属板安装应平整、顺直，板面不应有施工残留物和污物。檐口和墙面下端应呈直线，不应有未经处理的错钻孔洞。观察检查。

(5)压型金属板安装的允许偏差应符合《钢结构工程施工质量验收规范》(GB 50205—2001)表13.3.5的规定。拉线、吊线和尺量检查。

十、钢结构涂装工程检验批质量验收记录表

防腐涂料涂装工程检验批质量验收记录表
GB 50205—2001

010905□□
020410□□

<table>
<tr><td>工程名称</td><td>××工程</td><td>分项工程名称</td><td colspan="2">钢结构涂装工程</td><td>验收部位</td><td>××</td></tr>
<tr><td>施工单位</td><td colspan="2">××建筑工程集团公司</td><td>专业工长</td><td>×××</td><td>项目经理</td><td>×××</td></tr>
<tr><td>施工执行标准名称及编号</td><td colspan="6">《钢结构工程施工工艺标准》(QB ×××—2005)</td></tr>
<tr><td>分包单位</td><td>/</td><td>分包项目经理</td><td colspan="2">/</td><td>施工班组长</td><td>×××</td></tr>
<tr><td colspan="4">施工质量验收规范的规定</td><td colspan="2">施工单位检查评定记录</td><td>监理(建设)单位验收记录</td></tr>
<tr><td rowspan="3">主控项目</td><td>1</td><td>涂料性能</td><td>第 4.9.1 条</td><td colspan="2">√</td><td rowspan="3">同意验收</td></tr>
<tr><td>2</td><td>涂装基层验收</td><td>第 14.2.1 条</td><td colspan="2">√</td></tr>
<tr><td>3</td><td>涂层厚度</td><td>第 14.2.2 条</td><td colspan="2">√</td></tr>
<tr><td rowspan="4">一般项目</td><td>1</td><td>涂料质量</td><td>第 4.9.3 条</td><td colspan="2">√</td><td rowspan="4">同意验收</td></tr>
<tr><td>2</td><td>表面质量</td><td>第 14.2.3 条</td><td colspan="2">√</td></tr>
<tr><td>3</td><td>附着力测试</td><td>第 14.2.4 条</td><td colspan="2">√</td></tr>
<tr><td>4</td><td>标志</td><td>第 14.2.5 条</td><td colspan="2">√</td></tr>
<tr><td>施工单位检查评定结果</td><td colspan="6">主控项目全部合格，一般项目满足规范规定要求，检查评定结果为合格。

项目专业质量检查员：×××　　　　××年×月×日</td></tr>
<tr><td>监理（建设）单位验收结论</td><td colspan="6">同意验收。

监理工程师：×××
（建设单位项目专业技术负责人）　　　　××年×月×日</td></tr>
</table>

《防腐涂料涂装工程检验批质量验收记录表》填写说明：

1. 主控项目

(1)钢结构防腐涂料、稀释料和固化剂的品种、规格、性能符合产品标准和设计要求。检查产品合格文件、中文标志和检验报告。

(2)涂装基层。涂装前钢材表面除锈应符合设计要求和有关标准的规定。处理后的钢材表面不应有焊渣、焊疤、灰尘、油污、水和毛刺等。当设计无要求时，钢材表面除锈等级应符合《钢结构工程施工质量验收规范》(GB 50205—2001)表 14.2.1 的规定。用铲刀检查和用《涂装前钢材表面锈蚀等级和除锈等级》(GB 8923—1988)规定的图片对照观察检查。

(3)涂层厚度。涂料、涂装遍数、涂层厚度均应符合设计要求。当设计对涂层厚度无要求时，涂层干漆膜总厚度：室外应为 150μm，室内应为 125μm，其允许偏差为－25μm。每遍涂层干漆膜厚度的允许偏差为－0.5μm。用干漆膜测厚仪检查。每个构件检测 5 处，每处的数值为 3 个相距 50mm 测点涂层干漆厚度的平均值。

2. 一般项目

(1)防腐涂料的型号、名称、颜色及有效期与其质量证明文件相符。开启后，不应存在结皮、结块、凝胶等现象。观察检查。

(2)构件表面不应误涂、漏涂，涂层不应脱皮和返锈等。涂层应均匀、无明显皱皮、流坠、针眼和气泡等。观察检查。

(3)当钢结构处在有腐蚀介质环境或外露且设计有要求时，应进行涂层附着力测试，在检测处范围内，当涂层完整程度达到 70％以上时，涂层附着力达到合格质量标准的要求。按《漆膜附着力测定法》(GB/T 1720—1989)或《色漆和清漆、漆膜的划格试验》(GB/T 9286—1998)进行检查。

(4)涂装完成后，构件的标志、标记和编号应清晰完整。观察检查。

防火涂料涂装工程检验批质量验收记录表
GB 50205—2001

010906□□
020411□□

<table>
<tr><td>工程名称</td><td colspan="2">××工程</td><td>分项工程名称</td><td colspan="2">钢结构涂装工程</td><td>验收部位</td><td>××</td></tr>
<tr><td>施工单位</td><td colspan="3">××建筑工程集团公司</td><td>专业工长</td><td>×××</td><td>项目经理</td><td>×××</td></tr>
<tr><td>施工执行标准名称及编号</td><td colspan="7">《钢结构工程施工工艺标准》(QB ×××—2005)</td></tr>
<tr><td>分包单位</td><td colspan="2">/</td><td>分包项目经理</td><td colspan="2">/</td><td>施工班组长</td><td>×××</td></tr>
<tr><td colspan="5">施工质量验收规范的规定</td><td colspan="2">施工单位检查评定记录</td><td>监理(建设)单位验收记录</td></tr>
<tr><td rowspan="5">主控项目</td><td>1</td><td colspan="2">涂料性能</td><td>第 4.9.2 条</td><td colspan="2">√</td><td rowspan="5">同意验收</td></tr>
<tr><td>2</td><td colspan="2">涂装基层验收</td><td>第 14.3.1 条</td><td colspan="2">√</td></tr>
<tr><td>3</td><td colspan="2">强度试验</td><td>第 14.3.2 条</td><td colspan="2">√</td></tr>
<tr><td>4</td><td colspan="2">涂层厚度</td><td>第 14.3.3 条</td><td colspan="2">√</td></tr>
<tr><td>5</td><td colspan="2">表面裂纹</td><td>第 14.3.4 条</td><td colspan="2">√</td></tr>
<tr><td rowspan="3">一般项目</td><td>1</td><td colspan="2">产品质量</td><td>第 4.9.3 条</td><td colspan="2">√</td><td rowspan="3">同意验收</td></tr>
<tr><td>2</td><td colspan="2">基层表面</td><td>第 14.3.5 条</td><td colspan="2">√</td></tr>
<tr><td>3</td><td colspan="2">涂层表面质量</td><td>第 14.3.6 条</td><td colspan="2">√</td></tr>
<tr><td>施工单位检查评定结果</td><td colspan="7">主控项目全部合格，一般项目满足规范规定要求，检查评定结果为合格。

项目专业质量检查员：××× ××年×月×日</td></tr>
<tr><td>监理(建设)单位验收结论</td><td colspan="7">同意验收。

监理工程师：×××
(建设单位项目专业技术负责人) ××年×月×日</td></tr>
</table>

《防火涂料涂装工程检验批质量验收记录表》填写说明：

1. 主控项目

(1)钢结构防火涂料的品种和技术性能符合设计要求，并经检测符合规定。检查产品质量证明文件、中文标志和检验报告。

(2)防火涂料涂装前钢材表面除锈及防锈底漆涂装应符合设计要求和有关标准的规定。表面除锈用铲刀检查和用《涂装前钢材表面锈蚀等级和除锈等级》(GB 8923—1988)规定的图片对照观察检查。底漆涂装用干漆膜测厚仪检查，每个构件检测5处，每处的数值为3个相距50mm测点涂层干漆膜厚度的平均值。

(3)钢结构防火涂料的粘结强度、抗压强度应符合《钢结构防火涂料应用技术规程》(CECS 24：1990)的规定。检验方法应符合《建筑构件防火喷涂材料性能试验方法》(GB/T 9978—1999)的规定。检查复检报告。

(4)薄涂型防火涂料的涂层厚度应符合有关耐火极限的设计要求。厚涂型防火涂料涂层的厚度，80%及以上面积应符合有关耐火极限的设计要求，且最薄处厚度不应低于设计要求的85%。用涂层厚度测量仪、测针和钢尺检查。测量方法应符合《钢结构防火涂料应用技术规程》(CECS 24：1990)及《钢结构工程施工质量验收规范》(GB 50205—2001)附录F的规定。

(5)薄涂型防火涂料涂层表面裂纹宽度不应大于0.5mm；厚涂型防火涂料涂层表面裂纹宽度不应大于1mm。

2. 一般项目

(1)防火涂料的型号、名称、颜色及有效期等与其质量证明文件相符，开启后不存在结皮、结块、凝胶等现象。观察检查。

(2)防火涂料涂装基层不应有油污、灰尘和泥砂等污垢。观察检查。

(3)防火涂料不应有误涂、漏涂，涂层应闭合无脱层、空鼓、明显凹陷、粉化松散和浮浆等外观缺陷，乳突已剔除。观察检查。

第七章　木结构工程资料

第一节　木结构工程资料构成

木结构工程资料的构成见下表。

木结构工程资料构成

<table>
<tr><th>类别与编号</th><th>表格编号
或资料来源</th><th colspan="2">资料名称</th><th>备 注</th></tr>
<tr><td rowspan="7">施工技术资料
(C2)</td><td rowspan="4">表 C2-1</td><td rowspan="4">技术
交底
记录</td><td>方木和原木结构施工技术交底</td><td rowspan="4">见本书第二章</td></tr>
<tr><td>胶合木结构施工技术交底</td></tr>
<tr><td>轻型木结构施工技术交底</td></tr>
<tr><td>木结构的防护施工技术交底</td></tr>
<tr><td>表 C2-2</td><td colspan="2">图纸会审记录</td><td>见本书第二章</td></tr>
<tr><td>表 C2-3</td><td colspan="2">设计变更通知单</td><td>见本书第二章</td></tr>
<tr><td>表 C2-4</td><td colspan="2">工程洽商记录</td><td>见本书第二章</td></tr>
<tr><td rowspan="5">施工物资资料
(C4)</td><td>表 C4-1</td><td colspan="2">材料、构配件进场检验记录</td><td></td></tr>
<tr><td rowspan="3">供应单位提供</td><td colspan="2">各种物资出厂合格证、质量保证书和商检证</td><td></td></tr>
<tr><td colspan="2">防火涂料性能检测报告</td><td></td></tr>
<tr><td colspan="2">木结构材料检测报告(含水率、木构件、钢件)</td><td></td></tr>
<tr><td>检测单位提供</td><td colspan="2">木结构材料复试报告</td><td></td></tr>
<tr><td rowspan="2">施工记录
(C5)</td><td>表 C5-3</td><td colspan="2">施工检查记录</td><td></td></tr>
<tr><td>专业施工单位
提供</td><td colspan="2">木结构施工记录</td><td></td></tr>
<tr><td rowspan="3">施工试验记录
(C6)</td><td rowspan="3">检测单位提供</td><td colspan="2">木结构胶缝试验报告</td><td></td></tr>
<tr><td colspan="2">木结构构件力学性能试验报告</td><td></td></tr>
<tr><td colspan="2">木结构防护剂试验报告</td><td></td></tr>
<tr><td rowspan="4">施工质量
验收记录
(C7)</td><td>020501</td><td colspan="2">木屋盖工程检验批质量验收记录表</td><td rowspan="4">参照 GB 50300 和专业施工质量验收规范</td></tr>
<tr><td>020502</td><td colspan="2">胶合木工程检验批质量验收记录表</td></tr>
<tr><td>020503</td><td colspan="2">轻型木结构(规格材、钉连接)工程检验批质量验收记录表</td></tr>
<tr><td>020504</td><td colspan="2">木结构防腐、防虫、防火工程检验批质量验收记录表</td></tr>
</table>

第二节 木结构工程施工物资资料

表 C4-1

材料、构配件进场检验记录

编号：×××

<table>
<tr><td colspan="2">工程名称</td><td colspan="2">××工程</td><td>检验日期</td><td colspan="2">××年×月×日</td></tr>
<tr><td rowspan="2">序号</td><td rowspan="2">名称</td><td rowspan="2">进场数量</td><td>生产厂家</td><td rowspan="2">检验项目</td><td rowspan="2">检验结果</td><td rowspan="2">备注</td></tr>
<tr><td>合格证号</td></tr>
<tr><td>1</td><td>方木</td><td>80m³</td><td></td><td>外观、质量证明文件</td><td>合格</td><td></td></tr>
<tr><td>2</td><td>板材</td><td>150m³</td><td></td><td>外观、质量证明文件</td><td>合格</td><td></td></tr>
<tr><td>3</td><td>圆木</td><td>130m³</td><td></td><td>外观、质量证明文件</td><td>合格</td><td></td></tr>
<tr><td></td><td></td><td></td><td></td><td></td><td></td><td></td></tr>
<tr><td></td><td></td><td></td><td></td><td></td><td></td><td></td></tr>
<tr><td></td><td></td><td></td><td></td><td></td><td></td><td></td></tr>
<tr><td></td><td></td><td></td><td></td><td></td><td></td><td></td></tr>
<tr><td></td><td></td><td></td><td></td><td></td><td></td><td></td></tr>
<tr><td></td><td></td><td></td><td></td><td></td><td></td><td></td></tr>
<tr><td></td><td></td><td></td><td></td><td></td><td></td><td></td></tr>
<tr><td colspan="7">检验结论：
以上材料、构配件经外观检查合格，木材的含水率、材质及数量经复检均符合设计及《木结构工程施工质量验收规范》(GB 50206—2002)要求，产品质量证明文件齐全。</td></tr>
<tr><td rowspan="3">签字栏</td><td rowspan="2" colspan="2">建设(监理)单位</td><td>施工单位</td><td colspan="3">×××建筑工程公司</td></tr>
<tr><td>专业质检员</td><td colspan="2">专业工长</td><td>检验员</td></tr>
<tr><td colspan="2">×××</td><td>×××</td><td colspan="2">×××</td><td>×××</td></tr>
</table>

《材料、构配件进场检验记录》填表说明：

(1)附件收集：

1)物资进场报验须附资料应根据具体情况(合同、规范、施工方案等要求)由监理、施工单位和物资供应单位预先协商确定。

2)由施工单位负责收集附件(包括产品出厂合格证、性能检测报告、出厂试验报告、进场复试报告、材料构配件进场检验记录、产品备案文件、进口产品的中文说明和商检证等)。

(2)资料流程：由直接使用所检查的材料及配件的施工单位填写，作为工程物资进场报验资料进入资料流程。

(3)相关规定与要求：工程物资进场后，施工单位应及时组织相关人员检查外观、数量及供货单位提供的质量证明文件等，合格后填写本表。

(4)注意事项：

1)工程名称填写应准确、统一，日期应准确。

2)物资名称、规格、数量、检验项目和结果等填写应规范、准确。

3)检验结论及相关人员签字应清晰可辨认，严禁其他人代签。

4)按规定应进场复试的工程物资，必须在进场检查验收合格后取样复试。

(5)本表由施工单位填写并保存。

第三节 木结构工程施工记录

表 C5-3

施工检查记录(通用)

编号：×××

<table>
<tr><td>工程名称</td><td>××幼儿园</td><td>检验项目</td><td>木构件阻燃处理</td></tr>
<tr><td>检查部位</td><td>三层③～⑤/Ⓐ～Ⓓ轴</td><td>检查日期</td><td>××年×月×日</td></tr>
<tr><td colspan="4">检查依据：

(1)施工图纸建—1,建—5。
(2)《木结构工程施工质量验收规范》(GB 50206—2002)。</td></tr>
<tr><td colspan="4">检查内容：

(1)检查阻燃剂的配方和处理方法。
(2)质检员检查时发现一些需长期暴露在潮湿环境中的木构件,经防火处理后未进行防水处理。</td></tr>
<tr><td colspan="4">检查结论：

经检查:基本合格,责令返工处理的内容已整改完成,符合设计及《木结构工程施工质量验收规范》(GB 50206—2002)规定。</td></tr>
<tr><td colspan="4">复查意见：

经复查,返工部分基本合格,符合设计要求,同意检查意见。

复查人:×××　　　　复查日期:××年×月×日</td></tr>
<tr><td>施工单位</td><td colspan="3">××建筑工程公司</td></tr>
<tr><td>专业技术负责人</td><td>专业质检员</td><td colspan="2">专业工长</td></tr>
<tr><td>×××</td><td>×××</td><td colspan="2">×××</td></tr>
</table>

第四节 木结构工程施工试验记录

一、木结构胶缝试验报告

木结构胶缝试验报告

编号：×××

试验日期	××年×月×日	试验方法	脱胶试验方法
木材的树种	××	总脱胶率和 最大脱胶率	见附件
胶的类型	三聚氰胺脲醛树脂胶（Ⅱ型）	检验批名称	胶合木工程检验批质量验收记录表
附件： (1)总脱胶率：每一试件的总脱胶百分率，可按下式计算求得： $100\times\frac{l_{tot,delam}}{l_{tot,glueline}}$ 式中 $l_{tot,delam}$——总脱胶长度(mm)； $l_{tot,glueline}$——总胶缝长度(mm)。 (2)最大脱胶率：一个试件的一条胶缝的最大脱胶率按下式计算： $100\times\frac{l_{max,delam}}{2l_{glueline}}$ 式中 $l_{max,delam}$——最大脱胶长度(mm)； $l_{glueline}$——胶缝长度(mm)。			
试验人	×××	试验负责人	×××

××年×月×日

二、木结构防护剂试验报告

木结构防护剂试验报告

编号：×××

试验日期	××年×月×日	试验方法	化学滴定法
名称	混合防腐油	环境	HJⅡ
产地	××产地	地点	×××
木材等级	$Ⅰ_6$		

说明：

当只规定透入深度或边材透入百分率时，应理解为二者之中较小者；当透入深度和边材透入百分率都作规定时，则应取二者之中的较大者。

透入度和保持量测试方法	化学元素含量				
	铜	锌	铬	砷	五氯粉
X-经荧光分析法					
化学滴定法	$7.96NV/W$		$0.6668(V_2-V_1)/W$	$0.5746VN/W$	$\frac{266.5N_2(15-\frac{N_1V}{N_2})}{5W}$
石灰燃烧量滴定法					

注：N——按《木结构试验方法标准》(GB/T 50329—2002)E.5.2.2条确定的$Na_2S_2O_3$、$KBrO_3$、NH_4CNS标准溶液的当量浓度；

V——按《木结构试验方法标准》(GB/T 50329—2002)E.5.2.3条测定的$Na_2S_2O_3$标准溶液的滴定用量(mL)；

V——按《木结构试验方法标准》(GB/T 50329—2002)E.5.2.2条测定的$KBrO_3$标准溶液的滴定用量(mL)；

V_1——在有被测样品溶液的锥形瓶中测定的标准溶液滴定用量(mL)；

V_2——在无被测样品溶液的另一锥形瓶中测定的标准溶液滴定用量(mL)；

N_1——NH_4CNS溶液的准确当量浓度；

N_2——$AgNO_3$溶液的准确当量浓度；

W——被测样品木芯粉末的重量(g)

试验人	×××	试验负责人	×××

××年×月×日

第五节 木结构工程施工质量验收记录

一、方木和原木结构工程检验批质量验收记录表

木屋盖工程检验批质量验收记录表
GB 50206—2002

020501□□

<table>
<tr><td colspan="2">工程名称</td><td>××工程</td><td>分项工程名称</td><td colspan="4">方木和原木结构</td><td colspan="3">验收部位</td><td colspan="3">××</td></tr>
<tr><td colspan="2">施工单位</td><td colspan="2">××建筑工程集团公司</td><td colspan="2">专业工长</td><td colspan="2">×××</td><td colspan="3">项目经理</td><td colspan="3">×××</td></tr>
<tr><td colspan="2">施工执行标准名称及编号</td><td colspan="12">《木结构工程施工工艺标准》(QB ×××—2005)</td></tr>
<tr><td colspan="2">分包单位</td><td>/</td><td>分包项目经理</td><td colspan="4">/</td><td colspan="3">施工班组长</td><td colspan="3">×××</td></tr>
<tr><td colspan="4">施工质量验收规范的规定</td><td colspan="9">施工单位检查评定记录</td><td>监理(建设)单位验收记录</td></tr>
<tr><td rowspan="2">主控项目</td><td>1</td><td>木构件的木材缺陷限值</td><td>第4.2.1条</td><td colspan="9">√</td><td rowspan="2">同意验收</td></tr>
<tr><td>2</td><td>木构件的含水率限值</td><td>第4.2.2条</td><td>15</td><td>10</td><td>15</td><td>15</td><td>20</td><td>20</td><td>25</td><td>10</td><td></td></tr>
<tr><td rowspan="4">一般项目</td><td>1</td><td>木桁架制作允许偏差</td><td>第4.3.1条</td><td>8</td><td>4</td><td>4</td><td>10</td><td>6</td><td>8</td><td>3</td><td>3</td><td></td><td rowspan="4">同意验收</td></tr>
<tr><td>2</td><td>木桁架安装允许偏差</td><td>第4.3.2条</td><td>2</td><td>5</td><td>3</td><td>6</td><td>2</td><td>4</td><td>4</td><td>4</td><td>5</td></tr>
<tr><td>3</td><td>屋面木骨架安装允许偏差</td><td>第4.3.3条</td><td>6</td><td>5</td><td>2</td><td>4</td><td>7</td><td>1</td><td>3</td><td>4</td><td></td></tr>
<tr><td>4</td><td>木屋盖上弦平面支撑完整性</td><td>第4.3.4条</td><td>3</td><td>3</td><td>3</td><td>5</td><td>1</td><td>6</td><td>8</td><td></td><td></td></tr>
<tr><td colspan="2">施工单位检查评定结果</td><td colspan="12">主控项目全部合格,一般项目满足规范规定要求,检查评定结果为合格。
项目专业质量检查员:××× ××年×月×日</td></tr>
<tr><td colspan="2">监理(建设)单位验收结论</td><td colspan="12">同意验收。
监理工程师:×××
(建设单位项目专业技术负责人) ××年×月×日</td></tr>
</table>

《木屋盖工程检验批质量验收记录表》填写说明：

1. 主控项目

(1)应根据木构件的受力情况，按《木结构工程施工质量验收规范》(GB 50206—2002)表4.2.1规定的等级检查方木，板材及原木构件的木材缺陷限值。用钢尺或量角器量测。检查裂缝时，木构件的含水率必须达到《木结构工程施工质量验收规范》(GB 50206—2002)第4.2.2条的要求。

(2)应按下列规定检查木构件的含水率：

1)原木或方木结构应不大于25%；

2)板材结构及受拉构件的连接板应不大于18%；

3)通风条件较差的木构件应不大于20%。

4)按国家标准《木材物理力学试验方法》(GB 1927～1943—1991)的规定测定木构件全截面的平均含水率。

2. 一般项目

(1)木桁架、木梁(含檩条)及木柱制作的允许偏差应符合《木结构工程施工质量验收规范》(GB 50206—2002)表4.3.1的规定。

(2)木桁架、梁、柱安装的允许偏差应符合《木结构工程施工质量验收规范》(GB 50206—2002)表4.3.2的规定。

(3)屋面木骨架的安装允许偏差应符合《木结构工程施工质量验收规范》(GB 50206—2002)表4.3.3的规定。

(4)木屋盖上弦平面横向支撑设置的完整性应按设计文件检查。

二、胶合木结构工程检验批质量验收记录表

胶合木工程检验批质量验收记录表
GB 50206—2002

020502□□

<table>
<tr><td colspan="2">工程名称</td><td>××工程</td><td>分项工程名称</td><td colspan="2">胶合木结构</td><td>验收部位</td><td>××</td></tr>
<tr><td colspan="2">施工单位</td><td colspan="2">××建筑工程集团公司</td><td>专业工长</td><td>×××</td><td>项目经理</td><td>×××</td></tr>
<tr><td colspan="2">施工执行标准
名称及编号</td><td colspan="6">《木结构工程施工工艺标准》(QB ×××—2005)</td></tr>
<tr><td colspan="2">分包单位</td><td>/</td><td>分包项目经理</td><td colspan="2">/</td><td>施工班组长</td><td>×××</td></tr>
<tr><td colspan="4">施工质量验收规范的规定</td><td colspan="3">施工单位检查评定记录</td><td>监理(建设)
单位验收记录</td></tr>
<tr><td rowspan="5">主控项目</td><td>1</td><td>层板木材缺陷限值</td><td>第 5.2.1 条</td><td colspan="3">√</td><td rowspan="5">同意验收</td></tr>
<tr><td>2</td><td>层板胶合木胶缝完整性</td><td>第 5.2.2 条</td><td colspan="3">√</td></tr>
<tr><td>3</td><td>层板胶合木胶缝常规检验</td><td>第 5.2.3 条</td><td colspan="3">√</td></tr>
<tr><td>4</td><td>指接范围木材和加工缺陷限值</td><td>第 5.2.4 条</td><td colspan="3">√</td></tr>
<tr><td>5</td><td>层板接长的指接抗弯强度检验</td><td>第 5.2.5 条</td><td colspan="3">√</td></tr>
<tr><td rowspan="3">一般项目</td><td>1</td><td>胶合时木板截面厚度允许偏差</td><td>第 5.3.1 条</td><td colspan="3">√</td><td rowspan="3">同意验收</td></tr>
<tr><td>2</td><td>层板胶合木表面加工截面尺寸允许偏差</td><td>第 5.3.2 条</td><td colspan="3">√</td></tr>
<tr><td>3</td><td>胶合木构件外观质量</td><td>第 5.3.3 条</td><td colspan="3">√</td></tr>
<tr><td colspan="2">施工单位检查评定结果</td><td colspan="6">主控项目全部合格，一般项目满足规范规定要求，检查评定结果为合格。

项目专业质量检查员：××× ××年×月×日</td></tr>
<tr><td colspan="2">监理(建设)单位验收结论</td><td colspan="6">同意验收。

监理工程师：×××
(建设单位项目专业技术负责人) ××年×月×日</td></tr>
</table>

《胶合木工程检验批质量验收记录表》填写说明：

1. 主控项目

(1)根据胶合木结构对层板目测等级的要求，按《木结构工程施工质量验收规范》(GB 50206—2002)表 5.2.1 的规定检查木材缺陷的限值。符合要求后，作出评价，做好记录，检查施工记录。

(2)按《木结构工程施工质量验收规范》(GB 50206—2002)第 5.2.2 条对每个树种、胶种、工艺过程至少做 5 个试件的胶缝检验试件，做好脱胶试验记录。检查试验记录。

(3)胶缝完整性常规检验符合《木结构工程施工质量验收规范》(GB 50206—2002)第 5.2.3 条规定。每条胶缝的抗剪强度平均值应不小于 $6.0N/mm^2$，对于针叶材和杨木当木材破坏达到 100%时，其抗剪强度达到 $4.0N/mm^2$ 也被认可。与全截面试件平均抗剪强度相应的最小木材破坏百分率及与某些抗剪强度相应的木材破坏百分率满足《木结构工程施工质量验收规范》(GB 50206.2002)表 5.2.3-3 规定。试验形成验收记录。检查试验报告。

(4)指接范围内的木材缺陷及加工缺陷符合《木结构工程施工质量验收规范》(GB 50206—2002)第 5.2.4 条的规定。按每工作班开始，中间及结尾和生产过程中每 4h 各抽查一块木板。做好检查记录。符合规范要求。尺量和观察检查。

(5)层板接长的指接弯曲强度符合《木结构工程施工质量验收规范》(GB 50206—2002)第 5.2.5 条规定。常规检验是每个生产工作班至少做 3 个试件，常规检验合格的条件是 15 个指接试件弯曲强度标准值大于等于 f_{mk}。

做好弯曲强度试验报告及结论。检查试验报告。

2. 一般项目

(1)胶合时木板的厚度允许偏差符合规定。按每个检验批 100 块进行检查。宽度方向厚度不超过±0.2mm，长度方向厚度不超过±0.3mm。尺量检查每个批部合格。检查施工记录。

(2)表面加工的截面允许偏差。宽度±2.0mm，高度±6.0mm，规方以承载处截面为准，最大的偏离为 1/200 的规定。每检验批检查 10 个构件。检查试验报告。

(3)胶合木结构的外观质量，按《木结构工程施工质量验收规范》(GB 50206—2002)第 5.3.3 条 A、B、C 级分别检查。当检验批要求为 A 级时，应全数检查，当要求为 B 或 C 级时，检查 10 个。尺量检查。

三、轻型木结构工程工程检验批质量验收记录表

轻型木结构(规格材、钉连接)工程检验批质量验收记录表
GB 50202—2002

020503□□

<table>
<tr><td colspan="2">工程名称</td><td>××工程</td><td colspan="2">分项工程名称</td><td colspan="2">轻型木结构</td><td>验收部位</td><td>××</td></tr>
<tr><td colspan="2">施工单位</td><td colspan="3">××建筑工程集团公司</td><td>专业工长</td><td>×××</td><td>项目经理</td><td>×××</td></tr>
<tr><td colspan="2">施工执行标准
名称及编号</td><td colspan="7">《木结构工程施工工艺标准》(QB ×××—2005)</td></tr>
<tr><td colspan="2">分包单位</td><td>/</td><td colspan="2">分包项目经理</td><td colspan="3">/</td><td>施工班组长</td><td>×××</td></tr>
<tr><td colspan="5">施工质量验收规范的规定</td><td colspan="3">施工单位检查评定记录</td><td>监理(建设)
单位验收记录</td></tr>
<tr><td rowspan="4">主控项目</td><td>1</td><td colspan="2">规格材应力等级检验</td><td>第6.2.1条</td><td colspan="3">√</td><td rowspan="4">同意验收</td></tr>
<tr><td>2</td><td colspan="2">规格材质量、含水率检验</td><td>第6.2.2条</td><td colspan="3">√</td></tr>
<tr><td>3</td><td colspan="2">检验木基结构板材集中荷载、冲击荷载和均布荷载试验及结构胶合板单板的缺陷限值</td><td>第6.2.3条</td><td colspan="3">√</td></tr>
<tr><td>4</td><td colspan="2">测定普通钉的最小屈服强度</td><td>第6.2.4条</td><td colspan="3">√</td></tr>
<tr><td>一般项目</td><td>1</td><td colspan="2">钉连接屈服强度、长度和数量(或最大间距)要求</td><td>第6.3.1条</td><td colspan="3">√</td><td>同意验收</td></tr>
<tr><td colspan="2">施工单位检查评定结果</td><td colspan="7">主控项目全部合格,一般项目满足规范规定要求,检查评定结果为合格。

项目专业质量检查员:××× ××年×月×日</td></tr>
<tr><td colspan="2">监理(建设)单位验收结论</td><td colspan="7">同意验收。

监理工程师:×××
(建设单位项目专业技术负责人) ××年×月×日</td></tr>
</table>

《轻型木结构(规格材、钉连接)工程检验批质量验收记录表》填写说明：

1. 主控项目

(1)规格材的应力等级检验应满足下列要求：

1)对于每个树种、应力等级、规格尺寸至少应随机抽取 15 个足尺试件进行侧立受弯试验，测定抗弯强度。

2)根据全部试验数据统计分析后求得的抗弯强度设计值应符合规定。

(2)应根据设计要求的树种、等级按《木结构工程施工质量验收规范》(GB 50206—2002)表 6.2.2 的规定检查规格材的材质和木材含水率(≤18%)。用钢尺或量角器测，按国家标准《木材物理力学试验方法》(GB 1927～1943—1991)的规定测定规格材全截面的平均含水率，并对照规格材的标识。

(3)用作楼面板或屋面板的木基结构板材应进行集中静载与冲击荷载试验和均布荷载试验，其结果应分别符合《木结构工程施工质量验收规范》(GB 50206—2002)表 6.2.3-1 和表 6.2.3-2 的规定。

此外，结构用胶合板每层单板所含的木材缺陷不应超过表 6.2.3-3 中的规定，并对照木基结构板材的标识。

(4)普通圆钉的最小屈服强度应符合设计要求。

2. 一般项目

木框架各种构件的钉连接、墙面板和屋面板与框架构件的钉连接及屋脊梁无支座时椽条与搁栅的钉连接均应符合设计要求。用钢尺或游标卡尺量。

四、木结构防护工程检验批质量验收记录表

木结构防腐、防虫、防火工程检验批质量验收记录表
GB 50206—2002

020504□□

<table>
<tr><td colspan="2">工程名称</td><td>××工程</td><td>分项工程名称</td><td colspan="2">木结构防护</td><td>验收部位</td><td>××</td></tr>
<tr><td colspan="2">施工单位</td><td colspan="2">××建筑工程集团公司</td><td>专业工长</td><td>×××</td><td>项目经理</td><td>×××</td></tr>
<tr><td colspan="2">施工执行标准名称及编号</td><td colspan="6">《木结构工程施工工艺标准》(QB ×××—2005)</td></tr>
<tr><td colspan="2">分包单位</td><td>/</td><td>分包项目经理</td><td colspan="2">/</td><td>施工班组长</td><td>×××</td></tr>
<tr><td colspan="4">施工质量验收规范的规定</td><td colspan="3">施工单位检查评定记录</td><td>监理(建设)单位验收记录</td></tr>
<tr><td rowspan="3">主控项目</td><td>1</td><td>木结构防腐、防虫构造措施</td><td>第7.2.1条</td><td colspan="3">√</td><td rowspan="3">同意验收</td></tr>
<tr><td>2</td><td>木构件防护剂的保持量和透入度</td><td>第7.2.2条</td><td colspan="3">√</td></tr>
<tr><td>3</td><td>木结构防火构造措施</td><td>第7.2.3条</td><td colspan="3">√</td></tr>
<tr><td colspan="2">施工单位检查评定结果</td><td colspan="6">主控项目全部合格，一般项目满足规范规定要求，检查评定结果为合格。

项目专业质量检查员：×××　　××年×月×日</td></tr>
<tr><td colspan="2">监理(建设)单位验收结论</td><td colspan="6">同意验收。

监理工程师：×××
(建设单位项目专业技术负责人)　　××年×月×日</td></tr>
</table>

《木结构防腐、防虫、防火工程检验批质量验收记录表》填写说明：

(1)木结构防腐的构造措施符合设计要求。根据规定和施工图逐项检查防腐的构造措施，符合设计要求。观察检查，并形成记录。检查施工单位检查记录。

(2)木构件防护剂的保持量和透入度符合规定，用化学试剂显色反应或X光衍射检查测各不同树种木构件防护剂的保持量和透入度，形成检测报告编号及结论。检查试验报告。

(3)木结构防火构造措施，符合设计文件要求。按照设计要求和施工图逐项检查。防火层达到设计要求的厚度且均匀，形成检查结果。观察检查和检查施工单位检查记录。

第八章　屋面工程资料

第一节　屋面工程资料构成

建筑屋面工程资料的构成见下表。

建筑屋面工程资料构成

<table>
<tr><th>类别与编号</th><th>表格编号或
资料来源</th><th colspan="2">资料名称</th><th>备注</th></tr>
<tr><td rowspan="11">施工技术资料
（C2）</td><td>施工单位编制</td><td colspan="2">施工组织设计及施工方案</td><td></td></tr>
<tr><td rowspan="7">表 C2-1</td><td rowspan="7">技术交
底记录</td><td>屋面找平层施工技术交底</td><td rowspan="7">见本书第二章</td></tr>
<tr><td>屋面保温层施工技术交底</td></tr>
<tr><td>卷材防水层施工技术交底</td></tr>
<tr><td>涂膜防水层施工技术交底</td></tr>
<tr><td>刚性防水层施工技术交底</td></tr>
<tr><td>瓦屋面工程施工技术交底</td></tr>
<tr><td>屋面细部构造防水施工技术交底</td></tr>
<tr><td>表 C2-2</td><td colspan="2">图纸会审记录</td><td>见本书第二章</td></tr>
<tr><td>表 C2-3</td><td colspan="2">设计变更通知单</td><td>见本书第二章</td></tr>
<tr><td>表 C2-4</td><td colspan="2">工程洽商记录</td><td>见本书第二章</td></tr>
<tr><td rowspan="12">施工物资资料
（C4）</td><td>表 A9</td><td colspan="2">工程物资进场报验表</td><td>见本书第九章</td></tr>
<tr><td>表 C4-1</td><td colspan="2">材料、构配件进场检验记录</td><td></td></tr>
<tr><td>供应单位提供</td><td colspan="2">松散保温材料出厂合格证及试验资料</td><td></td></tr>
<tr><td>供应单位提供</td><td colspan="2">板状保温材料出厂合格证及试验资料</td><td></td></tr>
<tr><td>供应单位提供</td><td colspan="2">整体保温材料出厂合格证及试验资料</td><td></td></tr>
<tr><td>表 C4-15</td><td colspan="2">防水涂料试验报告</td><td></td></tr>
<tr><td>表 C4-16</td><td colspan="2">防水卷材试验报告</td><td></td></tr>
<tr><td>供应、检测单位提供</td><td colspan="2">配套材料质量证明文件</td><td></td></tr>
<tr><td>供应、检测单位提供</td><td colspan="2">水泥、砂、石、外加剂等材料的出厂合格证、检测报告、复试报告</td><td></td></tr>
<tr><td>供应、检测单位提供</td><td colspan="2">钢筋质量证明书及试验报告</td><td></td></tr>
<tr><td>供应单位提供</td><td colspan="2">密封材料产品合格证</td><td></td></tr>
</table>

续表

类别与编号	表格编号或资料来源	资料名称	备注
施工物资资料（C4）	供应、检测单位提供	平瓦及脊瓦的出厂合格证或检测报告	
	供应、检测单位提供	金属板材的出厂合格证或检测报告	
	供应单位提供	金属板材紧固件、檩条的材质证明	
	供应单位提供	焊条的品牌、型号及合格证	
	供应单位提供	材料代用核定文件	
施工记录（C5）	表 C5-1	隐蔽工程检查记录	
	供应单位提供	自检记录	
	表 C5-15	构件吊装记录	
	表 C5-18	防水工程试水检查记录	
施工试验记录（C6）	检测单位提供	松散保温材料现场含水率抽样检验报告	
	表 C6-10	混凝土配合比申请单及通知单	见本书第三章
	表 C6-11	混凝土抗压强度试验报告	见本书第三章
	表 C6-13	混凝土抗渗试验报告	见本书第三章
施工质量验收记录(C7)	040101,040201	屋面保温层检验批质量验收记录表	参照 GB 50300 和专业施工质量验收规范
	040102,040020	屋面找平层检验批质量验收记录表	
	040103	卷材防水层检验批质量验收记录表	
	040203	涂膜防水层检验批质量验收记录表	
	040301	细石混凝土防水层检验批质量验收记录表	
	040302	密封材料嵌缝检验批质量验收记录表	
	040401	平瓦屋面检验批质量验收记录表	
	040402	油毡瓦屋面检验批质量验收记录表	
	040403	金属板材屋面检验批质量验收记录表	
	040104,040204,040303,040404	细部构造检验批质量验收记录表	
	040501	架空屋面检验批质量验收记录表	
	040502,040503	蓄水、种植屋面检验批质量验收记录表	

第二节 屋面工程施工物资资料

一、材料、构配件进场检验记录

表 C4-1　　　　材料、构配件进场检验记录

编号：×××

工程名称		××工程			检验日期	××年×月×日	
序号	名　称	规格型号（mm）	进场数量	生产厂家 合格证号	检验项目	检验结果	备　注
1	水泥脊瓦	455×170×15	68万块	××工厂 ×××—008	材料质量证明文件、外观质量、规格、型号、尺寸	资料齐全，材料检查合格	瓦材防水屋面

检验结论：

经检查，外观质量、规格、型号、尺寸符合设计要求和有关规范规定。

签字栏	建设（监理）单位	施工单位	××建设集团有限公司	
		专业质检员	专业工长	检验员
	×××	×××	×××	×××

本表由施工单位填写并保存。

二、防水涂料试验报告

表 C4-15 防水涂料试验报告

编号：×××

试验编号：

委托编号：

<table>
<tr><td colspan="2">工程名称及部位</td><td colspan="3">××工程 1～4 层厕浴间，地下室积水坑</td><td colspan="2">试件编号</td><td>001</td></tr>
<tr><td colspan="2">委托单位</td><td colspan="3">××建筑工程公司</td><td colspan="2">试验委托人</td><td>×××</td></tr>
<tr><td colspan="2">种类、型号</td><td colspan="3">聚氨酯防水涂料 1∶1.5</td><td colspan="2">生产厂</td><td>××防水材料厂</td></tr>
<tr><td colspan="2">代表数量</td><td>300kg</td><td>来样日期</td><td colspan="2">××年×月×日</td><td>试验日期</td><td>××年×月×日</td></tr>
<tr><td rowspan="9">试验结果</td><td>一、延伸性</td><td colspan="5">/</td><td>mm</td></tr>
<tr><td>二、拉伸强度</td><td colspan="5">3.83</td><td>MPa</td></tr>
<tr><td>三、断裂伸长率</td><td colspan="5">556</td><td>%</td></tr>
<tr><td>四、粘结性</td><td colspan="5">0.7</td><td>MPa</td></tr>
<tr><td>五、耐热度</td><td>温度(℃)</td><td colspan="2">110</td><td colspan="2">评定</td><td>合格</td></tr>
<tr><td>六、不透水性</td><td colspan="6">1. 压力 0.3MPa；2. 恒压时间 30min，不透水，合格</td></tr>
<tr><td>七、柔韧性(低温)</td><td>温度(℃)</td><td colspan="2">−30</td><td colspan="2">评定</td><td>2h 无裂纹，合格</td></tr>
<tr><td>八、固体含量</td><td colspan="6">95.5%</td></tr>
<tr><td>九、其他</td><td colspan="6">有见证试验</td></tr>
<tr><td colspan="8">结论：

依据《聚氨酯防水涂料》(GB/T 19250—2003)标准，符合聚氨酯防水涂料合格品要求。</td></tr>
<tr><td colspan="2">批准</td><td>×××</td><td>审核</td><td colspan="2">×××</td><td>试验</td><td>×××</td></tr>
<tr><td colspan="2">试验单位</td><td colspan="6">××建筑工程公司试验室</td></tr>
<tr><td colspan="2">报告日期</td><td colspan="6">××年×月×日</td></tr>
</table>

注：本表由试验单位提供，建设单位、施工单位各保存一份。

三、防水卷材试验报告

表 C4-16 　　　　**防水卷材试验报告**

编号：×××

试验编号：

委托编号：

<table>
<tr><td colspan="2">工程名称及部位</td><td colspan="3">××工程　地下室底板、外墙防水层</td><td colspan="2">试件编号</td><td>004</td></tr>
<tr><td colspan="2">委托单位</td><td colspan="3">××建筑工程公司</td><td colspan="2">试验委托人</td><td>×××</td></tr>
<tr><td colspan="2">种类、等级、牌号</td><td colspan="3">弹性体沥青防水卷材Ⅰ类复合胎</td><td colspan="2">生产厂</td><td>××防水材料有限公司</td></tr>
<tr><td colspan="2">代表数量</td><td>250 卷</td><td>来样日期</td><td colspan="2">××年×月×日</td><td>试验日期</td><td>××年×月×日</td></tr>
<tr><td rowspan="8">试验结果</td><td rowspan="2">一、拉力试验</td><td colspan="2">1. 拉力</td><td>纵</td><td>536.0N</td><td>横</td><td>510.0N</td></tr>
<tr><td colspan="2">2. 拉伸强度</td><td>纵</td><td>7MPa</td><td>横</td><td>7MPa</td></tr>
<tr><td colspan="3">二、断裂伸长率(延伸率)</td><td>纵</td><td>9.6%</td><td>横</td><td>9.4%</td></tr>
<tr><td>三、耐热度</td><td>温度(℃)</td><td></td><td>评定</td><td colspan="3"></td></tr>
<tr><td>四、不透水性</td><td colspan="6">1. 压力 0.2MPa；2. 恒压时间 30min；3. 评定：合格</td></tr>
<tr><td>五、柔韧性(低温柔性、低温弯折性)</td><td>温度(℃)</td><td>−15</td><td>评定</td><td colspan="3">合格</td></tr>
<tr><td>六、其他</td><td colspan="6">有见证试验</td></tr>
<tr><td colspan="7">结论：

依据《弹性体改性沥青防水卷材》(GB 18242—2000)标准，符合Ⅰ类复合胎弹性体沥青防水卷材质量标准。</td></tr>
</table>

批准	×××	审核	×××	试验	×××
试验单位	××建筑工程公司试验室				
报告日期	××年×月×日				

注：本表由试验单位提供，建设单位、施工单位各保存一份。

第三节 屋面工程施工记录

一、隐蔽工程检查记录

表 C5-1

隐蔽工程检查记录

编号：×××

工程名称	××工程		
隐检项目	屋面保温层	隐检日期	××年×月×日
隐检部位	Ⅰ段屋面保温层 ③～⑭/Ⓒ～Ⓚ轴线 52.300m 标高		

隐检依据：施工图图号 建施 35，施工方案 ，设计变更/洽商（编号 / ）及有关国家现行标准等。

主要材料名称及规格/型号： 高强憎水（珍珠岩）板 FN—290

隐检内容：

(1)检查保温层材料的品种、规格、厚度。

(2)隔汽层卷材铺贴已验收合格。

(3)检查隔离层的设置。

申报人：×××

检查意见：

经检查，保温层的材料性能及保温层的含水率均符合设计要求，保温材料紧贴隔汽层，找坡正确，上下层错缝并嵌填密实，板状保温材料施工符合《屋面工程质量验收规范》(GB 50207—2002)的规定。

检查结论： ☑同意隐蔽 □不同意，修改后进行复查

复查结论：

复查人： 复查日期：

签字栏	建设（监理）单位	施工单位	××建设工程有限公司	
		专业技术负责人	专业质检员	专业工长
	×××	×××	×××	×××

本表由施工单位填写，建设单位、施工单位、城建档案馆各保存一份。

二、自检记录

自检记录

工程名称	××工程	自检部位	屋面找平层
自检内容	(1)施工防水层用APP改性沥青防水卷材。 (2)工具与设备运行情况。 (3)执行工艺标准和操作规程情况。 (4)卷材防水层质量验收。		
检查意见	(1)防水层施工时用APP改性沥青防水卷材的品种、标号等技术性能,符合设计和技术规范的要求。 (2)所用工具,设备运转正常。 (3)严格执行企业工艺标准和操作规程。 (4)防水工程质量经检查符合《屋面工程质量验收规范》(GB 50207—2002)的要求。		
填表人	签名:×××	要求检查时间:××年×月×日	
自检人	签名:×××	检查时间:××年×月×日	
备注			

三、构件吊装记录

表 C5-15　　构件吊装记录

编号:×××

工程名称		××工程					
使用部位		屋面		吊装日期	××年×月×日		
序号	构件名称及编号	安装位置	安装检查				备注
			搁置与搭接尺寸	接头(点)处理	固定方法	标高检查	
1	预应力屋面板1#	①~③/Ⓐ~Ⓙ轴	70mm	焊接 混凝土灌缝	焊接	22.8	

结论:

预应力屋面板有出厂合格证,外观、型号数量等各项技术指标符合设计要求及规范规定,构件合格。

施工单位	××建筑工程公司	
专业技术负责人	专业质检员	记录人
×××	×××	×××

《构件吊装记录》填表说明：

(1)附件收集：相关设计要求文件等。

(2)资料流程：由施工单位填写并保存。

(3)相关规定与要求：预制混凝土结构构件、大型钢、木构件吊装应有《构件吊装记录》(表 C5-15)，吊装记录内容包括构件型号名称、安装位置、外观检查、清理、锚固、构件支点的搁置与搭接长度、接头处理、固定方法、标高、垂直偏差等，应符合设计和现行标准、规范要求。

(4)注意事项："备注"栏内应填写吊装过程中出现的问题、处理措施及质量情况等。对于重要部位或大型构件的吊装工程，应有专项安全技术交底。

四、防水工程试水检查记录

表 C5-18　　防水工程试水检查记录

编号：×××

<table>
<tr><td>工程名称</td><td colspan="3">××工程</td></tr>
<tr><td>检查部位</td><td>地上三层厕浴间</td><td>检查日期</td><td>××年×月×日</td></tr>
<tr><td rowspan="2">检查方式</td><td>☑第一次蓄水　□第二次蓄水</td><td>蓄水日期</td><td>从 ××年×月×日 8时
至 ××年×月×日 8时</td></tr>
<tr><td colspan="3">□淋水　□雨期观察</td></tr>
<tr><td colspan="4">检查方法及内容：
厕浴间一次蓄水试验，在门口处用水泥砂浆做挡水墙，地漏周围挡高 5cm，用球塞（或棉丝）把地漏堵严密且不影响试水，蓄水最浅水位为 20mm，蓄水时间为 24h。</td></tr>
<tr><td colspan="4">检查结果：
经检查，厕浴间一次蓄水试验，蓄水最前水位高出地面最高点 20mm，经 24h 无渗漏现象，检查合格，符合标准。</td></tr>
<tr><td colspan="4">复查意见：
复查人：　　复查日期：</td></tr>
</table>

<table>
<tr><td rowspan="3">签字栏</td><td rowspan="2">建设（监理）单位</td><td>施工单位</td><td colspan="2">××建筑工程公司</td></tr>
<tr><td>专业技术负责人</td><td>专业质检员</td><td>专业工长</td></tr>
<tr><td>××监理公司</td><td>×××</td><td>×××</td><td>×××</td></tr>
</table>

《防水工程试水检查记录》填表说明：

(1)附件收集：相关的图片及文字说明等。

(2)资料流程：由施工单位填写后报送建设单位及监理单位存档。

(3)相关规定与要求：

1)凡有防水要求的房间应有防水层及装修后的蓄水检查记录。检查内容包括蓄水方式、蓄水时间、蓄水深度、水落口及边缘封堵情况和有无渗漏现象等。

2)屋面工程完毕后，应对细部构造(屋面天沟、檐沟、檐口、泛水、水落口、变形缝、伸出屋面的管道等)、接缝处和保护层进行雨期观察或淋水、蓄水检查。淋水试验持续时间不得少于 2h；做蓄水检查的屋面、蓄水时间不得少于 24h。

第四节　屋面工程施工质量验收记录

一、屋面保温层检验批质量验收记录表

屋面保温层检验批质量验收记录表
GB 50207—2002

040101□□
040201□□

<table>
<tr><td colspan="3">工程名称</td><td>××工程</td><td>分项工程名称</td><td colspan="6">屋面保温层</td><td colspan="4">验收部位</td><td>××</td></tr>
<tr><td colspan="3">施工单位</td><td colspan="2">××建筑工程集团公司</td><td colspan="3">专业工长</td><td colspan="3">×××</td><td colspan="4">项目经理</td><td>×××</td></tr>
<tr><td colspan="3">施工执行标准名称及编号</td><td colspan="13">《屋面工程施工工艺标准》(QB ×××—2005)</td></tr>
<tr><td colspan="3">分包单位</td><td>/</td><td>分包项目经理</td><td colspan="6">/</td><td colspan="4">施工班组长</td><td>×××</td></tr>
<tr><td colspan="5">施工质量验收规范的规定</td><td colspan="10">施工单位检查评定记录</td><td>监理(建设)单位验收记录</td></tr>
<tr><td rowspan="2">主控项目</td><td>1</td><td colspan="2">材料质量</td><td>设计要求</td><td colspan="10">√</td><td rowspan="2">同意验收</td></tr>
<tr><td>2</td><td colspan="2">保温层含水率</td><td>设计要求</td><td colspan="10">√</td></tr>
<tr><td rowspan="4">一般项目</td><td>1</td><td colspan="2">保温层铺设</td><td>第 4.2.10 条</td><td colspan="10">√</td><td rowspan="4">同意验收</td></tr>
<tr><td>2</td><td colspan="2">倒置式屋面保护层</td><td>第 4.2.12 条</td><td colspan="10">√</td></tr>
<tr><td rowspan="2">3</td><td rowspan="2">保温层厚度允许偏差</td><td>松散、整体</td><td>+10%,−5%</td><td>+1</td><td>+2</td><td>+2</td><td>−2</td><td>+5</td><td>+1</td><td>+2</td><td>+4</td><td>−3</td><td>+6</td></tr>
<tr><td>板块</td><td>±5%</td><td></td><td></td><td></td><td></td><td></td><td></td><td></td><td></td><td></td><td></td></tr>
<tr><td colspan="4">施工单位检查评定结果</td><td colspan="12">主控项目全部合格，一般项目满足规范规定要求，检查评定结果为合格。

项目专业质量检查员：×××　　　　××年×月×日</td></tr>
<tr><td colspan="4">监理(建设)单位验收结论</td><td colspan="12">同意验收。

监理工程师：×××
(建设单位项目专业技术负责人)　　　　××年×月×日</td></tr>
</table>

《屋面保温层检验批质量验收记录表》填写说明：

1. 主控项目

(1)保温材料的堆积密度或表观密度、导热系数以及板材的强度、吸水率，必须符合设计要求。检查出厂合格证、质量检验报告和现场抽样复验报告。

(2)保温层的含水率必须符合设计要求。检查现场抽样检验报告。

2. 一般项目

(1)保温层的铺设应符合下列要求：

1)松散保温材料：分层铺设、压实适当、表面平整、找坡正确。

2)板状保温材料：紧贴(靠)基层、铺平垫稳、拼缝严密、找坡正确。

3)整体现浇保温层：拌合均匀、分层铺设、压实适当、表面平整、找坡正确。

观察检查。

(2)保温层厚度的允许偏差：松散保温材料和整体现浇保温层为＋10％，－5％；板状保温材料为±5％，且不得大于4mm。用钢针插入和尺量检查。

(3)当倒置式屋面保护层采用卵石铺压时，卵石应分布均匀，卵石的质(重)量应符合设计要求。观察检查和按堆积密度计算其质(重)量。

二、屋面找平层检验批质量验收记录表

屋面找平层检验批质量验收记录表
GB 50207—2002

040102□□
040202□□

<table>
<tr><td colspan="2">工程名称</td><td>××工程</td><td>分项工程名称</td><td colspan="4">屋面找平层</td><td colspan="6">验收部位</td><td>××</td></tr>
<tr><td colspan="2">施工单位</td><td colspan="2">××建筑工程集团公司</td><td colspan="3">专业工长</td><td colspan="3">×××</td><td colspan="4">项目经理</td><td>×××</td></tr>
<tr><td colspan="2">施工执行标准名称及编号</td><td colspan="13">《屋面工程施工工艺标准》(QB ×××—2005)</td></tr>
<tr><td colspan="2">分包单位</td><td>/</td><td>分包项目经理</td><td colspan="4">/</td><td colspan="6">施工班组长</td><td>×××</td></tr>
<tr><td colspan="4">施工质量验收规范的规定</td><td colspan="10">施工单位检查评定记录</td><td>监理(建设)单位验收记录</td></tr>
<tr><td rowspan="2">主控项目</td><td>1</td><td>材料质量及配合比</td><td>设计要求</td><td colspan="10">√</td><td rowspan="2">同意验收</td></tr>
<tr><td>2</td><td>排水坡度</td><td>设计要求</td><td colspan="10">√</td></tr>
<tr><td rowspan="4">一般项目</td><td>1</td><td>交接处和转角处细部处理</td><td>第4.1.9条</td><td colspan="10">√</td><td rowspan="4">同意验收</td></tr>
<tr><td>2</td><td>表面质量</td><td>第4.1.10条</td><td colspan="10">/</td></tr>
<tr><td>3</td><td>分格缝位置和间距</td><td>第4.1.11条</td><td colspan="10">√</td></tr>
<tr><td>4</td><td>表面平整度允许偏差</td><td>5mm</td><td>3</td><td>3</td><td>3</td><td>5</td><td>4</td><td>2</td><td>1</td><td>2</td><td>3</td><td>3</td></tr>
<tr><td colspan="2">施工单位检查评定结果</td><td colspan="13">主控项目全部合格,一般项目满足规范规定要求,检查评定结果为合格。
项目专业质量检查员:××× ××年×月×日</td></tr>
<tr><td colspan="2">监理(建设)单位验收结论</td><td colspan="13">同意验收。
监理工程师:×××
(建设单位项目专业技术负责人) ××年×月×日</td></tr>
</table>

《屋面找平层检验批质量验收记录表》填写说明：

1. 主控项目

(1)找平层的材料质量及配合比，必须符合设计要求。检查出厂合格证、质量检验报告和计量措施。

(2)屋面(含天沟、檐沟)找平层的排水坡度，必须符合设计要求。用水平仪(水平尺)、拉线和尺量检查。

2. 一般项目

(1)基层与突出屋面结构的交接处和基层的转角处，均应做成圆弧形，且整齐平顺。观察和尺量检查。

(2)水泥砂浆、细石混凝土找平层应平整、压光，不得有酥松、起砂、起皮现象，沥青砂浆找平层不得有拌合不匀，蜂窝现象。观察检查。

(3)找平层分格缝的位置和间距应符合设计要求，观察和尺量检查。

(4)找平层表面平整度的允许偏差为5mm。用2m靠尺和楔形塞尺检查。

三、卷材防水层检验批质量验收记录表

卷材防水层检验批质量验收记录表
GB 50207—2002

040103□□

<table>
<tr><td colspan="2">工程名称</td><td>××工程</td><td>分项工程名称</td><td colspan="5">卷材防水层</td><td colspan="4">验收部位</td><td>××</td></tr>
<tr><td colspan="2">施工单位</td><td colspan="2">××建筑工程集团公司</td><td colspan="3">专业工长</td><td colspan="2">×××</td><td colspan="4">项目经理</td><td>×××</td></tr>
<tr><td colspan="2">施工执行标准名称及编号</td><td colspan="12">《屋面工程施工工艺标准》(QB ×××—2005)</td></tr>
<tr><td colspan="2">分包单位</td><td>/</td><td>分包项目经理</td><td colspan="5">/</td><td colspan="4">施工班组长</td><td>×××</td></tr>
<tr><td colspan="4">施工质量验收规范的规定</td><td colspan="10">施工单位检查评定记录</td><td>监理(建设)单位验收记录</td></tr>
<tr><td rowspan="3">主控项目</td><td>1</td><td>卷材及配套材料质量</td><td>设计要求</td><td colspan="10">√</td><td rowspan="3">同意验收</td></tr>
<tr><td>2</td><td>卷材防水层</td><td>第 4.3.16 条</td><td colspan="10">/</td></tr>
<tr><td>3</td><td>防水细部构造</td><td>第 4.3.17 条</td><td colspan="10">√</td></tr>
<tr><td rowspan="5">一般项目</td><td>1</td><td>卷材搭接缝与收头质量</td><td>第 4.3.18 条</td><td colspan="10">√</td><td rowspan="5">同意验收</td></tr>
<tr><td>2</td><td>卷材保护层</td><td>第 4.3.19 条</td><td colspan="10">√</td></tr>
<tr><td>3</td><td>排汽屋面孔道留置</td><td>第 4.3.20 条</td><td colspan="10">√</td></tr>
<tr><td>4</td><td>卷材铺贴方向</td><td>铺贴方向正确</td><td colspan="10">√</td></tr>
<tr><td>5</td><td>搭接宽度允许偏差</td><td>—10mm</td><td>—6</td><td>—5</td><td>—8</td><td>—6</td><td>—7</td><td>—3</td><td>—3</td><td>—2</td><td>—5</td><td>—4</td></tr>
<tr><td colspan="3">施工单位检查评定结果</td><td colspan="12">主控项目全部合格，一般项目满足规范规定要求，检查评定结果为合格。

项目专业质量检查员：××× ××年×月×日</td></tr>
<tr><td colspan="3">监理(建设)单位验收结论</td><td colspan="12">同意验收。

监理工程师：×××
(建设单位项目专业技术负责人) ××年×月×日</td></tr>
</table>

《卷材防水层检验批质量验收记录表》填写说明：

1. 主控项目

(1)卷材防水层所用卷材及配套材料必须符合设计要求。检查出厂合格证、质量检验报告和现场抽样复验报告。

(2)卷材防水层不得有渗漏或积水现象。雨后或淋水、蓄水检验。

(3)卷材防水层在天沟、檐沟、檐口、水落口、泛水、变形缝和伸出屋面管道的防水构造，必须符合设计要求，同时应符合《屋面工程质量验收规范》(GB 50207—2002)第9章细部构造有关规定。观察和检查隐蔽工程验收记录。

2. 一般项目

(1)卷材防水层的搭接缝应粘(焊)结牢固，密封严密，不得有皱折、翘边和鼓泡等缺陷；防水层的收头应与基层粘结并固定牢固，缝口封严，不得翘边。观察检查。

(2)卷材防水层上的撒布材料和浅色涂料保护层应铺撒或涂刷均匀，粘结牢固；水泥砂浆、块材或细石混凝土保护层与卷材防水层间应设置隔离层；刚性保护层的分格缝留置应符合设计要求。观察检查。

(3)排汽屋面的排汽道应纵横贯通，不得堵塞。排汽管应安装牢固，位置正确，封闭严密。观察检查。

(4)卷材的铺贴方向应正确。

(5)卷材搭接宽度的允许偏差为－10mm。观察和尺量检查。

四、涂膜防水层检验批质量验收记录表

涂膜防水层检验批质量验收记录表
GB 50207—2002

040203□□

<table>
<tr><td colspan="3">工程名称</td><td>××工程</td><td>分项工程名称</td><td colspan="5">涂膜防水层</td><td colspan="3">验收部位</td><td>××</td></tr>
<tr><td colspan="3">施工单位</td><td colspan="2">××建筑工程集团公司</td><td>专业工长</td><td colspan="4">×××</td><td colspan="3">项目经理</td><td>×××</td></tr>
<tr><td colspan="3">施工执行标准名称及编号</td><td colspan="11">《屋面工程施工工艺标准》(QB ×××—2005)</td></tr>
<tr><td colspan="3">分包单位</td><td>/</td><td>分包项目经理</td><td colspan="5">/</td><td colspan="3">施工班组长</td><td>×××</td></tr>
<tr><td colspan="4">施工质量验收规范的规定</td><td colspan="9">施工单位检查评定记录</td><td>监理(建设)单位验收记录</td></tr>
<tr><td rowspan="3">主控项目</td><td>1</td><td>涂料及膜体质量</td><td>第5.3.9条</td><td colspan="9">√</td><td rowspan="3">同意验收</td></tr>
<tr><td>2</td><td>涂膜防水层不得渗漏或积水</td><td>第5.3.10条</td><td colspan="9">√</td></tr>
<tr><td>3</td><td>防水细部构造</td><td>第5.3.11条</td><td colspan="9">√</td></tr>
<tr><td rowspan="3">一般项目</td><td>1</td><td>涂膜施工</td><td>第5.3.13条</td><td colspan="9">√</td><td rowspan="3">同意验收</td></tr>
<tr><td>2</td><td>涂膜保护层</td><td>第5.3.14条</td><td colspan="9">√</td></tr>
<tr><td>3</td><td>涂膜厚度及最小厚度</td><td>≥80%设计厚</td><td>8</td><td>6</td><td>10</td><td>9</td><td>6</td><td>6</td><td>7</td><td>8</td><td></td><td></td></tr>
<tr><td colspan="3">施工单位检查评定结果</td><td colspan="11">主控项目全部合格,一般项目满足规范规定要求,检查评定结果为合格。
项目专业质量检查员:××× ××年×月×日</td></tr>
<tr><td colspan="3">监理(建设)单位验收结论</td><td colspan="11">同意验收。
监理工程师:×××
(建设单位项目专业技术负责人) ××年×月×日</td></tr>
</table>

《涂膜防水层检验批质量验收记录表》填写说明：

1. 主控项目

(1)防水涂料和胎体增强材料必须符合设计要求，同时应符合《屋面工程质量验收规范》(GB 50207—2002)第 5.3.2 条、第 5.3.6 条、第 5.3.7 条规定。检查出厂合格证、质量检验报告和现场抽样复验报告。

(2)涂膜防水层不得有渗漏或积水现象。雨后或淋水、蓄水检验。

(3)涂膜防水层在天沟、檐沟、檐口、水落口、泛水、变形缝和伸出屋面管道的防水构造，必须符合设计要求，同时应配合《屋面工程质量验收规范》(GB 50207—2002)第 9 章细部构造有关规定。观察和检查隐蔽工程验收记录。

2. 一般项目

(1)涂膜防水层施工应符合《屋面工程质量验收规范》(GB 50207—2002)第 5.3.3 条规定。与基层应粘结牢固，表面平整，涂刷均匀，无流淌、皱折、鼓泡、露胎体和翘边等缺陷。观察检查。

(2)涂膜防水层上的撒布材料或浅色涂料保护层应铺撒或涂刷均匀，粘结牢固；水泥砂浆、块材或细石混凝土保护层与涂膜防水层间应设置隔离层；刚性保护层的分格缝留置应符合设计要求。成品保护应符合《屋面工程质量验收规范》(GB 50207—2002)第 4.3.14 条规定。观察检查。

(3)涂膜防水层的平均厚度应符合设计要求，尚应符合《屋面工程质量验收规范》(GB 50207—2002)第 5.3.4 条规定，最小厚度不应小于设计厚度的 80%。针测法或取样量测。

五、细石混凝土防水层检验批质量验收记录表

细石混凝土防水层检验批质量验收记录表
GB 50207—2002

040301□□

<table>
<tr><td colspan="2">工程名称</td><td>××工程</td><td>分项工程名称</td><td colspan="4">细石混凝土防水层</td><td colspan="4">验收部位</td><td>××</td></tr>
<tr><td colspan="2">施工单位</td><td colspan="2">××建筑工程集团公司</td><td>专业工长</td><td colspan="3">×××</td><td colspan="4">项目经理</td><td>×××</td></tr>
<tr><td colspan="2">施工执行标准名称及编号</td><td colspan="11">《屋面工程施工工艺标准》(QB ×××—2005)</td></tr>
<tr><td colspan="2">分包单位</td><td>/</td><td>分包项目经理</td><td colspan="4">/</td><td colspan="4">施工班组长</td><td>×××</td></tr>
<tr><td colspan="4">施工质量验收规范的规定</td><td colspan="8">施工单位检查评定记录</td><td>监理(建设)单位验收记录</td></tr>
<tr><td rowspan="3">主控项目</td><td>1</td><td>材料质量及配合比</td><td>第 6.1.7 条</td><td colspan="8">√</td><td rowspan="3">同意验收</td></tr>
<tr><td>2</td><td>细石混凝土防水层不得渗漏或积水</td><td>第 6.1.8 条</td><td colspan="8">/</td></tr>
<tr><td>3</td><td>细部防水构造</td><td>第 6.1.9 条</td><td colspan="8">√</td></tr>
<tr><td rowspan="4">一般项目</td><td>1</td><td>防水层施工表面质量</td><td>第 6.1.10 条</td><td colspan="8">√</td><td rowspan="4">同意验收</td></tr>
<tr><td>2</td><td>防水层厚度和钢筋位置</td><td>第 6.1.11 条</td><td colspan="8">√</td></tr>
<tr><td>3</td><td>分格缝位置和间距</td><td>第 6.1.12 条</td><td colspan="8">√</td></tr>
<tr><td>4</td><td>表面平整度允许偏差</td><td>5mm</td><td>2</td><td>2</td><td>2</td><td>5</td><td>3</td><td>2</td><td>1</td><td>4 5</td></tr>
<tr><td colspan="3">施工单位检查评定结果</td><td colspan="10">主控项目全部合格，一般项目满足规范规定要求，检查评定结果为合格。
项目专业质量检查员：×××　　××年×月×日</td></tr>
<tr><td colspan="3">监理(建设)单位验收结论</td><td colspan="10">同意验收。
监理工程师：×××
(建设单位项目专业技术负责人)　　××年×月×日</td></tr>
</table>

《细石混凝土防水层检验批质量验收记录表》填写说明：

1. 主控项目

(1)细石混凝土的原材料及配合比必须符合设计要求，尚应符合《屋面工程质量验收规范》(GB 50207—2002)第 6.1.2 条和第 6.1.3 条规定。检查出厂合格证、质量检验报告、计量措施和现场抽样复验报告。

(2)细石混凝土防水层不得有渗漏或积水现象。雨后或淋水、蓄水检验。

(3)细石混凝土防水层在天沟、檐沟、檐口、水落口、泛水、变形缝和伸出屋面管道的防水构造，必须符合设计要求，同时应符合《屋面工程质量验收规范》(GB 50207—2002)第 9 章细部构造的有关规定。观察和检查隐蔽工程验收记录。

2. 一般项目

(1)细石混凝土防水层应表面平整、压实抹光，不得有裂缝、起壳、起皮、起砂等缺陷。观察和尺量检查。

(2)细石混凝土防水层的厚度和钢筋位置应符合设计要求。观察和尺量检查。

(3)细石混凝土分格缝的位置和间距应符合设计要求。观察和尺量检查。

(4)细石混凝土防水层表面平整度的允许偏差为 5mm。用 2m 靠尺和楔形塞尺检查。

六、密封材料嵌缝检验批质量验收记录表

密封材料嵌缝检验批质量验收记录表
GB 50207—2002

040302□□

<table>
<tr><td colspan="3">工程名称</td><td>××工程</td><td colspan="2">分项工程名称</td><td colspan="6">密封材料嵌缝</td><td colspan="3">验收部位</td><td>××</td></tr>
<tr><td colspan="3">施工单位</td><td colspan="2">××建筑工程集团公司</td><td>专业工长</td><td colspan="6">×××</td><td colspan="3">项目经理</td><td>×××</td></tr>
<tr><td colspan="3">施工执行标准名称及编号</td><td colspan="13">《屋面工程施工工艺标准》(QB ×××—2005)</td></tr>
<tr><td colspan="3">分包单位</td><td>/</td><td colspan="2">分包项目经理</td><td colspan="6">/</td><td colspan="3">施工班组长</td><td>×××</td></tr>
<tr><td colspan="4">施工质量验收规范的规定</td><td colspan="11">施工单位检查评定记录</td><td>监理(建设)单位验收记录</td></tr>
<tr><td rowspan="2">主控项目</td><td>1</td><td>密封材料质量</td><td>设计要求</td><td colspan="11">√</td><td rowspan="2">同意验收</td></tr>
<tr><td>2</td><td>嵌缝施工质量</td><td>第 6.2.7 条</td><td colspan="11">√</td></tr>
<tr><td rowspan="3">一般项目</td><td>1</td><td>嵌缝基层处理</td><td>第 6.2.8 条</td><td colspan="11">√</td><td rowspan="3">同意验收</td></tr>
<tr><td>2</td><td>外观质量</td><td>第 6.2.10 条</td><td colspan="11">√</td></tr>
<tr><td>3</td><td>接缝宽度允许偏差</td><td>±10%</td><td>+4</td><td>−3</td><td>+8</td><td>+5</td><td>+3</td><td>−7</td><td>−9</td><td>+4</td><td>+5</td><td>+3</td><td></td></tr>
<tr><td colspan="3">施工单位检查评定结果</td><td colspan="13">主控项目全部合格,一般项目满足规范规定要求,检查评定结果为合格。

项目专业质量检查员:××× ××年×月×日</td></tr>
<tr><td colspan="3">监理(建设)单位验收结论</td><td colspan="13">同意验收。

监理工程师:×××
(建设单位项目专业技术负责人) ××年×月×日</td></tr>
</table>

《密封材料嵌缝检验批质量验收记录表》填写说明：

1. 主控项目

(1)密封材料的质量必须符合设计要求。检查出厂合格证、配合比和现场抽样复验报告。

(2)密封材料嵌填必须密实、连续、饱满，粘结牢固，无气泡、开裂、脱落等缺陷，其背衬材料及外露材料保护层应符合《屋面工程质量验收规范》(GB 50207—2002)第 6.2.4 条规定。观察检查。

2. 一般项目

(1)嵌填密封材料的基层应牢固、干净、干燥，表面应平整、密实，尚应符合《屋面工程质量验收规范》(GB 50207—2002)第 6.2.2 条和第 6.2.3 条规定。观察检查。

(2)嵌填的密封材料表面应平滑，缝边应顺直，无凹凸不平现象，并应符合《屋面工程质量验收规范》(GB 50207—2002)第 6.2.5 条规定。观察检查。

(3)密封防水接缝宽度的允许偏差为±10%，接缝深度为宽度的 0.5～0.7 倍。尺量检查。

七、平瓦屋面检验批质量验收记录表

平瓦屋面检验批质量验收记录表
GB 50207—2002

040401□□

<table>
<tr><td colspan="2">工程名称</td><td>××工程</td><td>分项工程名称</td><td colspan="2">平瓦屋面</td><td>验收部位</td><td>××</td></tr>
<tr><td colspan="2">施工单位</td><td colspan="2">××建筑工程集团公司</td><td>专业工长</td><td>×××</td><td>项目经理</td><td>×××</td></tr>
<tr><td colspan="2">施工执行标准名称及编号</td><td colspan="6">《屋面工程施工工艺标准》(QB ×××—2005)</td></tr>
<tr><td colspan="2">分包单位</td><td>/</td><td>分包项目经理</td><td colspan="2">/</td><td>施工班组长</td><td>×××</td></tr>
<tr><td colspan="4">施工质量验收规范的规定</td><td colspan="3">施工单位检查评定记录</td><td>监理(建设)单位验收记录</td></tr>
<tr><td rowspan="2">主控项目</td><td>1</td><td>平瓦及脊面质量</td><td>设计要求</td><td colspan="3">√</td><td rowspan="2">同意验收</td></tr>
<tr><td>2</td><td>平瓦铺置</td><td>第 7.1.5 条</td><td colspan="3">√</td></tr>
<tr><td rowspan="3">一般项目</td><td>1</td><td>挂瓦条、铺瓦质量</td><td>第 7.1.6 条</td><td colspan="3">/</td><td rowspan="3">同意验收</td></tr>
<tr><td>2</td><td>脊瓦搭盖</td><td>第 7.1.7 条</td><td colspan="3">√</td></tr>
<tr><td>3</td><td>泛水做法</td><td>第 7.1.8 条</td><td colspan="3">√</td></tr>
<tr><td colspan="2">施工单位检查评定结果</td><td colspan="6">主控项目全部合格,一般项目满足规范规定要求,检查评定结果为合格。
项目专业质量检查员:×××　　××年×月×日</td></tr>
<tr><td colspan="2">监理(建设)单位验收结论</td><td colspan="6">同意验收。
监理工程师:×××
(建设单位项目专业技术负责人)　　××年×月×日</td></tr>
</table>

《平瓦屋面检验批质量验收记录表》填写说明:

1. 主控项目

(1)平瓦及脊瓦的质量必须符合设计要求。观察和检查出厂合格证或质量检验报告。

(2)平瓦必须铺置牢固。地震设防地区或坡度大于50%的屋面,应采取固定加强措施。观察与手扳检查。

2. 一般项目

(1)挂瓦条应分档均匀,铺钉平整、牢固;瓦面平整,行列整齐,搭接紧密,檐口平直,有关尺寸应符合《屋面工程质量验收规范》(GB 50207—2002)第7.1.3条规定。观察检查。

(2)脊瓦应搭盖正确,间距均匀,封固严密;屋脊和斜脊应顺直,无起伏现象。观察或手扳检查。

(3)泛水做法应符合设计要求,顺直整齐,结合严密,无渗漏,尚应符合《屋面工程质量验收规范》(GB 50207—2002)第7.1.2条有关规定。观察检查和雨后或淋水检验。

八、油毡瓦屋面检验批质量验收记录表

油毡瓦屋面检验批质量验收记录表
GB 50207—2002

040402□□

<table>
<tr><td colspan="2">工程名称</td><td>××工程</td><td>分项工程名称</td><td>油毡瓦屋面</td><td>验收部位</td><td>××</td></tr>
<tr><td colspan="2">施工单位</td><td colspan="2">××建筑工程集团公司</td><td>专业工长 ×××</td><td>项目经理</td><td>×××</td></tr>
<tr><td colspan="2">施工执行标准名称及编号</td><td colspan="5">《屋面工程施工工艺标准》(QB ×××—2005)</td></tr>
<tr><td colspan="2">分包单位</td><td>/</td><td>分包项目经理</td><td>/</td><td>施工班组长</td><td>×××</td></tr>
<tr><td colspan="4">施工质量验收规范的规定</td><td colspan="2">施工单位检查评定记录</td><td>监理(建设)单位验收记录</td></tr>
<tr><td rowspan="2">主控项目</td><td>1</td><td>油毡瓦质量</td><td>设计要求</td><td colspan="2">√</td><td rowspan="2">同意验收</td></tr>
<tr><td>2</td><td>油毡瓦固定</td><td>第7.2.6条</td><td colspan="2">√</td></tr>
<tr><td rowspan="3">一般项目</td><td>1</td><td>油毡瓦铺设方法</td><td>第7.2.7条</td><td colspan="2">√</td><td rowspan="3">同意验收</td></tr>
<tr><td>2</td><td>油毡瓦与基层连接</td><td>第7.2.8条</td><td colspan="2">√</td></tr>
<tr><td>3</td><td>泛水做法</td><td>第7.2.9条</td><td colspan="2">√</td></tr>
<tr><td colspan="2">施工单位检查评定结果</td><td colspan="5">主控项目全部合格，一般项目满足规范规定要求，检查评定结果为合格。
项目专业质量检查员：××× ××年×月×日</td></tr>
<tr><td colspan="2">监理(建设)单位验收结论</td><td colspan="5">同意验收。
监理工程师：×××
(建设单位项目专业技术负责人) ××年×月×日</td></tr>
</table>

《油毡瓦屋面检验批质量验收记录表》填写说明：

1. 主控项目

(1)油毡瓦的质量必须符合设计要求。检查出厂合格证和质量检验报告。

(2)油毡瓦所用固定钉必须钉平、钉牢，严禁钉帽外露油毡瓦表面。观察检查。

2. 一般项目

(1)油毡瓦的铺设方法应正确；油毡瓦之间的对缝，上下层不得重合，且应符合《屋面工程质量验收规范》(GB 50207—2002)第 7.2.4 条规定。观察检查。

(2)油毡瓦应与基层紧贴，瓦面平整，檐口顺直，且应符合《屋面工程质量验收规范》(GB 50207—2002)第 7.2.3 条规定。观察检查。

(3)泛水做法应符合设计要求，顺直整齐，结合严密，无渗漏。观察检查和雨后或淋水检验。

九、金属板材屋面检验批质量验收记录表

金属板材屋面检验批质量验收记录表
GB 50207—2002

040403□□

<table>
<tr><td>工程名称</td><td>××工程</td><td>分项工程名称</td><td colspan="2">金属板材屋面</td><td>验收部位</td><td>××</td></tr>
<tr><td>施工单位</td><td colspan="2">××建筑工程集团公司</td><td>专业工长</td><td>×××</td><td>项目经理</td><td>×××</td></tr>
<tr><td>施工执行标准名称及编号</td><td colspan="6">《屋面工程施工工艺标准》(QB ×××—2005)</td></tr>
<tr><td>分包单位</td><td>/</td><td>分包项目经理</td><td colspan="2">/</td><td>施工班组长</td><td>×××</td></tr>
<tr><td colspan="4">施工质量验收规范的规定</td><td colspan="2">施工单位检查评定记录</td><td>监理(建设)单位验收记录</td></tr>
<tr><td rowspan="2">主控项目</td><td>1</td><td>板材及辅助材料质量</td><td>设计要求</td><td colspan="2">√</td><td rowspan="2">同意验收</td></tr>
<tr><td>2</td><td>连接和密封</td><td>第 7.3.6 条</td><td colspan="2">√</td></tr>
<tr><td rowspan="2">一般项目</td><td>1</td><td>金属板材铺设</td><td>第 7.3.7 条</td><td colspan="2">√</td><td rowspan="2">同意验收</td></tr>
<tr><td>2</td><td>檐口线及泛水做法</td><td>第 7.3.8 条</td><td colspan="2">√</td></tr>
<tr><td>施工单位检查评定结果</td><td colspan="6">主控项目全部合格，一般项目满足规范规定要求，检查评定结果为合格。

项目专业质量检查员：×××　　　　××年×月×日</td></tr>
<tr><td>监理(建设)单位验收结论</td><td colspan="6">同意验收。

监理工程师：×××
(建设单位项目专业技术负责人)　　　　××年×月×日</td></tr>
</table>

《金属板材屋面检验批质量验收记录表》填写说明：

1. 主控项目

(1)金属板材及辅助材料的规格和质量必须符合设计要求。检查出厂合格证和质量检验报告。

(2)金属板材的连接和密封处理必须符合设计要求，不得有渗漏现象，且应符合《屋面工程质量验收规范》(GB 50207—2002)第 7.3.3 条规定。观察检查和雨后或淋水检验。

2. 一般项目

(1)金属板材屋面应安装平整，固定方法正确，密封完整；排水坡度应符合设计要求，且应符合《屋面工程质量验收规范》(GB 50207—2002)第 7.3.4 条规定。观察和尺量检查。

(2)金属板材屋面的檐口线、泛水段应顺直，无起伏现象。观察检查。

十、细部构造检验批质量验收记录表

细部构造检验批质量验收记录表
GB 50207—2002

040104□□
040204□□
040303□□
040404□□

<table>
<tr><td colspan="2">工程名称</td><td>××工程</td><td>分项工程名称</td><td colspan="2">细部构造</td><td>验收部位</td><td>××</td></tr>
<tr><td colspan="2">施工单位</td><td colspan="2">××建筑工程集团公司</td><td>专业工长</td><td>×××</td><td>项目经理</td><td>×××</td></tr>
<tr><td colspan="2">施工执行标准名称及编号</td><td colspan="6">《屋面工程施工工艺标准》(QB ×××—2005)</td></tr>
<tr><td colspan="2">分包单位</td><td>/</td><td>分包项目经理</td><td>/</td><td colspan="2">施工班组长</td><td>×××</td></tr>
<tr><td colspan="5">施工质量验收规范的规定</td><td colspan="2">施工单位检查评定记录</td><td>监理(建设)单位验收记录</td></tr>
<tr><td rowspan="7">主控项目</td><td>1</td><td colspan="2">天沟、檐沟排水坡度</td><td>设计要求</td><td colspan="2">√</td><td rowspan="7">同意验收</td></tr>
<tr><td rowspan="6">2</td><td rowspan="6">防水构造</td><td>(1)　天沟、檐沟</td><td>第9.0.4条</td><td colspan="2">√</td></tr>
<tr><td>(2)　檐口</td><td>第9.0.5条</td><td colspan="2">√</td></tr>
<tr><td>(3)　水落口</td><td>第9.0.7条</td><td colspan="2">√</td></tr>
<tr><td>(4)　泛水</td><td>第9.0.6条</td><td colspan="2">√</td></tr>
<tr><td>(5)　变形缝</td><td>第9.0.8条</td><td colspan="2">√</td></tr>
<tr><td>(6)　伸出屋面管道</td><td>第9.0.9条</td><td colspan="2">√</td></tr>
<tr><td colspan="2">施工单位检查评定结果</td><td colspan="6">主控项目全部合格，一般项目满足规范规定要求，检查评定结果为合格。

项目专业质量检查员：×××　　××年×月×日</td></tr>
<tr><td colspan="2">监理（建设）单位验收结论</td><td colspan="6">同意验收。

监理工程师：×××
（建设单位项目专业技术负责人）　　××年×月×日</td></tr>
</table>

《细部构造检验批质量验收记录表》填写说明：

(1)天沟、檐沟的排水坡度符合设计要求。用水平仪(水平尺)、拉线和尺量检查。

(2)天沟、檐沟、檐口、水落口、泛水、变形缝和伸出屋面管道的防水构造必须符合设计要求和规范规定。观察和检查隐蔽工程验收记录。

1)天沟、檐沟的防水构造要求：

①沟内附加层在天沟、檐沟与屋面交接处宜空铺，空铺的宽度不应小于200mm。

②卷材防水层应由沟底翻上至沟外檐顶部，卷材收头应用水泥钉固定，并用密封材料封严。

③涂膜收头用防水涂料多遍涂刷或用密封材料封严。

④在天沟、檐沟与细石混凝土防水层的交接处，留凹槽并用密封材料嵌填严密。

2)檐口的防水构造要求：

①铺贴檐口800mm范围内的卷材采取满粘法。

②卷材收头应压入凹槽，用金属压条钉压，并用密封材料封口。

③涂膜收头用防水涂料多遍涂刷或用密封材料封严。

④檐口下端做出鹰嘴和滴水槽。

3)女儿墙泛水的防水构造要求：

①铺贴泛水的卷材采取满粘法。

②砖墙上的卷材收头可直接铺压在女儿墙压顶下，压顶做防水处理；也可压入砖墙凹槽内固定密封，凹槽距屋面找平层不小于250mm，凹槽上部的墙体做防水处理。

③涂膜防水层应直接涂刷至女儿墙的压顶下，收头处理用防水涂料多遍涂刷封严，压顶做防水处理。

④混凝土墙上的卷材收头采用金属压条钉压，并用密封材料封严。

4)水落口的防水构造要求：

①水落口杯上口的标高应设置在沟底的最低处。

②防水层贴入落口杯口不应小于50mm。

③水落口周围直径500mm范围内的坡度不应小于5%，并采用防水涂料或密封材料涂封，其厚度不应小于2mm。

④水落口杯与基层接触处应留宽20mm、深20mm凹槽，并嵌填实封材料。

5)变形缝的防水构造要求：

①变形缝的泛水高度不应小于250mm。

②防水层应铺贴到变形缝两侧砌体的上部。

③变形缝内应填充聚苯乙烯泡沫塑料，上部填放衬垫材料，并用卷材封盖。

④变形缝顶部应加扣混凝土或金属盖板，混凝土盖板的接缝应用密封材料嵌填。

6)伸出屋面管道的防水构造要求：

①管道根部直径500mm范围内，找平层应抹出高度不小于30mm的圆台。

②管道周围与找平层或细石混凝土防水层之间，应预留20mm×20mm凹槽，并用密封材料嵌填严密。

③管道根部四周应增设附加层，宽度和高度均不应小于300mm。

④管道上的防水层收头处应用金属箍坚固，并用密封材料封严。

十一、架空屋面检验批质量验收记录表

架空屋面检验批质量验收记录表
GB 50207—2002

040501□□

<table>
<tr><td colspan="3">工程名称</td><td>××工程</td><td colspan="2">分项工程名称</td><td colspan="5">架空屋面</td><td colspan="3">验收部位</td><td>××</td></tr>
<tr><td colspan="3">施工单位</td><td colspan="2">××建筑工程集团公司</td><td>专业工长</td><td colspan="5">×××</td><td colspan="3">项目经理</td><td>×××</td></tr>
<tr><td colspan="3">施工执行标准名称及编号</td><td colspan="12">《屋面工程施工工艺标准》(QB ×××—2005)</td></tr>
<tr><td colspan="3">分包单位</td><td>/</td><td colspan="2">分包项目经理</td><td colspan="5">/</td><td colspan="3">施工班组长</td><td>×××</td></tr>
<tr><td colspan="4">施工质量验收规范的规定</td><td colspan="10">施工单位检查评定记录</td><td>监理(建设)单位验收记录</td></tr>
<tr><td>主控项目</td><td>1</td><td>板材及辅助材料质量</td><td>设计要求</td><td colspan="10">√</td><td>同意验收</td></tr>
<tr><td rowspan="2">一般项目</td><td>1</td><td>架空隔热制品铺设</td><td>第 8.1.5 条</td><td colspan="10">√</td><td rowspan="2">同意验收</td></tr>
<tr><td>2</td><td>隔热板相邻高低差</td><td>≤3mm</td><td>3</td><td>3</td><td>3</td><td>1</td><td>2</td><td>2</td><td>3</td><td>1</td><td>3</td><td>1</td></tr>
<tr><td colspan="3">施工单位检查评定结果</td><td colspan="12">主控项目全部合格，一般项目满足规范规定要求，检查评定结果为合格。
项目专业质量检查员：×××　　××年×月×日</td></tr>
<tr><td colspan="3">监理(建设)单位验收结论</td><td colspan="12">同意验收。
监理工程师：×××
(建设单位项目专业技术负责人)　　××年×月×日</td></tr>
</table>

《架空屋面检验批质量验收记录表》填写说明：

1. 主控项目

架空隔热制品的质量必须符合设计要求，严禁有断裂和露筋等缺陷，且应符合《屋面工程质量验收规范》(GB 50207—2002)第 8.1.3 条规定。观察和检查构件合格证或试验报告。

2. 一般项目

(1)架空隔热制品的铺设应平整、稳固，缝隙勾填应密实；架空隔热制品距山墙或女儿墙不得小于 250mm，架空层中不得堵塞，架空高度及变形缝做法应符合设计要求。观察和尺量检查。

(2)相邻两块制品的高低差不得大于 3mm。用直尺和楔形塞尺检查。

十二、蓄水、种植屋面检验批质量验收记录表

蓄水、种植屋面检验批质量验收记录表

GB 50207—2002

040502□□

040503□□

<table>
<tr><td>工程名称</td><td>××工程</td><td>分项工程名称</td><td colspan="2">蓄水、种植屋面</td><td>验收部位</td><td>××</td></tr>
<tr><td>施工单位</td><td colspan="2">××建筑工程集团公司</td><td>专业工长</td><td>×××</td><td>项目经理</td><td>×××</td></tr>
<tr><td>施工执行标准名称及编号</td><td colspan="6">《屋面工程施工工艺标准》(QB ×××—2005)</td></tr>
<tr><td>分包单位</td><td>/</td><td>分包项目经理</td><td colspan="2">/</td><td>施工班组长</td><td>×××</td></tr>
<tr><td colspan="3">施工质量验收规范的规定</td><td colspan="3">施工单位检查评定记录</td><td>监理(建设)单位验收记录</td></tr>
<tr><td rowspan="4">主控项目</td><td>1</td><td>蓄水屋面溢水口、过水孔等设置</td><td>设计要求</td><td colspan="2">√</td><td rowspan="4">同意验收</td></tr>
<tr><td>2</td><td>蓄水屋面防水层不得渗漏</td><td>第8.2.6条</td><td colspan="2">√</td></tr>
<tr><td>3</td><td>种植屋面泄水孔设置</td><td>设计要求</td><td colspan="2">√</td></tr>
<tr><td>4</td><td>种植屋面防水层质量</td><td>第8.3.6条</td><td colspan="2">√</td></tr>
<tr><td>施工单位检查评定结果</td><td colspan="6">主控项目全部合格,一般项目满足规范规定要求,检查评定结果为合格。

项目专业质量检查员:××× ××年×月×日</td></tr>
<tr><td>监理(建设)单位验收结论</td><td colspan="6">同意验收。

监理工程师:×××
(建设单位项目专业技术负责人) ××年×月×日</td></tr>
</table>

《蓄水、种植屋面检验批质量验收记录表》填写说明：

(1)蓄水屋面上设置的溢水口、过水孔、排水管、溢水管，其大小、位置、标高必须符合设计要求。观察和尺量检查。

(2)蓄水屋面防水层施工必须符合设计要求，不得有渗现象。蓄水至规定高度观察检查。

(3)种植屋面挡墙泄水孔的留设必须符合设计要求，不得堵塞。观察和尺量检查。

(4)种植屋面防水层施工必须符合设计要求，不得有渗漏现象。蓄水至规定高度观察检查。

第九章 主体结构工程监理资料

第一节 监理管理资料

主体结构工程监理管理资料见下表。

监理管理资料

序号	资料名称	说明
1	监理月报	项目监理部每月以《监理月报》的形式向建设单位报告本月的监理工作情况，使建设单位了解工程的基本情况，同时掌握工程进度、质量、投资及施工合同的各项目标完成的监理控制情况。 监理月报的内容包括：工程概况、施工单位项目组织系统、工程进度、工程质量、工程计量与工程款支付、材料、构配件与设备情况、合同其他事项的处理情况、天气对施工影响的情况、项目监理部组成与工作统计、本月监理工作小结和下月监理工作重点。监理月报应由项目总监理工程师组织编制，签署后报送建设单位和监理单位
2	监理会议纪要	监理会议纪要应由项目监理部根据会议记录整理，经总监理工程师审阅，由与会各方代表会签
3	监理工作日志	以项目监理部的监理工作为记载对象，从监理工作开始起至监理工作结束止，应由专人负责逐日记载
4	监理工作总结	施工阶段监理工作结束后，监理单位应向建设单位提交项目监理工作总结。 监理工作总结的内容包括：工程概况、监理组织机构、监理人员和投入的监理设施、监理合同履行情况、监理工作成效、施工过程中出现的问题及其处理情况和建议、工程照片（必要时）等。监理工作总结应由总监理工程师主持编写并审批

第二节 监理工作记录

一、施工组织设计（方案）报审资料

表 A2　　　施工组织设计（方案）报审表

工程名称：××工程　　　　编号：×××

致：××监理公司（监理单位）

我方已根据施工合同的有关规定完成了××大厦工程施工组织设计（方案）的编制，并经我单位上级技术负责人审查批准，请予以审查。

附：施工组织设计（方案）。

承包单位（章）×××建筑工程公司

项目经理 ×××

日期 ××年×月×日

续表

专业监理工程师审查意见： **施工组织设计（方案）合理、可行，且审批手续齐全，拟同意承包单位按该施工组织设计（方案）组织施工，请总监理工程师审核。** 若不符合要求，专业监理工程师审查意见应简要指出不符合要求之处，并提出修改补充意见后签署"暂不同意（部分或全部应指明）承包单位按该施工组织设计（方案）组织施工，待修改完善后再报，请总监理工程师审核"。 专业监理工程师 ××× 日期 ××年×月×日
总监理工程师审查意见： **同意专业监理工程师审查意见，同意承包单位按该施工组织设计（方案）组织施工。** 如不同意专业监理工程师的审查意见，应简要指明与专业监理工程师审查意见中的不同之处，签署修改意见；并签认最终结论"不同意承包单位按该施工组织设计（方案）组织施工（修改后再报）"。 项目监理机构 ××监理公司××项目监理部 总监理工程师 ××× 日期 ××年×月×日

《施工组织设计(方案)报审表》填表说明:

(1)根据有关要求,须项目监理机构审批的施工组织设计(方案)在实施前报项目监理机构审核、签认。

(2)承包单位按施工合同规定时间向项目监理机构报送自审手续完备的施工组织设计(方案),总监理工程师在合同规定时间内完成审核工作。

(3)施工组织设计(方案)审核应在项目实施前完成,施工组织设计(方案)未经项目监理机构审核、签认,该项工程不得施工。总监理工程师对施工组织设计(方案)的审查、签认,不解除承包单位的责任。

(4)"＿＿＿＿＿＿工程施工组织设计(方案)":填写相应的建设项目、单位工程、分部工程、分项工程或关键工序名称。

(5)附件:指需要审核的施工组织总设计,单位工程施工组织设计或施工方案。

(6)专业监理工程师审查意见:专业监理工程师对施工组织设计(方案)应审核其完整性、符合性、适用性、合理性、可操作性及实现目标的保证措施。且从以下几方面进行审核:

1)设计(方案)中承包单位的审批手续齐全。

2)承包单位现场项目管理机构的质量管理、技术管理、质量保证体系健全,质量保证措施切实可行且有针对性。

3)施工现场总体布置是否合理,是否有利于保证工程的正常顺利施工,是否有利于工程保证质量,施工总平面图布置是否与地貌环境、建筑平面协调一致。

4)施工组织设计(方案)中工期、质量目标应与施工合同相一致。

5)施工组织设计中的施工布置和程序应符合本工程的特点及施工工艺,满足设计文件要求。

6)施工组织设计应优先选用成熟的、先进的施工技术,且对本工程的质量、安全和降低造价有利。

7)进度计划应采用流水施工方法和网络计划技术,以保证施工的连续性和均衡性,工、料、机进场应与进度计划保持协调性。

8)施工机械设备的选择是否考虑了对施工质量的影响与保证。

9)安全、环保、消防和文明施工措施切实可行并符合有关规定。

10)施工组织设计(方案)的主要内容齐全。

11)施工组织设计中若有提高工程造价的,项目监理机构应取得建设单位同意。

根据以上审核情况,如符合要求,专业监理工程师审查意见应签署"施工组织设计(方案)合理、可行,且审批手续齐全,拟同意承包单位按该施工组织设计(方案)组织施工,请总监理工程师审核"。如不符合要求,专业监理工程师审查意见应简要指出不符合要求之处,并提出修改补充意见后签署"暂不同意(部分或全部应指明)承包单位按该施工组织设计(方案)组织施工,待修改完善后再报,请总监理师工程师审核"。

(7)总监理工程师审核意见:总监理工程师对专业监理工程师的结果进行审核,如同意专业监理工程师的审查意见,应签署"同意专业监理工程师审查意见,同意承包单位按该施工组织设计(方案)组织施工";如不同意专业监理工程师的审查意见,应简要指明与专业监理工程师审查意见中的不同之处,签署修改意见;并签认最终结论"不同意承包单位按该施工组织设计(方案)组织施工(修改后再报)"。

二、施工测量放线报审资料

表 A4　　　　　　　　　　施工测量放线报验申请表

工程名称：××工程　　　　　　　　　　　　　　　　　　　　编号：×××

致：××监理公司（监理单位）

我单位已完成了××工程施工测量放线工作，现报上该工程报验申请表，请予以审查和验收。

附件：

(1)测量放线的部位及内容。

序号	工程部位名称	测量放线内容	专职测量员(岗位证书编号)	备　注
1	四层②～⑦/Ⓐ～Ⓓ轴	轴轴线控制线、墙柱轴线及边线等	×××(＊＊＊＊＊＊＊＊＊) ×××(＊＊＊＊＊＊＊＊＊)	30m 钢尺、DS3 级水准仪
2	四层⑥～⑨/Ⓔ～Ⓗ轴	柱轴线控制线、柱边线等	×××(＊＊＊＊＊＊＊＊＊) ×××(＊＊＊＊＊＊＊＊＊)	

(2)放线的依据材料 1 页。

(3)放线成果表 5 页。

承包单位(章)××建筑工程公司

项目经理×××

日期××年×月×日

审查意见：

经检查，符合工程施工图的设计要求，达到了《建筑工程施工测量规程》的精度要求。

项目监理机构××监理公司××项目监理部

总/专业监理工程师×××

日期××年×月×日

《施工测量放线报验申请表》填表说明：

(1)承包单位施工测量放线完毕，自检合格后报项目监理机构复核确认。

(2)测量放线的专职测量人员资格及测量设备应是已经项目监理机构确认的。

(3)工程或部位的名称：工程定位测量填写工程名称，轴线、标高测量填写所测量项目部位名称。

(4)放线内容：指测量放线工作内容的名称。如：轴线测量，标高测量等。

(5)专职测量人员(岗位证书编号)：指承担这次测量放线工作的专职测量人员及其岗位证书编号。

(6)备注：施工测量放线使用测量仪器的名称、型号、编号。

(7)测量放线依据材料及放线成果：依据材料是指施工测量方案、建设单位提供的红线桩、水准点等材料；放线成果指承包单位测量放线所放出的控制线及其施工测量放线记录表(依据材料应是已经项目监理机构确认的)。

(8)专业监理工程师审查意见：专业监理工程师根据对测量放线资料的审查和现场实际复测情况签署意见。

三、工程进度控制资料

表 A1 工程开工/复工报审表

工程名称：××工程 编号：×××

致：××监理公司（监理单位）

我方承担的 ×× 工程，已完成了以下各项工作，具备了开工/复工条件，特此申请施工，请核查并签发开工/复工指令。

附：(1)开工报告(略)。

(2)证明文件：

1)建设工程施工许可证(复印件)。

2)施工组织设计。

3)施工测量放线。

4)现场主要管理人员和特殊工种人员资格证、上岗证。

5)现场管理人员、机具、施工人员进场。

6)工程主要材料已落实。

7)施工现场道路、水、电、通讯等已达到开工条件。

承包单位(章) ××建筑工程公司

项目经理 ×××

日期 ××年×月×日

审查意见：

(1)经查《建设工程施工许可证》已办理。

(2)施工现场主要管理人员和特殊工种人员资格证、上岗证符合要求。

(3)施工组织设计已批准。

(4)主要人员(项目经理、专业技术管理人员等)已进场，部分材料已进场。

(5)施工现场道路、水、电、通讯已达到开工要求。

综上所述，工程已符合开工条件，同意开工！

项目监理机构 ××监理公司××工程项目监理部

总监理工程师 ×××

日期 ××年×月×日

《工程开工报审表》填表说明：

(1)工程满足开工条件后，承包单位报项目监理机构复核和批复开工时间。

(2)整个项目一次开工，只填报一次，如工程项目中含有多个单位工程且开工时间不同，则每个单位工程都应填报一次。

(3)工程名称：指相应的建设项目或单位工程名称，应与施工图的工程名称一致。

(4)开工的各种证明材料：承包单位应将《建设工程施工许可证》(复印件)、施工组织设计、施工测量放线资料、现场主要管理人员和特殊工种人员资格证和上岗证、现场管理人员、机具、施工人员进场情况、工程主要材料落实情况以及施工现场道路、水、电、通讯等是否已达到开工条件等证明文件作为附件同时报送。

(5)审查意见：总监理工程师应指定专业监理工程师对承包单位的准备情况进行检查，除检查所报内容外，还应对施工现场临时设施是否满足开工要求；地下障碍物是否清除或查明；测量控制桩、试验室是否经项目监理机构审查确认等进行检查并逐项记录检查结果，报项目总监理工程师审核；总监理工程师确认具备开工条件时签署同意开工时间，并报告建设单位。否则，应简要指出不符合开工条件要求之处。

(6)总监理工程师签发《工程开工报审表》后报建设单位备案，如《委托监理合同》中需建设单位批准，项目总监审核后报建设单位，由建设单位批准。工期自批准开工之日起计算。

(7)《工程开工报审表》除委托监理合同中注明需建设单位批准外均由总监理工程师最终签发。

(8)工程开工报审的一般程序：

1)承包单位自查认为施工准备工作已完成，具备开工条件时，向项目监理机构报送《工程开工报审表》及相关资料。

2)专业监理工程师审核承包单位报送的《工程开工报审表》及相关资料，现场核查各项准备工作的落实情况，报项目总监理工程师审批。

3)项目总监理工程师根据专业监理工程师的审核，签署审查意见，具备开工条件时按《委托监理合同》的授权报建设单位备案或审批。

表 A4　　施工进度计划 报验申请表

工程名称：××工程　　编号：×××

致：××监理公司（监理单位）

我单位已完成了××工程××年×月工程施工进度计划编制工作，现报上该工程报验申请表，请予以审查和验收。

附件：××年×月工程施工进度计划（说明、图表、工程量、工作量、资源配置）1份。

承包单位（章）××建筑工程公司
项目经理 ×××
日期 ××年×月×日

审查意见：

经审查：本月编制的施工进度计划具有可行性和可操作性，与工程实际情况相符合，满足合同工期及总控制计划的要求，予以通过。

同意按此计划组织施工。

项目监理机构 ××监理公司××项目监理部
总/专业监理工程师 ×××
日期 ××年×月×日

《施工进度计划报验申请表》填表说明：

(1)施工进度计划报验申请是承包单位根据已批准的施工总进度计划，按施工合同约定或监理工程师要求，编制的施工进度计划报项目监理机构审查、确认和批准。

(2)监理机构对施工进度的审查或批准，并不解除承包单位对施工进度计划的责任和义务。

(3)“＿＿＿＿＿＿工作”填写所报进度计划的工程名称及时间。

(4)对施工进度计划，主要进行如下审核：

1)进度安排是否符合工程项目建设总进度，计划中总目标和分目标的要求，是否符合施工合同中开、竣工日期的规定。

2)施工总进度计划中的项目是否有遗漏，分期施工是否满足分批动用的需要和配套动用的要求。

3)施工顺序的安排是否符合施工工艺的要求。

4)劳动力、材料、构配件、施工机具及设备、施工水、电等生产要素的供应计划是否能保证进度计划的实现，供应是否均衡，需求高峰期是否有足够能力实现计划供应。

5)由建设单位提供的施工条件(资金、施工图纸、施工场地、采供的物资设备等)，承包单位在施工进度计划中所提出的供应时间和数量是否明确、合理，是否有造成建设单位违约而导致工程延期和费用索赔的可能。

6)工期是否进行了优化，进度安排是否合理。

7)总、分包单位分别编制的各单项工程施工进度计划之间是否相协调，专业分工与计划衔接是否明确合理。

(5)通过专业监理工程师的审核，提出审查意见报总监理工程师，总监理工程师审核后如同意承包单位所报计划，则应签署“本月编制的施工进度计划具有可行性和可操作性，与工程实际情况相符合，满足合同工期及总控制计划的要求，予以通过。同意按此计划组织施工”。如不同意承包单位所报计划，则签署“不同意按此进度计划施工”，并就不同意的原因及理由简要列明。

(6)施工进度计划(调整计划)报审程序：

1)承包单位按施工合同要求的时间编制好施工进度计划，并填报《施工进度计划报验申请表》报监理机构。

2)总监理工程师指定专业监理工程师对承包单位所报的《施工进度计划报验申请表》，及有关资料进行审查，并向总监理工程师报告。

3)总监理工程师按施工合同要求的时间，对承包单位所报《施工进度计划报验申请表》予以确认或提出修改意见。

表 A7 **工程临时延期申请表**

工程名称：××工程 编号：×××

致：××监理公司（监理单位）

根据施工合同条款 第×× 条的规定，由于 建设单位在项目部完成主体结构一至四层施工后未能及时支付工程款，造成项目部资金周转困难的 原因，我方申请工程延期，请予以批准。

附件：

(1)工程延期的依据及工期计算：

1)资金周转困难，工程材料不能及时到位。

2)合同中的相关约定。

3)影响施工进度网络计划

4)工期计算(略)。

合同竣工日期：××年×月×日

申请延长竣工日期：××年×月×日

(2)证明材料(略)。

承包单位 ××建筑工程公司

项目经理 ×××

日期 ××年×月×日

《工程临时延期申请表》填表说明：

(1)工程临时延期报审是发生了施工合同约定由建设单位承担的延长工期事件后，承包单位提出的工期索赔，报项目监理机构审核确认。

(2)总监理工程师在签认工程延期前应与建设单位、承包单位协商，宜与费用索赔一并考虑处理。

(3)总监理工程师应在施工合同约定的期限内签发《工程临时延期申请表》，或发出要求承包单位提交有关延期的进一步详细资料的通知。

(4)临时批准延期时间不能长于工程最终延期批准的时间。

(5)“根据合同条款________条的规定”：填写提出工期索赔所依据的施工合同条目。

(6)“由于________原因”：填写导致工期拖延的事件。

(7)工期延长的依据及工期计算：指索赔所依据的施工合同条款；导致工程延期事件的事实；工程拖延的计算方式及过程。

(8)合同竣工日期：指建设单位与承包单位签订的施工合同中确定的竣工日期或已最终批准的竣工日期。

(9)申请延长竣工日期：指合同竣工日期加上本次申请延长工期后的竣工日期。

(10)证明材料：指本期申请延长的工期所有能证明非承包单位原因导致工程延期的证明材料。

(11)可能导致工程延期的原因：

1)监理工程师发出工程变更指令导致工程量增加。

2)施工合同中规定的任何可能造成工程延期的原因，如延期交图、工程暂停及不利的外界条件等。

3)异常恶劣的气候条件。

4)由建设单位造成的任何延误、干扰或障碍等，如按施工合同未及时提供场地、未及时付款等。

5)施工合同规定，承包单位自身外的其他任何原因。

(12)工程临时延期报审程序：

1)承包单位在施工合同规定的期限内，向项目监理机构提交对建设单位的延期(工期索赔)意向通知书。

2)总监理工程师指定专业监理工程师收集与延期有关的资料。

3)承包单位在承包合同规定的期限内向项目监理机构提交《工程临时延期申请表》。

4)总监理工程师指定专业监理工程师初步审查《工程临时延期申请表》是否符合有关规定。

5)总监理工程师进行延期核查，并在初步确定延期时间后，与承包单位及建设单位进行协商。

6)监理工程师应在施工合同规定的期限内签署《工程临时延期审批表》，或在施工合同规定期限内，发出要求承包单位提交有关延期的进一步详细资料的通知，待收到承包单位补交的详细资料后，按上述3)、4)、5)条程序进行。

表 B4　　　　　　　　　　　　　　　　工程临时延期审批表

工程名称：××工程　　　　　　　　　　　　　　　　　　　　　　　　　　　　编号：×××

致：××建筑工程公司（承包单位）

根据施工合同条款 × 条的规定，我方对你方提出的 ×× 工程延期申请（第 ××× 号）要求延长工期 15 日历天的要求，经过审核评估：

☑ 暂时同意工期延长 15 日历天。使竣工日期（包括已指令延长的工期）从原来的 ×× 年 11 月 20 日延迟到 ×× 年 12 月 5 日。请你方执行。

☐ 不同意延长工期，请按约定竣工日期组织施工。

说明：

工程延期事件发生在已批准的网络进度计划的关键线路上，经建设单位与承包单位协商，暂时同意延长工期 15 天。

项目监理机构 ××监理公司××项目监理部

总监理工程师 ×××

日期 ××年×月×日

《工程临时延期审批表》填表说明：

(1)工程临时延期报审是发生了施工合同约定由建设单位承担的延长工期事件后，承包单位提出的工期索赔，报项目监理机构审核确认。

(2)总监理工程师在签认工程延期前应与建设单位、承包单位协商，宜与费用索赔一并考虑处理。

(3)总监理工程师应在施工合同约定的期限内签发《工程临时延期审批表》，或发出要求承包单位提交有关延期的进一步详细资料的通知。

(4)临时批准延期时间不能长于工程最终延期批准的时间。

(5)“根据施工合同条款________条的规定，我方对你方提出的________工程延期申请……”，分别填写处理本次延长工期所依据的施工合同条目和承包单位申请延长工期的原因。

(6)“(第________号)”：填写承包单位提出的《工程临时延期申请表》编号。

(7)竣工日期：指建设单位与承包单位签订的施工合同中确定的竣工日期或已最终批准的竣工日期。

(8)申请延长竣工日期：指合同竣工日期加上本次申请延长工期后的竣工日期。

(9)审查意见：专业监理工程师针对承包单位提出的《工程临时延期申请表》，首先审核在延期事件发生后，承包单位在合同规定的有效期内是否以书面形式向专业监理工程师提出延期意向通知；其次审查承包单位在合同规定有效期内向专业监理工程师提交的延期依据及延长工期的计算；第三，专业监理工程师对提交的延期报告应及时进行调查核实，与监理同期记录进行核对、计算，并将审查情况报告总监理工程师。总监理工程师同意临时延期时在暂同意延长工期前“□”内划“√”，延期天数按核实天数。“竣工日期”指“合同竣工日期”；“延迟到的竣工日期”指“合同竣工日期”加上暂同意延期天数后的日期。否则，在不同意延长工期前“□”内划“√”。

(10)说明：指总监理工程师同意或不同意工程临时延期的理由和依据。

(11)总监理工程师在做出临时延期批准时，不应认为其具有临时性而放松控制。

(12)可能导致工程延期的原因：

1)监理工程师发出工程变更指令导致工程量增加。

2)施工合同中规定的任何可能造成工程延期的原因，如延期交图、工程暂停及不利的外界条件等。

3)异常恶劣的气候条件。

4)由建设单位造成的任何延误、干扰或障碍等，如按施工合同未及时提供场地、未及时付款等。

5)施工合同规定，承包单位自身外的其他任何原因。

表 B5

工程最终延期审批表

工程名称：××工程　　　　　　　　　　编号：×××

致：××建筑工程公司（承包单位）

根据施工合同条款 × 条的规定，我方对你方提出的 ××大厦 工程延期申请（第 ××× 号）要求延长工期 **20** 日历天的要求，经过审核评估：

☑ 最终同意工期延长 **20** 日历天。使竣工日期（包括已指令延长的工期）从原来的 ×× 年 **11** 月 **30** 日延迟到 ×× 年 **12** 月 **20** 日。请你方执行。

□ 不同意延长工期，请按约定竣工日期组织施工。

说明：

因建设单位在承包单位完成主体结构一至四层的施工任务后，未能按合同约定及时给付工程进度款，从而造成了水泥、钢材等原材料不能及时购置进场投入工程施工使用，经甲乙双方协商，同意延长工期。

项目监理机构 ××监理公司××项目监理部

总监理工程师 ×××

日期 ××年×月×日

《工程最终延期审批表》填表说明：

(1)工程最终延期审批是在影响工期事件结束，承包单位提出最后一个《工程临时延期申请表》批准后，经项目监理机构详细地研究评审影响工期事件全过程对工程总工期的影响后，批准承包单位有效延期时间。

(2)总监理工程师在签认工程延期前应与建设单位、承包单位协商，宜与费用索赔一并考虑处理。

(3)"根据施工合同条款______条的规定，我方对你方提出的______工程延期申请……"：分别填写处理本次延长工期所依据的施工合同条目和承包单位申请延长工期的原因。

(4)"(第______号)"：填写承包单位提出的最后一个《工程临时延期申请表》编号。

(5)审批意见：在影响工期事件结束，承包单位提出最后一个《工程临时延期申请表》批准后，总监理工程师应指定专业监理工程师复查工程延期及临时延期审批的全部情况，详细地研究评审影响工期事件对工程总工期的影响程度，应由建设单位承担的责任和承包单位采取缩小延期事件影响的措施等。根据复查结果，提出同意工期延长的日历天数，或不同意延长工期的意见，报总监理工程师最终审批，若不符合施工合同约定的工程延期条款或经计算不影响最终工期，项目监理机构总监理工程师在不同意延长工期前"□"内划"√"，需延长工期时在同意延长工期前"□"内划"√"。

(6)同意工期延长的日历天数为：由影响工期事件原因使最终工期延长的总天数。

(7)原竣工日期：指施工合同签订的工程竣工日期或已批准的竣工日期。

(8)延迟到的竣工日期：原竣工日期加上同意工期延长的日历天数后的日期。

(9)说明：详实说明本次影响工期事件和工期拖延的事实和程度，处理本次延长工期所依据的施工合同条款，工期延长计算所采用的方法及计算过程等。

(10)工程延期的最终延期时间应是承包单位的最后一个延期批准后的累计时间，但并不是每一项延期时间的累加，如果后面批准的延期内包含有前一个批准延期的内容，则前一项延期的时间不能予以累计。

(11)工程延期审批的依据：承包单位延期申请能够成立并获得总监理工程师批准的依据如下：

1)工期拖延事件是否属实，强调实事求是。

2)是否符合本工程施工合同规定。

3)延期事件是否发生在工期网络计划图的关键线路上，即延期是否有效合理。

4)延期天数的计算是否正确，证据资料是否充足。

上述四条中，只有同时满足前三条，延期申请才能成立。至于时间的计算，监理工程师可根据自己的记录，做出公正合理的计算。

上述前三条中，最关键的一条就是第三条，即：延期事件是否发生在工期网络计划图的关键线路上。因为在承包单位所报的延期申请中，有些虽然满足前两个条件，但并不一定是有效和合理的，只有有效和合理的延期申请才能被批准。也就是说，所发生工期拖延的工程项目必须是会影响到整个工期的工程项目，如果发生工期拖延的工程项目并不影响整个工程完工期，那么，延期就不会被批准。

项目是否在关键线路上的确定，一般常用方法是：监理工程师根据最新批准的进度计划来确定关键线路上的工程项目。利用网络图来确定关键线路，是最直观的方法。

表 B2 **工程暂停令**

工程名称：××工程 编号：×××

致：××建筑工程公司（承包单位）

由于柱模板边角拼装时缝隙过大，混凝土振捣时跑浆严重原因，现通知你方必须于××年×月×日时起，对本工程的混凝土柱模板边角部位（工序）实施暂停施工，并按下述要求做好各项工作：

(1)模板拼装时，边角的缝隙应用水泥袋纸或纸筋灰填塞、柱箍间距应缩小。

(2)模板制作时宜采用阶梯缝搭接，减少漏浆。

(3)完成上述内容后，填报《工程复工报审表》到项目监理部。

项目监理机构 ××监理公司××项目监理部

总监理工程师 ×××

日期 ××年×月×日

《工程暂停令》填表说明：

(1)施工过程中发生了需要停工处理事件，总监理工程师签发《工程暂停令》。

(2)工程暂停指令应由总监理工程师根据暂停工程的影响范围和影响程度，按照施工合同和委托监理合同的约定签发。

(3)工程暂停原因是由承包单位的原因造成的，承包单位申请复工时，除了填报《工程复工报审表》外，还应报送针对导致停工原因所进行的整改工作报告等有关材料。

(4)工程暂停原因是由于非承包单位的原因造成时，也就是建设单位的原因或应由建设单位承担责任的风险或其他事件时，总监理工程师在签发《工程暂停令》之后，应尽快按施工合同的规定处理因工程暂停引起的与工期、费用等有关问题。

(5)“由于……原因”：应简明扼要地准确填写工程暂停原因。暂停原因主要有：

1)建设单位要求暂停施工，且工程需要暂停施工。

2)为了保证工程质量而需要进行停工处理的：

①未经监理机构审查同意，擅自变更设计或修改施工方案进行施工的。

②有特殊要求的施工人员未通过专业监理工程师审查或经审查不合格进入现场施工的。

③擅自使用未经监理机构审查认可的分包单位进入现场施工的。

④使用未经专业监理工程师验收或验收不合格的材料、构配件、设备或擅自使用未经审查认可的代用材料的。

⑤工序施工完成后，未经监理机构验收或验收不合格而擅自进行下一道工序施工的。

⑥隐蔽工程未经专业监理工程师验收确认合格而擅自隐蔽的。

⑦施工中出现质量异常情况，经监理机构指出后，承包单位未采取有效改正措施或措施不力、效果不好仍继续作业的。

⑧已发生质量事故迟迟不按监理机构要求进行处理，或已发生隐患、质量事故，如不停工则质量隐患、质量事故将继续发展，或已发生质量事故，承包单位隐蔽不报，私自处理的。

3)施工出现了安全隐患，总监理工程师认为有必要停工以消除隐患。

4)发生了必须暂时停止施工的紧急事件。

5)承包单位未经许可擅自施工，或拒绝项目管理机构管理。

(6)“__________部位(工序)”：指根据停工原因的影响范围和影响程度，填写本暂停指令所停工工程的范围。

(7)要求做好各项工作：指工程暂停后要求承包单位所做的有关工作，如对停工工程的保护措施，针对工程质量问题的整改、预防措施等。

(8)当引起工程暂停的原因不是非常紧急(如由于建设单位的资金问题、拆迁等)，同时工程暂停会影响一方(尤其是承包单位)的利益时，总监理工程师应在签发暂停令之前，就工程暂停引起的工期和费用补偿等与承包单位、建设单位进行协商，如果总监理工程师认为暂停施工是妥善解决的较好办法时，也应当签发工程暂停令。

(9)签发工程暂停令时，必须注明是全部停工还是局部停工，不得含混。

(10)建设单位要求停工的，但是监理工程师经过独立判断，也认为有必要暂停施工时，可签发工程暂停指令，反之，经过总监理工程师的独立判断，认为没有必要停工，则不应签发工程暂停令。

(11)当发生上述第(5)条第2)、3)、4)款的情况时，不论建设单位是否要求停工，总监理工程师均应按程序签发工程暂停令。

表 A1 **工程开工/复工报审表**

工程名称：××工程　　　　编号：×××

<table>
<tr><td>
致：××监理公司（监理单位）
我方承担的　××　工程，已完成了以下各项工作，具备了~~开工~~/复工条件，特此申请施工，请核查并签发~~开工~~/复工指令。
附：
(1)对第二层④～⑦/Ⓐ～Ⓗ轴范围内的砌体及构造柱已按工程变更单(编号:×××)的要求施工完毕。
(2)对完成的工程变更单的内容自检合格。

承包单位(章)　××建筑工程公司
项目经理　×××
日期　××年×月×日
</td></tr>
<tr><td>
审查意见：

(1)承包单位已完成工程变更单所发生的工程项目。
(2)工程暂停的原因已经消除，证据齐全、有效。
综上所述，工程具备了复工条件，同意复工！

项目监理机构　××监理公司××项目监理部
总监理工程师　×××
日期　××年×月×日
</td></tr>
</table>

《工程复工报审表》填表说明：

(1)工程暂停原因消失，承包单位向项目监理机构申请复工。

(2)对项目监理机构不同意复工的复工报审，承包单位按要求完成后仍用该表报审。

(3)"________工作"：填写相应停工工程项目名称。

(4)附件：工程暂停原因是由承包单位的原因引起时，承包单位应报告整改情况和预防措施；工程暂停原因是由非承包单位的原因引起时，承包单位仅提供工程暂停原因消失证明。

(5)审查意见：总监理工程师应指定专业监理工程师对复工条件进行复核，在施工合同约定的时间内完成对复工申请的审批，符合复工条件的签署"工程具备了复工条件，同意复工"；不符合复工条件的签署"不同意复工"，并注明不同意复工的原因和对承包单位的要求。

(6)复工申请的审查程序：

1)承包单位按《工程暂停令》的要求，自查符合了复工条件向项目监理机构报送《工程复工报审表》及其附件。

2)总监理工程师应及时指定监理工程师进行审查，工程暂停是由非承包单位原因引起时，签认《工程复工报审表》时，只需要看引起暂停施工的原因是否还存在；工程暂停是由承包单位的原因引起时，复工审查时不仅要审查其停工因素是否消除，还要审查其是否查清了导致停工因素产生的原因和制定了针对性的整改措施、预防措施，还要复核其各项措施是否得到贯彻落实。

3)总监理工程师根据审查情况，应当在收到《工程复工报审表》后48h内完成对复工申请的审批。项目监理机构未在收到承包人复工申请后48h(或施工合同规定时间)内提出审查意见，承包单位可自行复工。

四、工程质量控制资料

表 A3　　　　分包单位资格报审表

工程名称：××工程　　　　编号：×××

致：××监理公司（监理单位）

经考察，我方认为拟选择的××工程公司（分包单位）具有承担下列工程的施工资质和施工能力，可以保证本工程项目按合同的规定进行施工。分包后，我方仍承担总包单位的全部责任。请予以审查和批准。

附：

(1)分包单位资质材料：《建筑业企业资质证书》(复印件)、《企业法人营业执照》(副本)。

(2)分包单位业绩材料。(近三年完成的与分包工程工作内容类似工程及工程质量的情况)

分包工程名称(部位)	工程数量	拟分包工程合同额	分包工程占全部工程
混凝土结构工程		××万(人民币)	×%
钢结构工程		××万(人民币)	×%
合　计		××万(人民币)	×%

承包单位(章)　×××建筑工程公司

项目经理　×××

日期　××年×月×日

专业监理工程师审查意见：

该分包单位具备分包条件，拟同意分包，请总监理工程师审核。

(如认为不具备分包条件应简要指出不符合条件之处，并签署“拟不同意分包，请总监理工程师审查”的意见)

专业监理工程师　×××

日期　××年×月×日

总监理工程师审查意见：

同意(不同意)分包。

(如不同意专业监理工程师意见，应简要指明与专业监理工程师的审查意见的不同之处，并签认是否同意分包的意见)

项目监理机构　××监理公司××项目监理部

总监理工程师　×××

日期　××年×月×日

《分包单位资格报审表》填表说明：

(1)分包单位资格报审是总承包单位在分包工程开工前，对分包单位的资格报项目监理机构审查确认。

(2)未经总监理工程师确认，分包单位不得进场施工，总监理工程师对分包单位资格的确认不解除总承包单位应负的责任。

(3)施工合同中已明确或经过招标确认的分包单位(即建设单位书面确认的分包单位)，承包单位可不再对分包单位资格进行报审。

(4)分包单位：按所报分包单位《企业法人营业执照》全称填写。

(5)分包单位资质材料：指按建设部第87号令颁布的《建筑业企业资质管理规定》，经建设行政主管部门进行资质审查核发的，具有相应专业承包企业资质等级和建筑业劳务分包企业资质的《建筑业企业资质证书》和《企业法人营业执照》副本。

(6)分包单位业绩材料：指分包单位近三年完成的与分包工程工作内容类似工程及工程质量的情况。

(7)分包工程名称(部位)：指拟分包给所报分包单位的工程项目名称(部位)。

(8)工程数量：指分包工程项目的工作量(工程量)。

(9)拟分包工程合同额：指在拟签订的分包合同中签订的金额。

(10)分包工程占全部工程：指分包工程工作量占全部工程工作量的百分比。

(11)专业监理工程师审查意见：专业监理工程师应对承包单位所报材料逐一进行审核，主要审查内容：对取得施工总承包企业资质等级证书的分包单位，审查其核准的营业范围与拟承担的分包工程是否相符；对取得专业承包企业资质证书的分包单位，审查其核准的等级和范围与拟承担分包工程是否相符；对取得建筑业劳务分包企业资质的，审查其核准的资质与拟承担的分包工程是否相符。在此基础上，项目监理机构和建设单位认为必要时，会同承包单位对分包单位进行考查，主要核实承包单位的申报材料与实际情况是否属实。

专业监理工程师在审查承包单位报送分包单位有关资料，考查核实的(必要时)基础上，提出审查意见、考察报告(必要时)附报审表后，根据审查情况，如认定该分包单位具备分包条件，则批复“该分包单位具备分包条件，拟同意分包，请总监理工程师审核”，如认为不具备分包条件应简要指出不符合条件之处，并签署“拟不同意分包，请总监理工程师审查”的意见。

(12)总监理工程师审批意见：总监理工程师对专业监理工程师的审查意见、考察报告进行审核，如同意专业监理工程师意见，签署“同意(不同意)分包”；如不同意专业监理工程师意见，应简要指明与专业监理工程师的审查意见的不同之处，并签认是否同意分包的意见。

(13)分包单位资格报审程序：

1)承包单位应在工程项目开工前或拟分包的分项、分部工程开工前，填写《分包单位资格报审表》，附上经其自审认可的分包单位的有关资料，报项目监理机构审核。

2)项目监理机构应在施工合同规定的期限内完成或提出进一步补充有关资料的审批工作。

3)项目监理机构和建设单位认为必要时，可会同承包单位对分包单位进行实地考察，以验证分包单位有关资料的真实性。

4)分包单位的资格符合有关规定并满足工程需要，由总监理工程师签发《分包单位资格报审表》予以确认。

5)分包合同签订后，承包单位将分包合同报项目监理机构备案。

(14)分包单位资格报审内容：

1)分包单位的营业执照、企业资质等级证书、特种行业施工许可证、国外(境外)企业在国内承包工程许可证。

2)分包单位的业绩。

3)分包工程内容和范围。

4)专职管理人员和特种作业人员的资格证、上岗证。

表 A4　　　　隐蔽(检验批、分项、分部)工程 报验申请表

工程名称：××工程　　　　　　　　　　　　　　　　编号：×××

致：××监理公司(监理单位)

我单位已完成了 ××工程××隐蔽(检验批、分项、分部)工程的施工 工作，现报上该工程报验申请表，请予以审查和验收。

附件：

《隐蔽工程报验申请表》应附有《隐蔽工程验收记录》和有关分项(检验批)工程质量验收及测试资料等内容。

《检验批工程报验申请表》应附有《检验批质量验收记录》、施工操作依据和质量检查记录等内容。

《分项工程报验申请表》应附有《分项工程质量验收记录》等内容。

《分部(子分部)工程报验申请表》应附有《分部(子分部)工程质量验收记录》及工程质量验收规范要求的质量控制资料、安全和功能检验(检测)报告、观感质量验收资料等内容。

承包单位(章) ××建筑工程公司

项目经理 ×××

日期 ××年×月×日

审查意见：

(1)所报附件材料真实、齐全、有效。

(2)所报隐蔽(检验批、分项、分部)工程施工质量符合施工验收规范和设计要求。

综上所述，该隐蔽(检验批、分项、分部)工程施工质量可评为合格。

(对未经监理人员验收或验收不合格的、需旁站而未旁站或没有旁站记录、或旁站记录签字不全的隐蔽工程、检验批，监理工程师不得签认，承包单位严禁进行下一道工序的施工。)

项目监理机构 ××监理公司××项目监理部

总/专业监理工程师 ×××

日期 ××年×月×日

《________工程报验申请表》填表说明：

(1)承包单位按约定的验收单元施工完毕，自检合格后报请项目监理机构检查验收。

(2)本表是隐蔽工程、检验批、分项工程、分部工程报验通用表。报验时按实际完成的工程名称填写。

(3)任一验收单元，未经项目监理机构验收确认不得进行下一工序。

(4)审查意见：专业监理工程师对所报隐蔽工程、检验批、分项工程资料认真核查，确认资料是否齐全、填报是否符合要求，并根据现场实地检查情况按表式项目签署审查意见，分部工程由总监理工程师组织验收，并签署验收意见。

(5)分包单位的报验资料，必须经总包单位审核后方可向监理单位报验。因此相关部位的签名必须由总包单位相应人员签署。

(6)工程报验程序：

1)隐蔽工程验收：

①隐蔽工程施工完毕，承包单位自检合格，填写《隐蔽工程报验申请表》，附《隐蔽工程验收记录》和有关分项(检验批)工程质量验收及测试资料向项目监理机构报验。

②承包单位应在隐蔽验收前48h以书面形式通知监理验收内容、验收时间和地点。

③专业监理工程师应准时参加隐蔽工程验收，审核其自检结果和有关资料，现场实物检查、检测，符合要求的予以签认。否则，专业监理工程师应签发《监理工程师通知单》，详实指出不符合之处，要求承包单位整改。

2)检验批工程质量验收：

①检验批施工完毕，承包单位自检合格，填写《检验批工程报验申请表》，附《检验批质量验收记录》和施工操作依据、质量检查记录向项目监理机构报验。

②承包单位应在检验批验收前48h以书面形式通知监理验收内容、验收时间和地点。

③专业监理工程师应按时组织承包单位项目专业质量检查员等进行验收，现场实物检查、检测，审核其有关资料，主控项目和一般项目的质量经抽样检查合格；施工操作依据、质量检查记录完整、符合要求，专业监理工程师应予以签认。否则，专业监理工程师应签发《监理工程师通知单》，详细指出不符合之处，要求承包单位整改。

④承包单位按《监理工程师通知单》要求整改完毕，自检合格后用《监理工程师通知回复单》报项目监理机构复核，符合要求后予以确认。

3)对未经监理人员验收或验收不合格的、需旁站而未旁站或没有旁站记录、或旁站记录签字不全的隐蔽工程、检验批，监理工程师不得签认，承包单位严禁进行下一道工序的施工。

4)分项工程质量验收：

①分项工程所含的检验批全部通过验收，承包单位整理验收资料，在自检评定合格后填写《分项工程报验申请表》，附《分项质量验收记录》报项目监理机构。

②专业监理工程师组织承包单位项目专业技术负责人等进行验收，对承包单位所报资料和该分项工程的所有检验批质量检查记录进行审查，构成分项工程的各检验批的验收资料文件完整，并且均已验收合格，专业监理工程师予以签认。

5)分部(子分部)工程质量验收：

①分部(子分部)工程所含的分项工程全部通过验收，承包单位整理验收资料，在自检评定合格后填写《分部(子分部)工程报验申请表》，附《分部(子分部)工程质量验收记录》及工程质量验收规范要求的质量控制资料、安全和功能检验(检测)报告等向项目监理机构报验；

②承包单位应在验收前72h以书面形式通知监理验收内容、验收时间和地点。总监理工程

师按时组织承包单位项目经理(项目负责人)和技术、质量负责人等进行验收;地基与基础、主体结构分部工程的勘察、设计单位工程项目负责人和承包单位技术、质量部门负责人也应参加相关分部工程验收。

③分部(子分部)工程质量验收含报验资料核查和实体质量抽样检测(检查)。分部(子分部)工程所含分项工程的质量均已验收合格;质量控制资料完整;地基与基础、主体结构和设备安装等分部工程有关安全及功能的检验和抽样检测结果均符合有关规定;观感质量验收符合要求。总监理工程师应予以确认,在《分部(子分部)工程质量验收记录》签署验收意见,各参加验收单位项目负责人签字。否则,总监理工程师应签发《监理工程师通知单》,指出不符合之处,要求承包单位整改。

④承包单位按《监理工程师通知单》要求整改完毕,自检合格后用《监理工程师通知回复单》报项目监理机构复核,符合要求后予以确认。

表 A9 **工程材料/构配件/设备报审表**

工程名称：××工程　　　　编号：×××

致：××监理公司（监理单位）

我方于 ×× 年 × 月 × 日进场的工程材料/构配件/设备数量如下（见附件）。现将质量证明文件及自检结果报上，拟用于下述部位：

(1)②～⑥/Ⓑ～Ⓓ轴、+3.500～+6.500 现浇混凝土柱、梁、板的配筋

(2)+9.500～+15.500 所有门窗洞口过梁配筋口过梁配筋， 请予以审核。

附件：

(1)数量清单：

工程材料/构配件/设备名称	主要规格	单位	数量	取样报审表编号
光圆钢筋	HPB235/ϕ8	t	××	××××
光圆钢筋	HPB235/ϕ14	t	××	××××
热轧带肋钢筋	HRB335/⌀14	t	××	××××
热轧带肋钢筋	HRB335/⌀16	t	××	××××
热轧带肋钢筋	HRB335/⌀20	t	××	××××

(2)质量证明文件：

1)出厂合格证 5 页。（如出厂合格证无原件，有抄件或原件复印件亦可。但抄件或原件复印件上要注明原件存放单位，抄件人和抄件、复印件单位签名并盖公章）

2)厂家质量检验报告 5 页。

3)进场复试报告 5 页。（复试报告一般应提供原件）

(3)自检结果：

工程材料质量证明资料齐全，观感质量及进场复试检验结果合格。

承包单位(章) ××建筑工程公司

项目经理 ×××

日期 ××年×月×日

审查意见：

经检查上述工程材料/构配件/设备，符合/不符合设计文件和规范的要求，准许/不准许进场，同意/不同意使用于拟定部位。

项目监理机构 ××监理公司××项目监理部

总/专业监理工程师 ×××

日期 ××年×月×日

《工程材料/构配件/设备报审表》填表说明：

(1)工程材料/构配件/设备报审是承包单位对拟进场的主要工程材料、构配件、设备，在自检合格后报项目监理机构进行进场验收。

(2)对未经监理人员验收或验收不合格的工程材料、构配件、设备，监理人员应拒绝签认，承包单位不得在工程上使用，并应限期将不合格的材料、构配件、设备撤出现场。

(3)拟用于部位：指工程材料、构配件、设备拟用于工程的具体部位。

(4)材料/构配件/设备清单：按表列括号内容用表格形式填报。

(5)工程材料/构配件/设备质量证明资料：指生产单位提供的证明工程材料/构配件/设备质量合格的证明资料。如：合格证、性能检测报告等。凡无国家或省正式标准的新材料、新产品、新设备应有省级及以上有关部门鉴定文件。凡进口的材料、产品、设备应有商检的证明文件。如无出厂合格证原件，有抄件或原件复印件亦可。但抄件或原件复印件上要注明原件存放单位，抄件人和抄件、复印件单位签名并盖公章。

(6)自检结果：指所购材料、构配件、设备的承包单位对所购材料、构配件、设备，按有关规定进行自检及复试的结果。对建设单位采购的主要设备进行开箱检查监理人员应进行见证，并在其开箱检查记录签字。复试报告一般应提供原件。

(7)专业监理工程师审查意见：专业监理工程师对报验单所附的材料、构配件、设备清单、质量证明资料及自检结果认真核对，在符合要求的基础上对所进场材料、构配件、设备进行实物核对及观感质量验收，查验是否与清单、质量证明资料合格证及自检结果相符、有无质量缺陷等情况，并将检查情况记录在监理日记中，根据检查结果，如符合要求，将“不符合”、“不准许”、及“不同意”用横线划掉，反之，将“符合”、“准许”及“同意”划掉，并指出不符合要求之处。

(8)工程材料/构配件/设备报审程序：

1)承包单位应对拟进场的工程材料、构配件和设备(包括建设单位采购的工程材料、构配件、设备)，按有关规定对工程材料进行自检和复试，对构配件进行自检，对设备进行开箱检查，符合要求后填写《工程材料/构配件/设备报审表》，并附上清单、质量证明资料及自检结果报项目监理机构。

2)专业监理工程师应对承包单位报送的《工程材料/构配件/设备报审表》及其质量证明等资料进行审核，并应对进场的工程材料、构配件和设备实物，按照委托监理合同的约定或有关工程质量管理文件的规定比例，进行见证取样送检(见证取样送检情况应记录在监理日志中)。

3)对进口材料、构配件和设备，应按照事先约定，由建设单位、承包单位、供货单位、项目监理机构及其他有关单位进行联合检查，检查情况及结果应整理成纪要，并有有关各方代表签字。

4)经专业监理工程师审核检查合格，签认《工程材料/构配件/设备报审表》，对未经专业监理工程师验收或验收不合格的工程材料、构配件和设备，专业监理工程师应拒绝签认，并签发《监理工程师通知单》，书面通知承包单位限期运出现场。

表 A6

监理工程师通知回复单

工程名称：××工程　　　　编号：×××

<table>
<tr><td>
致：××监理公司（监理单位）

我方接到编号为×××的监理工程师通知后，已按要求完成了对混凝土出现水平裂缝质量问题的整改工作，现报上，请予以复查。

详细内容：
我项目部收到编号为×××的《监理工程师通知单》后，立即组织有关人员对现场已完成的混凝土出现水平裂缝进行了全面的质量复查，共发现此类问题 10 处。并立即进行了整改处理：
(1)纠正模板倾斜度不够或反倾斜度的现象。
(2)经常清除粘在模板表面的杂物及混凝土。
(3)对于因气温过高，混凝土凝结速度快，滑升速度不能再提高的问题，应调整混凝土的配合比或加入缓凝剂，以控制混凝土的凝结速度。
(4)对混凝土表面出现的细小裂纹，可用铁抹子压实。
(5)对出现的轻微裂缝，可剔除裂缝部分的混凝土，补上较原混凝土强度等级高一级的减半石混凝土或水泥砂浆。
经自检达到了《混凝土结构工程施工质量验收规范》(GB 50204—2002)的要求。同时对混凝土结构工程施工人员进行了质量意识教育，并保证在今后的施工过程中严格控制施工质量，确保工程质量目标的实现。

承包单位(章)××建筑工程公司
项目经理×××
日期××年×月×日
</td></tr>
<tr><td>
审查意见：

经对编号为×××《监理工程师通知单》提出的问题的复查，项目部已按《监理工程师通知单》整改完毕，经检查符合要求。
(如不符合要求，应具体指明不符合要求的项目或部位，签署“不符合要求，要求承包单位继续整改”的意见)

项目监理机构××监理公司××项目监理部
总/专业监理工程师×××
日期××年×月×日
</td></tr>
</table>

《监理工程师通知回复单》填表说明：

(1)承包单位落实《监理工程师通知单》后，报项目监理机构检查复核。

(2)承包单位完成《监理工程师通知回复单》中要求继续整改的工作后，仍用此表回复。

(3)涉及应总监理工程师审批工作内容的回复单，应由总监理工程师审批。

(4)“我方收到编号为________”：填写所回复的《监理工程师通知单》的编号。

(5)“完成了________工作”：按《监理工程师通知单》要求完成的工作填写。

(6)详细内容：针对《监理工程师通知单》的要求，简要说明落实过程、结果及自检情况，必要时附有关证明资料。

(7)复查意见：专业监理工程师应详细核查承包单位所报的有关资料，符合要求后针对工程质量实体的缺陷整改进行现场检查，符合要求后填写“已按《监理工程师通知单》整改完毕，经检查符合要求”的意见，如不符合要求，应具体指明不符合要求的项目或部位，签署“不符合要求，要求承包单位继续整改”的意见。

表 B1　　　　　　　　　　　　　　监理工程师通知单

工程名称：××工程　　　　　　　　　　　　　　　　　　　　编号：×××

致：××建筑工程公司（单位）

事由：

用于拌制混凝土和砂浆的水泥未按规定执行有见证取样和送检制度。

内容：

依照有关文件和现行建筑工程施工质量验收规范及标准的要求，用于拌制混凝土和砂浆的水泥必须严格执行有见证取样及送检制度。见证组数应为总组数的30%，10组以下不少于2组，同时注意取样的连续性和均匀性，避免集中。

为此特发此通知，要求施工单位针对此项目的问题进行认真检查，并将检查结果报项目监理部。

项目监理机构　××监理公司××项目监理部

总/专业监理工程师　×××

日期　××年×月×日

《监理工程师通知单》填表说明：

(1)在监理工作中，项目监理机构按委托监理合同授予的权限，对承包单位发出指令、提出要求，除另有规定外，均应采用此表。监理工程师现场发出的口头指令及要求，也应采用此表予以确认。

(2)监理通知，承包单位应签收和执行，并将执行结果用《监理工程师通知回复单》报监理机构复核。

(3)事由：指通知事项的主题。

(4)内容：在监理工作中，项目监理机构按委托监理合同授予的权限，对承包单位所发出的指令提出要求。针对承包单位在工程施工中出现的不符合设计要求、不符合施工技术标准、不符合合同约定的情况及偷工减料、使用不合格的材料、构配件和设备，纠正承包单位在工程质量、进度、造价等方面的违规、违章行为。

(5)承包单位对监理工程师签发的监理通知中的要求有异议时，应在收到通知后24h内向项目监理机构提出修改申请，要求总监理工程师予以确认，但在未得到总监理工程师修改意见前，承包单位应执行专业监理工程师下发的《监理工程师通知单》。

不合格项处置记录

工程名称 ××工程　　　　编号 ×××

不合格项发生部位与原因：

致 ××建筑工程公司（单位）：

由于以下情况的发生，使你单位在 第五层②～⑥/Ⓑ～Ⓗ轴墙体施工时 发生严重☑/一般☐不合格项，请及时采取措施予以整改。

具体情况：

为控制第五层②～⑥/Ⓑ～Ⓗ轴墙体钢筋保护层厚度，应点焊连接梯子定位钢筋。经检查梯子筋制作的各部位尺寸，发现间距较小、竖向定位筋顶模板端部未磨平且未刷防锈漆。

☐自行整改

☑整改后报我方验收

签发单位名称 ××监理公司　签发人（签字）×××　日期 ××年×月×日

不合格项改正措施：

点焊连接梯子定位筋，梯子筋制作尺寸、间距符合要求，竖向定位筋顶模板端部磨平，刷防锈漆。

整改限期 ××年×月×日前完成

整改责任人（签字）×××

单位负责人（签字）×××

不合格项整改结果：

致：××监理公司（签发单位）：

根据你方指示，我方已完成整改，请予以验收。

单位负责人（签字）：×××

日期：××年×月×日

整改结论：

同意验收。

验收单位名称 ××监理公司

验收人（签字）×××

日期 ××年×月×日

《不合格项处置记录》填表说明：

(1)监理工程师在隐蔽工程验收和检验批验收中，针对不合格的工程应填写《不合格项处置记录》。

(2)本表由下达方填写，整改方填报整改结果。本表也适用于监理单位对项目监理部的考核工作。

(3)“使你单位在＿＿＿＿＿＿发生”栏填写不合格项发生的具体部位。

(4)“发生严重□/一般□不合格项”栏根据不合格项的情况来判定其性质，当发生严重不合格项时，在“严重”选择框处划“√”；当发生一般不合格项时，在“一般”选择框处划“√”。

(5)“具体情况”栏由监理单位签发人填写不合格项的具体内容，并在“自行整改”或“整改后报我方验收”选择框处划“√”。

(6)“签发单位名称”栏应填写监理单位名称。

(7)“签发人”栏应填写签发该表的监理工程师或总监理工程师。

(8)“不合格项改正措施”栏由整改方填写具体的整改措施内容。

(9)“整改期限”栏指整改方要求不合格项整改完成的时间。

(10)“整改责任人”栏为一般为不合格项所在工序的施工负责人。

(11)“单位负责人”栏为整改责任人所在单位或部门负责人。

(12)“不合格项整改结果”栏填写整改完成的结果，并向签发单位提出验收申请。

(13)“整改结论”栏根据不合格项整改验收情况由监理工程师。

(14)“验收单位名称”为签发单位，即监理单位。

(15)“验收人”栏为签发人，即监理工程师或总监理工程师。

旁站监理记录

编号：×××

工程名称	××工程	日　期	××年×月×日
气　候	最高气温 32℃　最低气温 24℃　风力:2～3 级		
旁站监理的部位或工序:屋面①～⑧/Ⓐ～Ⓓ轴混凝土浇筑			
旁站监理开始时间:××年×月×日　10:00			
旁站监理结束时间:××年×月×日　15:20			
施工情况: 采用商品混凝土,混凝土强度等级为 C25,配合比编号为×××。现场采用汽车泵 1 台进行混凝土的浇筑施工。			
监理情况: 检查混凝土坍落度 4 次,实测坍落度为 150mm,符合混凝土配合比的要求。制作混凝土试块 2 组(编号:××、××,其中编号为××的试块为见证试块),混凝土浇筑过程符合施工验收规范的要求。			
发现问题: 混凝土浇筑后没有及时进行覆盖。			
处理意见: 在混凝土表面覆盖塑料布进行养护。			
备注:			
承包单位名称:××建筑工程公司 质检员(签字):××× ××年×月×日		监理单位名称:××监理公司 旁站监理人员(签字):××× ××年×月×日	

《旁站监理记录》填表说明：

(1)旁站监理记录是指监理人员在房屋建筑工程施工阶段监理中，对关键部位、关键工序的施工质量，实施全过程现场跟班的监督活动所见证的有关情况的记录。

(2) 房屋建筑工程的关键部位、关键工序包括：

1)在基础工程方面包括：土方回填、混凝土灌注桩浇筑，地下室连续墙、土钉墙、后浇带及其他混凝土、防水混凝土浇筑，卷材防水层细部构造处理，钢结构安装。

2)主体结构工程方面：梁柱节点钢筋隐蔽过程，混凝土浇筑，预应力张拉，装配式结构安装，钢结构安装，网架结构安装，索膜安装。

(3) 承包单位根据项目监理机构制定的旁站监理方案，在需要实施的关键部位、关键工序进行施工前 24h，书面通知项目监理机构。

(4)凡旁站监理人员和承包单位现场质检人员未在旁站监理记录上签字的，不得进行下一道工序的施工。

(5)凡上述第(2)条规定的关键部位、关键工序未实施旁站监理或没有旁站监理记录的，专业监理工程师或总监理工程师不得在相应文件上签字。

(6)旁站监理记录在工程竣工验收后，由监理单位归档备查。

(7)施工情况：指所旁站部位(工序)的施工作业内容、主要施工机械、材料、人员和完成的工程数量等。

(8)监理情况：指旁站人员对施工作业情况的监督检查，其主要内容包括：

1)承包单位现场质检人员到岗情况、特殊工种人员持证上岗以及施工机械、建筑材料准备情况。

2)在现场跟班监督关键部位、关键工序的施工执行施工方案以及工程建设强制性标准情况。

3)核查进场建筑材料、建筑构配件、设备和商品混凝土的质量检验报告等。

(9)对旁站时发现的问题可先口头通知承包单位改正，然后应及时签发《监理工程师通知单》。

五、工程造价控制资料

表 A5　　　　　　　　　　　　　**工程款支付申请表**

工程名称：××工程　　　　　　　　　　　　　　　　　　　　　　　　编号：×××

致：××监理公司（监理单位）

我方已完成了 ±0.000～+10.500 的主体结构工程施工 工作，按施工合同的规定，建设单位应在 ×× 年 × 月 × 日前支付该项工程款共(大写) 壹佰叁拾伍万柒仟贰佰捌拾玖元整 （小写：￥1357289.00），现报上 ××大厦 工程付款申请表，请予以审查并开具工程款支付证书。

附件：

(1)工程量清单。

(略)

(2)计算方法。

(略)

承包单位(章) ××建筑工程公司

项目经理 ×××

日期 ××年×月×日

《工程款支付申请表》填表说明：

(1)承包单位根据施工合同中工程款支付约定，向项目监理机构申请开具工程款支付证书。

(2)申请支付工程款金额包括合同内工程款、工程变更增减费用、批准的索赔费用，扣除应扣预付款、保留金及施工合同中约定的其他费用。

(3)"我方已完成了______工作"：填写经专业监理工程师验收合格的工程；定期支付进度款的填写本支付期内经专业监理工程师验收合格工程的工作量。

(4)工程量清单：指本次付款申请中的经专业监理工程师验收合格工程的工程量清单统计报表。

(5)计算方法：指以专业监理工程师签认的工程量按施工合同约定采用的有关定额（或其他计价方法的单价）的工程价款计算。

(6)根据施工合同约定，需建设单位支付工程预付款的，也采用此表向监理机构申请支付。

(7)工程款申请中如有其他和付款有关的证明文件和资料时，应附有相关证明资料。

表 B3

工程款支付证书

工程名称：××工程　　　　　　　　　　　　　　　　编号：×××

致：××建筑工程公司（承包单位）

根据施工合同的规定，经审核承包单位的付款申请和报表，并扣除有关款项，同意本期支付工程款共（大写）贰佰柒拾万叁仟肆佰玖拾捌元整（小写：¥2703498）。请按合同规定及时付款。

其中：

(1)承包单位申报款为：贰佰玖拾陆万伍仟肆拾元整

(2)经审核承包单位应得款为：贰佰捌拾叁万柒仟零伍拾伍元整

(3)本期应扣款为：壹拾叁万叁仟伍佰伍拾柒元整

(4)本期应付款为：贰佰柒拾万叁仟肆佰玖拾捌元整

附件：

(1)承包单位的工程付款申请表及附件。

(2)项目监理机构审查记录。(略)

项目监理机构　××监理公司××项目监理部

总监理工程师　×××

日期　××年×月×日

《工程款支付证书》填表说明：

(1)《工程款支付证书》是项目监理机构在收到承包单位的《工程款支付申请表》，根据施工合同和有关规定审查复核后签署的应向承包单位支付工程款的证明文件。

(2)建设单位：指建筑施工合同中的发包人。

(3)承包单位申报款：指承包单位向监理机构申报《工程款支付申请表》中申报的工程款额。

(4)经审核承包单位应得款：指经专业监理工程师对承包单位向监理机构填报《工程款支付申请表》审核后，核定的工程款额。包括合同内工程款、工程变更增减费用、经批准的索赔费用等。

(5)本期应扣款：指施工合同约定本期应扣除的预付款、保留金及其他应扣除的工程款的总和。

(6)本期应付款：指经审核承包单位应得款额减本期应扣款额的余额。

(7)承包单位的工程付款申请表及附件：指承包单位向监理机构申报的《工程款支付申请表》及其附件。

(8)项目监理机构审查记录：指总监理工程师指定专业监理工程师，对承包单位向监理机构申报的《工程款支付申请表》及其附件的审查记录。

(9)总监理工程师指定专业监理工程师对工程款支付申请中包括合同内工作量、工程变更增减费用、经批准的费用索赔、应扣除的预付款、保留金及施工合同约定的其他支付费用等项目应逐项审核，并填写审查记录，提出审查意见报总监理工程师审核签认。

表 A8　　　　　　　　　　　　费用索赔申请表

工程名称：××工程　　　　　　　　　　　　　　　　　　　　　　编号：×××

致：××监理公司（监理单位）

根据施工合同条款 × 条的规定，由于 **五层②～⑦/Ⓑ～Ⓗ轴混凝土工程已按原设计图施工完毕，设计单位变更通知修改，按洽商附图施工的** 原因，我方要求索赔金额（大写）**贰拾玖万叁仟零伍拾** 元，请予以批准。

索赔的详细理由及经过：

五层②～⑦/Ⓑ～Ⓗ轴混凝土工程已按施工图纸（结－10，结－1）施工完毕后，设计单位变更通知修改，以核发的新设计图为准。因平面布置、配筋等均发生重大变动，造成我方直接经济损失。

索赔金额的计算：

（根据实际情况，依照工程概预算定额计算）

附：证明材料。

工程洽商记录及附图

（证明材料主要包括有：合同文件；监理工程师批准的施工进度计划；合同履行过程中的来往函件；施工现场记录；工地会议纪要；工程照片；监理工程师发布的各种书面指令；工程进度款支付凭证；检查和试验记录；汇率变化表；各类财务凭证；其他有关资料。）

承包单位 ××建筑工程公司

项目经理 ×××

日期 ××年×月×日

《费用索赔申请表》填表说明：

(1)费用索赔申请是承包单位向建设单位提出费用索赔，报项目监理机构审查、确认和批复。

(2)“根据合同条款________条的规定”：填写提出费用索赔所依据的施工合同条目。

(3)“由于________原因”：填写导致费用索赔的事件。

(4)索赔的详细理由及经过：指索赔事件造成承包单位直接经济损失，索赔事件是由于非承包单位的责任发生的等情况的详细理由及事件经过。

(5)索赔金额计算：指索赔金额计算书，索赔的费用内容一般包括：人工费、设备费、材料费、管理费等。

(6)证明材料：指上述两项所需的各种证明材料，包括如下内容：合同文件；监理工程师批准的施工进度计划；合同履行过程中的来往函件；施工现场记录；工地会议纪要；工程照片；监理工程师发布的各种书面指令；工程进度款支付凭证；检查和试验记录；汇率变化表；各类财务凭证；其他有关资料。

(7)费用索赔的报审程序：

1)承包单位在施工合同规定的期限(索赔事件发生后 28 天)内，向项目监理机构提交对建设单位的费用索赔意向通知。

2)总监理工程师指定专业监理工程师收集与索赔有关资料，如各项记录、报表、文件、会议纪要等。

3)承包单位在承包合同规定的期限(发出索赔意向通知后 28 天)内向项目监理机构提交对建设单位的《费用索赔申请表》。

4)总监理工程师根据承包单位报送的《费用索赔审批表》，安排专业监理工程师进行审查，在符合《建设工程监理规范》第 6.3.2 条规定的条件时，予以受理。但是依法成立的施工合同另有规定时，按施工合同办理。

(8)承包单位向建设单位索赔的原因主要有：①合同文件内容出错引起的索赔；②由于图纸延迟交出造成索赔；③由于不利的实物障碍和不利的自然条件引起索赔；④由于建设单位提供的水准点、基线等测量资料不准确造成的失误与索赔；⑤承包单位依据专业监理工程师意见，进行额外钻孔及勘探工作引起索赔；⑥由建设单位风险所造成的损害的补救和修复所引起的索赔；⑦因施工中承包单位开挖到化石、文物、矿产等珍贵物品，要停工处理引起的索赔；⑧由于需要加强道路与桥梁结构以承受“特殊超重荷载”而索赔；⑨由于建设单位雇佣其他承包单位的影响，并为其他承包单位提供服务提出索赔；⑩由于额外样品与试验而引起索赔；⑪由于对隐蔽工程的揭露或开孔检查引起的索赔；⑫由于工程中断引起的索赔；⑬由于建设单位延迟移交土地引起的索赔；⑭由于非承包单位原因造成了工程缺陷需要修复而引起的索赔；⑮由于要求承包单位调查和检查缺陷而引起的索赔；⑯由于工程变更引起的索赔；⑰由于变更合同总价格超过有效合同价的 15%而引起索赔；⑱由于特殊风险引起的工程被破坏和其他款项支出而提出的索赔；⑲因特殊风险使合同终止后的索赔；⑳因合同解除后的索赔；㉑建设单位违约引起工程终止等的索赔；㉒由于物价变动引起的工程成本的增减的索赔；㉓由于后继法规的变化引起的索赔；㉔由于货币及汇率变化引起的索赔。

表 B6 **费用索赔审批表**

工程名称：××工程 编号：×××

致：××建筑工程公司（承包单位）

根据施工合同条款 × 条的规定，你方提出的因工程设计变更而造成的费用索赔申请（第 ××× 号），索赔（大写）壹拾万伍仟肆佰陆拾贰元整，经我方审核评估：

□ 不同意此项索赔。

☑ 同意此项索赔，金额为（大写）壹拾万伍仟肆佰陆拾贰元整。

同意/~~不同意~~索赔的理由：

(1)费用索赔属于非承包方的原因。

(2)费用索赔的情况属实。

索赔金额的计算：

(1)同意四层②～⑤/Ⓓ～Ⓕ轴构造柱钢筋拆除重作的费用。

(2)同意工程设计变更增加的合同外的施工项目的费用。

(3)工程延期 3 天，增加管理费 1000 元。

项目监理机构 ××监理公司××项目监理部

总监理工程师 ×××

日期 ××年×月×日

《费用索赔审批表》填表说明：

(1)总监理工程师应在施工合同约定的期限内签发《费用索赔报审表》，或发出要求承包单位提交有关费用索赔的进一步详细资料的通知。

(2)“根据施工合同条款______条的规定”：填写提出费用索赔所依据的施工合同条目。

(3)“我方对你方提出的______工程延期申请”：填写导致费用索赔的事件。

(4)审查意见：专业监理工程师应首先审查索赔事件发生后，承包单位是否在施工合同规定的期限内(28 天)，向专业监理工程师递交过索赔意向通知，如超过此期限，专业监理工程师和建设单位有权拒绝索赔要求；其次，审核承包单位的索赔条件是否成立；第三，应审核承包单位报送的《费用索赔申请表》，包括索赔的详细理由及经过，索赔金额的计算及证明材料；如不满足索赔条件，专业监理工程师应在“不同意此项索赔”前“□”内打“√”；如符合条件，专业监理工程师就初定的索赔金额向总监理工程师报告、由总监理工程师分别与承包单位及建设单位进行协商，达成一致或监理工程师公正地自主决定后，在“同意此项索赔”前“□”内打“√”，并把确定金额写明，如承包人对监理工程师的决定不同意，则可按合同中的仲裁条款提交仲裁机构仲裁。

(5)同意/不同意索赔的理由：同意索赔的理由应简要列明；对不同意索赔，或虽同意索赔但其中的不合理部分，如有下列情况应简要说明：①索赔事项不属于建设单位或监理工程师的责任，而是其他第三方的责任；②建设单位和承包单位共同负有责任，承包单位必须划分和证明双方责任大小；③事实依据不足；④施工合同依据不足；⑤承包单位未遵守意向通知要求；⑥施工合同中的开脱责任条款已经免除了建设单位的补偿责任；⑦承包单位已经放弃索赔要求；⑧承包单位没有采取适当措施避免或减少损失；⑨承包单位必须提供进一步证据；⑩损失计算夸大等。

(6)索赔金额的计算：指专业监理工程师对批准的费用索赔金额的计算过程及方法。

(7)索赔成立应同时满足以下三个条件的要求：

1)索赔事件造成了承包单位直接经济损失。

2)索赔事件是由于非承包单位的责任发生的。

3)承包人按合同规定的期限和程序提交了索赔意向通知书和《费用索赔申请表》，并附有索赔凭证材料。

(8)专业监理工程师在审查确定索赔批准额时，要审查以下三个方面：

1)索赔事件发生的合同责任。

2)由于索赔事件的发生，施工成本及其他费用的变化和分析。

3)索赔事件发生后，承包单位是否采取了减少损失的措施。承包单位报送的索赔额中，是否包含了让索赔事件任意发展而造成的损失额。

专业监理工程师将审查结果向总监理工程师报告，由总监理工程师与承包单位和建设单位协商。

(9)项目监理机构在确定索赔批准额时，可采用实际费用法，索赔批准额等于承包单位为了某项索赔事件所支付的合理实际开支减去施工合同中的计划开支，再加上应得的管理费等。对承包单位提出的费用索赔应注意，索赔费用只能是承包单位实际发生的费用，而且必须符合工程所在地区的有关法规和规定。另外绝大部分的费用索赔是不包括利润的，只涉及直接费和管理费，只有遇到工程变更时，才可以索赔到费用和利润。

第三节　竣工验收资料

一、工程竣工报验资料

表 A10　　　　　　　　　　**工程竣工报验单**

工程名称：××工程　　　　　　　　　　　　　　　　　　　　编号：×××

致：××监理公司（监理单位）

我方已按合同要求完成了 ×× 工程，经自检合格，请予以检查和验收。

附件：

(1)《单位(子单位)工程质量控制资料核查记录》。

(2)《单位(子单位)工程安全和功能检验资料核查及主要功能抽查记录》。

(3)《单位(子单位)工程观感质量检查记录》。

承包单位(章)　××建筑工程公司

项目经理　×××

日期　××年×月×日

审查意见：

经初步验收，该工程

(1)符合/~~不符合~~我国现行法律、法规要求。

(2)符合/~~不符合~~我国现行工程建设标准。

(3)符合/~~不符合~~设计文件要求。

(4)符合/~~不符合~~施工合同要求。

综上所述，该工程初步验收合格/~~不合格~~，可以/~~不可以~~组织正式验收。

项目监理机构　××监理公司××项目监理部

总监理工程师　×××

日期　××年×月×日

《工程竣工报验单》填表说明：

(1)单位(子单位)工程承包单位自检符合竣工条件后，向项目监理机构提出工程竣工验收。

(2)工程预验收通过后，总监理工程师应及时报告建设单位和编写《工程质量评估报告》文件。

(3)工程项目：指施工合同签订的达到竣工要求的工程名称。

(4)附件：指用于证明工程按合同约定完成并符合竣工验收要求的全部竣工资料。

(5)审查意见：总监理工程师组织专业监理工程师按现行的单位(子单位)工程竣工验收的有关规定逐项进行核查，并对工程质量进行预验收，根据核查和预验收结果，将"不符合"或"符合"用横线划掉；全部符合要求的，将"不合格"、"不可以"用横线划掉；否则，将"合格"、"可以"用横线划掉，并向承包单位列出不符合项目的清单和要求。

(6)单位(子单位)工程竣工应符合下列条件：

1)按承包合同已完成了设计文件的全部内容，且单位(子单位)工程所含分部(子分部)工程的质量均已验收合格。

2)质量控制材料完整。

3)单位(子单位)工程所含分部工程有关安全和功能的检测资料完整。

4)主要使用功能项目的抽查结果符合相关专业质量验收规范的规定。

5)观感质量验收符合要求。

(7)工程竣工预验报验程序：

1)单位(子单位)工程完成后，承包单位要依据质量标准、设计图纸等组织有关人员自检，并对检测结果进行评定，符合要求后填写《工程竣工报验单》并附工程验收报告和完整的质量资料报送项目监理机构，申请竣工预验收。

2)总监理工程师组织各专业监理工程师对竣工资料进行核查：构成单位工程的各分部工程均已验收，且质量验收合格；按《建筑工程施工质量验收统一标准》附录G(表G.0.1-2)和相关专业质量验收规范的规定，相关资料文件完整。

3)涉及安全和使用功能的分部工程有关安全和功能检验资料，按《建筑工程施工质量验收统一标准》附录G(表G.0.1-3)逐项复查。不仅要全面检查其完整性(不得有漏检缺项)。而且对分部工程验收时补充进行的见证抽样检验报告也要复查。

4)总监理工程师应组织各专业监理工程师会同承包单位对各专业的工程质量进行全面检查、检测，按《建筑工程施工质量验收统一标准》附录G(表G.0.1-4)进行观感质量检查，对发现影响竣工验收的问题，签发《工程质量整改通知》，要求承包单位整改，承包单位整改完成，填报《监理工程师通知回复单》，由专业监理工程师进行复查，直至符合要求。

5)对需要进行功能试验的工程项目(包括单机试车和无负荷试车)，专业监理工程师应督促承包单位及时进行试验，并对重要项目进行现场监督、检查，必要时请建设单位和设计单位参加。专业监理工程师应认真审查试验报告单。

6)专业监理工程师应督促承包单位搞好成品保护和现场清理。

7)经项目监理机构对竣工资料及实物全面检查，验收合格后由总监理工程师签署《工程竣工报验单》和竣工报告。

8)竣工报告经总监理工程师、监理单位法定代表人签字并加盖监理单位公章后，由施工单位向建设单位申请竣工。

9)总监理工程师组织专业监理工程师编写质量评估报告。总监理工程师、监理单位技术负责人签字并加盖监理单位公章后报建设单位。

二、工程质量评估报告

1. 工程质量评估报告编制要求

工程竣工预验收合格后，由项目总监理工程师向建设单位提交《工程质量评估报告》。《工程质量评估报告》包括工程概况、施工单位基本情况、主要采取的施工方法、工程地基基础和主体结构的质量状况、施工中发生过的质量事故和主要质量问题、原因分析和处理结果，以及对工程质量的综合评估意见。评估报告应由项目总监理工程师及监理单位技术负责人签认，并加盖公章。

2. 工程质量评估报告编制推荐范本

××工程

工程质量评估报告

单位技术负责人：×××

总监理工程师：×××

×××建设监理公司

××年×月×日

前　言

×××建设监理公司受×××××××公司的委托，对××工程实施监理工作。项目监理部于××××年×月×日开始对××工程进行施工阶段监理，经建设单位、设计单位、承包单位、监理单位的共同努力下，于××××年×月×日××工程的建筑工程达到基本竣工条件。

一、工程基本情况

（一）工程概况

1. 项目特征

工程基本情况表

<table>
<tr><td rowspan="2">工程名称</td><td rowspan="2">工程地址</td><td rowspan="2">结构类型</td><td colspan="2">层数</td><td rowspan="2">建筑面积（m²）</td><td rowspan="2">基础埋深（m）</td><td rowspan="2">总高度（m）</td></tr>
<tr><td>地下</td><td>地上</td></tr>
<tr><td>××工程</td><td>××市××区</td><td>剪力墙结构</td><td>2</td><td>24</td><td>18222.25</td><td>−6.8</td><td>75.8</td></tr>
<tr><td>计划开工日期</td><td colspan="2">××××年×月×日</td><td colspan="3">计划竣工日期</td><td colspan="2">××××年×月×日</td></tr>
<tr><td>说明</td><td colspan="7">总工期为14个月（包括地基处理）</td></tr>
</table>

2. 地质概况

本工程依据××勘察设计院提供的《××岩土工程地质勘察报告》（编号××），采用人工复合地基，复合地基的承载力标准值 $f_{sp,k}=400kPa$，地下水对混凝土无侵蚀性。

3. 建筑特点

该楼为住宅楼，地下×层、地上×层，地下×层为五级人防、地下×层为自行车库、首层至×层为住宅、×层为电梯机房、×层为水箱间及机房，±0.000＝海拔××m，人防面积×××m^2，地下两层总面积×××m^2，地上×层建筑面积×××m^2，含阳台面积（½）×××m^2，总建筑面积×××m^2。

4. 结构特点

本工程结构形式为剪力墙结构，抗震烈度×度，消防等级为×××，建筑耐火等级为×级，剪力墙抗震等级为二级。

（二）承包单位基本情况

承包单位：×××建筑工程公司

劳务分包队：×××建筑工程公司

CFG桩地基处理：×××基础工程公司

防水工程分包单位：×××防水工程公司

塑钢门窗：×××塑钢门窗制造有限公司

承包单位在现场项目经理部全面负责××工程的施工任务，各管理层人员配备齐全，资格符合要求。施工人员各专业人员岗位证书齐全，符合要求。劳务人员数量满足施工工期要求。施工各类设备规格、型号、数量满足施工要求。工程原材料、构配件、设备能按使用计划落实。根据对总包单位、分包单位及主要工程原材料、构配件、设备供应单位的考察确定，总包单位和各分包单位及供应单位有能力完成本工程的施工项目。

（三）主要采取的施工方法

（1）混凝土现场搅拌，基础底板混凝土采用泵输送混凝土，墙体及地上主体剪力墙结构混凝土采用塔吊吊斗运输。

(2)地下室墙体模板采用600mm×1500mm等标准钢模板及100mm×1500mm等模板,地上部分墙体采用大模板,顶板采用竹胶板模板。

(3)钢筋接头:地下室底板采用闪光对焊,墙体暗柱采用电渣压力焊。

(4)其他分部工程及各工序为常规做法施工。

(四)工程地基基础和主体结构的质量状况

1. 地基基础工程质量状况

在地基处理的施工过程中,专业工程监理师跟踪旁站,对CFG桩施工全过程进行监理,对进场原材料进行审查签认;对CFG桩的长度、数量、混凝土的搅拌质量进行严格的控制。并按规定对CFG桩进行检测,检测结果:本次共检测基桩××根(抽测数量为总桩数的××%),其中:优质桩××根(占抽测总数的××%)、良好桩××根(占抽测总数的××%)。桩身质量及完整性较好,总体上达到优良桩水平,桩身强度达到设计标准,均为合格可用桩。本次检测的复合地基承载力标准值为××kPa,满足设计要求。基础工程为地下两层剪力墙结构,由垫层、SBS防水层、防水保护层、底板及墙体混凝土结构的模板、钢筋、混凝土等工序。对该分部工程的××项分项工程,进行了查验,其中结构部分的模板、钢筋、混凝土等工序感观、实测较好,评定达到优良等级,SBS防水层有局部搭接不符合要求,进行处理后评定合格,基础分部××项分项工程,其中××项为优良,优良率为××%,承包单位自评为优良,监理验收合格。

2. 主体结构的质量状况

主体结构为剪力墙结构及二次隔墙、结构洞、保温结构等在施工过程中按工序进行巡检、抽检和工序验收检查,总体质量情况较好,其中:钢筋工程、模板工程和混凝土工程三个主要的分项工程全部达到优良,在主体施工的全过程中共查验分项工程××项(不包括模板××项预检),其中优良项数××项,优良率××%,承包单位自评评定等级为:优良,监理验收合格。

(五)其他分部工程的质量状况

(1)屋面工程分项工程××项,其中优良××项,优良率××%;承包单位自评评定等级为:优良,监理验收合格。

(2)门窗工程分项工程××项,其中优良××项,优良率××%;承包单位自评评定等级为:优良,监理验收合格。

(3)地面与楼面工程分项工程××项,其中优良××项,优良率××%;承包单位自评评定等级为:优良,监理验收合格。

(4)装饰装修工程分项工程××项,其中优良××项,优良率××%;承包单位自评评定等级为:优良,监理验收合格。

(5)建筑给排水及采暖工程分项工程××项,其中优良××项,优良率××%;承包单位自评评定等级为:优良,监理验收合格。

(6)通风与空调工程分项××项,其中优良××项,优良率××%;承包单位自评评定等级为:优良,监理验收合格。

(7)电气工程分项工程××项,其中优良××项,优良率××%;承包单位自评评定等级为:优良,监理验收合格。

(8)智能建筑分项工程××项,其中优良××项,优良率××%;承包单位自评评定等级为:优良,监理验收合格。

(9)电梯安装工程分项工程××项,其中优良××项,优良率××%;承包单位自评评定等级为:优良,监理验收合格。

(六)施工中发生过的质量事故、问题、原因分析和处理结果

在施工全过程中没有发生质量事故,作为一般性的质量问题(包括常见质量通病)在施工过程中有发生,这些问题通过自查、自检进行整改处理,达到合格后进行下道工序施工。

二、对工程质量的综合评估意见

该工程施工合同规定的质量等级为:合格。承包单位的质量目标定位:确保优良、创市优工程。在投入上以确保优良,创优工程的目标进行安排的。

监理单位对分项、分部(子分部)、单位(子单位)工程的验收情况评估,认为该工程达到了施工合同约定的工程质量要求,单位工程预验收合格。

三、竣工移交证书

竣工移交证书

工程名称:××工程　　　　编号:×××

<table>
<tr><td colspan="2">致 ××集团公司 :(建设单位名称)

兹证明施工单位 ×××建筑工程公司 施工的 ×× 工程,已按施工合同的要求完成,并验收合格,即日起该工程移交建设单位管理,并进入保修期。
附件:单位工程质量竣工验收记录</td></tr>
<tr><td>总监理工程师(签字)</td><td>监理单位(章)</td></tr>
<tr><td>× × ×

日期:××年×月×日</td><td>日期:××年×月×日</td></tr>
<tr><td>建设单位代表(签字)</td><td>建设单位(章)</td></tr>
<tr><td>× × ×

日期:××年×月×日</td><td>日期:××年×月×日</td></tr>
</table>

《竣工移交证书》填表说明：

(1)工程竣工验收完成后，由项目总监理工程师及建设单位代表共同签署《竣工移交证书》，并加盖监理单位、建设单位公章。

(2)建设单位、承包单位、监理单位、工程名称均应与施工合同所填写的名称一致。

(3)工程竣工验收合格后，本表由监理单位负责填写，总监理工程师签字，加盖单位公章；建设单位代表签字并加盖建设单位公章。

(4)附件："单位工程质量竣工验收记录"应由总监理工程师签字，加盖监理单位公章。

(5)日期应写清楚，表明即日起该工程移交建设单位管理，并进入保修期。

第四节 其他资料

一、监理工作联系单

表 C1　　　　　　　　　　监理工作联系单

工程名称：××工程　　　　　　　　　　编号：×××

致：××监理公司（单位）

事由：

±0.000～+6.500，②～⑨/Ⓓ～Ⓚ轴现浇钢筋混凝土剪力墙、框架柱，C30 混凝土试配。

内容：

C30 混凝土配合比申请单、通知单（编号：×××）已由×××试验室签发（附混凝土配合比申请、通知单）。请予以审查和批准使用。

单位 ×××建筑工程公司

负责人 ×××

日期 ××年×月×日

《监理工作联系单》填表说明：

(1)在施工过程中，与监理有关各方工作联系用表。即与监理有关的某一方需向另一方或几方告知某一事项、或督促某项工作、或提出某项建议等，对方执行情况不需要书面回复时均用此表。

(2)事由：指需联系事项的主题。

(3)内容：指需联系事项的详细说明。要求内容完整、齐全，技术用语规范，文字简练明了。

(4)单位：指提出监理工作联系事项的单位。填写本工程现场管理机构名称全称并加盖公章。

(5)负责人：指提出监理工作联系事项单位在本工程的负责人。

(6)联系事项主要包括：

1)工地会议时间、地点安排。

2)建设单位向监理机构提供的设施、物品及监理机构在监理工作完成后向建设单位移交设施及剩余物品。

3)建设单位及承包单位就本工程及本合同需要向监理机构提出保密要求的有关事项。

4)建设单位向监理机构提供与本工程合作的原材料、构配件、机械设备生产厂家名录以及与本工程有关的协作单位、配合单位的名录。

5)按《建设单位委托监理合同》监理单位权利中需向委托人书面报告的事项。

6)监理单位调整监理人员；建设单位要求监理单位更换监理人员。

7)监理费用支付通知。

8)监理机构提出的合理化建议。

9)建设单位派驻及变更施工场地履行合同的代表姓名、职务、职权。

10)在需要实施旁站监理的关键工序或关键部位施工前24h，施工单位应通知项目监理部。

11)紧急情况下无法与专业监理工程师联系时，项目经理在采取了保证人员生命和财产安全的紧急措施，在采取措施后48h内向专业监理工程师提交的报告。

12)对不能按时开工提出延期开工理由和要求的报告。

13)实施爆破作业、在放射毒害环境中施工及使用毒害性、腐蚀性物品施工，承包单位在施工前14天以内向专业监理工程师提出的书面通知。

14)可调价合同发生实体调价的情况时，承包单位向专业监理工程师发出的调整原因、金额的意向通知。

15)索赔意向通知。

16)发生不可抗力事件，承包单位向专业监理工程师通报受害损失情况。

17)在施工中发现的文物、地下障碍物向专业监理工程师提出的书面汇报。

18)其他各方需要联系的事宜。

(7)重要的监理工作联系单应加盖单位公章。

二、工程变更单

表 C2　　　　　　　　　　　　**工程变更单**

工程名称：××工程　　　　　　　　　　　　　　　　编号：×××

<table>
<tr><td colspan="4">致：××监理公司（监理单位）
由于 为增加屋面的防水功能，保证屋面不渗漏的 原因，兹提出 在原 SBS 卷材防水层的基础上增加第二层卷材防水 工程变更（内容见附件），请予以审批。

附件：
工程洽商记录（编号：×××）

提出单位 ××建筑工程公司
代表人 ×××
日期 ××年×月×日</td></tr>
<tr><td colspan="4">一致意见：

同意在原 SBS 防水卷材防水层的基础上增加第二层卷材防水。</td></tr>
<tr><td>建设单位代表
（签名）

×××

日期：××年×月×日</td><td>设计单位代表
（签名）

×××

日期：××年×月×日</td><td>项目监理机构代表
（签名）

×××

日期：××年×月×日</td><td>承包单位代表
（签名）

×××

日期：××年×月×日</td></tr>
</table>

《工程变更单》填表说明：

(1)在施工过程中，建设单位、承包单位提出工程变更要求报项目监理机构的审核确认。

(2)“由于______原因”：填写引发工程变更的原因。

(3)“兹提出______________工程变更”：填写要求工程变更的部位和变更题目。

(4)附件：应包括工程变更的详细内容、变更的依据，工程变更对工程造价及工期的影响分析和影响程度，对工程项目功能、安全的影响分析，必要的附图等。

(5)提出单位：指提出工程变更的单位。

(6)一致意见：项目监理机构经与有关方面协商达成的一致意见。

(7)建设单位代表：指建设单位派驻施工现场履行合同的代表。

(8)设计单位代表：指设计单位派驻施工现场的设计代表或与工程变更内容有关专业的原设计人员或负责人。

(9)项目监理机构：指项目总监理工程师。

(10)承包单位代表：指项目经理。承包单位代表签字仅表示对有关工期、费用处理结果的签认和工程变更的收到。

(11)我国施工合同范本规定的工程变更程序：

1)建设单位提前书面通知承包人有关工程变更，或承包单位提出变更申请经工程师和发包人同意变更。

2)由原设计单位出图并在实施前 14 天交承包单位。如超出原设计标准或设计规模时，应由发包人按原程序报审。

3)承包人应在收到工程变更后 14 天内提出变更价款，提交工程师确认。

4)工程师在收到变更价款报告后的 14 天内应审查完变更价款报告后，并确认变更价款。

5)变更价款不能协商一致时，按合同争议的方式解决。

(12)工程变更的处理程序：

1)设计单位对原设计存在的缺陷提出的工程变更，应编制设计变更文件；建设单位或承包单位提出的工程变更，应提交总监理工程师，由总监理工程师组织专业监理工程师审查。审查同意后，应由建设单位转交原设计单位编制设计变更文件。当工程变更涉及安全、环保等内容时，应按规定经有关部门审定。

2)项目监理机构应了解实际情况和收集与工程变更有关的资料。

3)总监理工程师必须根据实际情况、设计变更文件和其他有关资料，按照施工合同的有关条款，在指定专业监理工程师完成下列工作后，对工程变更的费用和工期作出评估：①确定工程变更项目与原工程项目之间的类似程度和难易程度。②确定工程变更项目的工程量。③确定工程变更的单价或总价。

4)总监理工程师应就工程变更费用及工期的评估情况与承包单位和建设单位进行协调。

5)总监理工程师签发《工程变更单》。《工程变更单》应包括工程变更要求、工程变更说明、工程变更费用和工期、必要的附件等内容，有设计变更文件的工程变更应附设计变更文件。

6)项目监理机构应根据工程变更单监督承包单位实施。

(13)项目监理机构在处理工程变更中的权限。

1)所有工程变更必须经总监理工程师的签发，承包单位方可实施。

2)建设单位或承包单位提出工程变更时应经总监理工程师审查。

3)项目监理机构对工程变更的费用和工期做出评估只是作为与建设单位、承包单位进行协商的基础。没有建设单位的充分授权,监理机构无权确定工程变更的最终价格。

4)当建设单位与承包单位就工程变更的价格等未能达成一致时,监理机构有权确定暂定价格来指令承包单位继续施工和便于工程进度款的支付。

第十章　竣工图内容与要求

第一节　概　　述

一、竣工图概念

竣工图是建筑工程竣工档案的重要组成部分，是工程建设完成后主要凭证性材料，是建筑物真实的写照，是工程竣工验收的必备条件，是工程维修、管理、改建、扩建的依据。各项新建、改建、扩建项目均必须编制竣工图。

竣工图绘制工作应由建设单位负责，也可由建设单位委托施工单位、监理单位或设计单位。

(1)凡按施工图施工没有变动的，由竣工图编制单位在施工图图签附近空白处加盖并签署竣工图章。

(2)凡一般性图纸变更，编制单位可根据设计变更依据，在施工图上直接改绘，并加盖及签署竣工图章。

(3)凡结构形式、工艺、平面布置、项目等重大改变及图面变更超过40%的，应重新绘制竣工图。重新绘制的图纸必须有图名和图号，图号可按原图编号。

(4)编制竣工图必须编制各专业竣工图的图纸目录，绘制的竣工图必须准确、清楚、完整、规范、修改必须到位，真实反映项目竣工验收时的实际情况。

(5)用于改绘竣工图的图纸必须是新蓝图或绘图仪绘制的白图，不得使用复印的图纸。

(6)竣工图编制单位应按照国家建筑制图规范要求绘制竣工图，使用绘图笔或签字笔及不褪色的绘图墨水。

二、竣工图主要内容

(1)竣工图应按单位工程，并根据专业、系统进行分类和整理。

(2)竣工图包括工艺平面布置图等竣工图；建筑竣工图、幕墙竣工图；结构竣工图、钢结构竣工图；建筑给水、排水与采暖竣工图；燃气竣工图；建筑电气竣工图 ；智能建筑竣工图(综合布线、保安监控、电视天线、火灾报警、气体灭火等)；通风空调竣工图；地上部分的道路、绿化、庭院照明、喷泉、喷灌等竣工图；地下部分的各种市政、电力、电信管线等竣工图。

三、竣工图绘制类型

(1)利用施工蓝图改绘的竣工图。

(2)在二底图上修改的竣工图。

(3)重新绘制的竣工图。

(4)用CAD绘制的竣工图。

第二节　竣工图绘制要求

一、利用施工蓝图改绘的竣工图

在施工蓝图上一般采用杠(划)改、叉改法，局部修改可以圈出更改部位，在原图空白处绘出更改内容，所有变更处都必须引划索引线并注明更改依据。在施工图上改绘，不得使用涂改液涂抹、刀刮、补贴等方法修改图纸。

具体的改绘方法可视图面、改动范围和位置、繁简程度等实际情况而定，以下是常见改绘方法的举例说明。

1. 取消的内容

(1)尺寸、门窗型号、设备型号、灯具型号、钢筋型号和数量、注解说明等数字、文字、符号的取消，可采用杠改法。即将取消的数字、文字、符号等用横杠杠掉(不得涂抹掉)，从修改的位置引出带箭头的索引线，在索引线上注明修改依据，即“见×号洽商×条”，也可注明“见×年×月×日洽商×条”。

(2)隔墙、门窗、钢筋、灯具、设备等取消，可用叉改法。即在图上将取消的部分打“×”，在图上描绘取消的部分较长时，可视情况打几个“×”，达到表示清楚为准。并从图上修改处见箭头索引线引出，注明修改依据。

2. 增加的内容

(1)在建筑物某一部位增加隔墙、门窗、灯具、设备、钢筋等，均应在图上的实际位置用规范制图方法绘出，并注明修改依据。

(2)如增加的内容在原位置绘不清楚时，应在本图适当位置(空白处)按需要补绘大样图，并保证准确清楚，如本图上无位置可绘时，应另用硫酸纸绘补图并晒成蓝图或用绘图仪绘制白图后附在本专业图纸之后。注意在原修改位置和补绘图纸上均应注明修改依据，补图要有图名和图号。

3. 内容变更

(1)数字、符号、文字的变更，可在图上用杠改法将取消的内容杠去，在其附近空白处增加更正后的内容，并注明修改依据。

(2)设备配置位置，灯具、开关型号等变更引起的改变；墙、板、内外装修等变化……均应在原图上改绘。

(3)当图纸某部位变化较大、或在原位置上改绘有困难，或改绘后杂乱无章，可以采用以下办法改绘：

1)画大样改绘：在原图上标出应修改部位的范围，后在须要修改的图纸上绘出修改部位的大样图，并在原图改绘范围和改绘的大样图处注明修改依据。

2)另绘补图修改：如原图纸无空白处，可把应改绘的部位绘制硫酸纸补图晒成蓝图后，作为竣工图纸，补在本专业图纸之后。具体做法为：在原图纸上画出修改范围，并注明修改依据和见某图(图号)及大样图名；在补图上注明图号和图名，并注明是某图(图号)某部位的补图和修改依据。

3)个别蓝图需重新绘制竣工图：如果某张图纸修改不能在原蓝图上修改清楚，应重新绘制整张图作为竣工图。重绘的图纸应按国家制图标准和绘制竣工图的规定制图。

4. 加写说明

凡设计变更、洽商的内容应当在竣工图上修改的，均应用绘图方法改绘在蓝图上，不再加写说明。如果修改后的图纸仍然有内容无法表示清楚，可用精炼的语言适当加以说明。

(1)图上某一种设备、门窗等型号的改变，涉及多处修改时，要对所有涉及的地方全部加以改绘，其修改依据可标注在一个修改处，但需在此处做简单说明。

(2)钢筋的代换，混凝土强度等级改变，墙、板、内外装修材料的变化，由建设单位自理的部分等在图上修改难以用作图方法表达清楚时，可加注或用索引的形式加以说明。

(3)凡涉及说明类型的洽商，应在相应的图纸上使用设计规范用语反映洽商内容。

5. 注意事项

(1)施工图纸目录必须加盖竣工图章，作为竣工图归档。凡有作废、补充、增加和修改的图纸，均应在施工图目录上标注清楚。即作废的图纸在目录上扛掉，补充的图纸在目录上列出图名、图号。

(2)如某施工图改变量大，设计单位重新绘制了修改图的，应以修改图代替原图，原图不再归档。

(3)凡是洽商图作为竣工图，必须进行必要的制作。

1)如洽商图是按正规设计图纸要求进行绘制的可直接作为竣工图，但需统一编写图名图号，并加盖竣工图章，作为补图。并在说明中注明是哪张图哪个部位的修改图，还要在原图修改部位标注修改范围，并标明见补图的图号。

2)如洽商图未按正规设计要求绘制，均应按制图规定另行绘制竣工图，其余要求同上。

(4)某一条洽商可能涉及两张或两张以上图纸，某一局部变化可能引起系统变化……，凡涉及的图纸和部位均应按规定修改，不能只改其一，不改其二。

一个高标的变动，可能在平、立、剖、局部大样图上都要涉及，均应改正。

(5)不允许将洽商的附图原封不动的贴在或附在竣工图上作为修改，也不允许将洽商的内容抄在蓝图上作为修改。凡修改的内容均应改绘在蓝图上或做补图附在图纸之后。

(6)根据规定须重新绘制竣工图时，应按绘制竣工图的要求制图。

(7)改绘注意事项：

修改时，字、线、墨水使用的规定：

1)字：采用仿宋字，字体的大小要与原图采用字体的大小相协调，严禁错、别、草字。

2)线：一律使用绘图工具，不得徒手绘制。

(8)施工蓝图的规定：图纸反差要明显，以适应缩微等技术要求。凡旧图、反差不好的图纸不得作为改绘用图。修改的内容和有关说明均不得超过原图框。

二、在二底图上修改的竣工图

(1)用设计底图或施工图制成二底(硫酸纸)图，在二底图上依据设计变更、工程洽商内容用刮改法进行绘制，即用刀片将需更改部位刮掉，再用绘图笔绘制修改内容，并在图中空白处做一修改备考表，注明变更、洽商编号(或时间)和修改内容。

修改备考表见表10-1。

表 10-1　　修改备考表

变更、洽商编号(或时间)	内　容(简要提示)

(2)修改的部位用语言描述不清楚时，也可用细实线在图上画出修改范围。

(3)以修改后的二底图或蓝图作为竣工图，要在二底图或蓝图上加盖竣工图章。没有改动的二底图转做竣工图也要加盖竣工图章。

(4)如果二底图修改次数较多，个别图面可能出现模糊不清等技术问题，必须进行技术处理或重新绘制，以期达到图面整洁、字迹清楚等质量要求。

三、重新绘制的竣工图

根据工程竣工现状和洽商记录绘制竣工图，重新绘制竣工图要求与原图比例相同，符合制图规范，有标准的图框和内容齐全的图签，图签中应有明确的“竣工图”字样或加盖竣工图章。

四、用CAD绘制的竣工图

在电子版施工图上依据设计变更、工程洽商的内容进行修改，修改后用云图圈出修改部位，并在图中空白处做一修改备考表，表示要求同本节二、的要求。同时，图签上必须有原设计人员签字。

第三节　竣 工 图 章

(1)“竣工图章”应具有明显的“竣工图”字样，并包括编制单位名称、制图人、审核人和编制日期等基本内容。编制单位、制图人、审核人、技术负责人要对竣工图负责。

竣工图章内容、尺寸如图10-1所示。

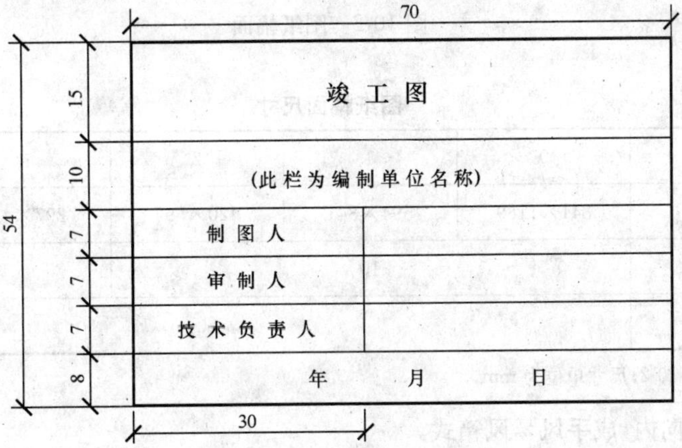

图10-1　竣工图章(单位:mm)

(2)所有竣工图应由编制单位逐张加盖、签署竣工图章。竣工图章中签名必须齐全，不得代签。

(3)凡由设计院编制的竣工图，其设计图签中必须明确竣工阶段，并由绘制人和技术负责人在设计图签中签字。

(4)竣工图章应加盖在图签附近的空白处。

(5)竣工图章应使用不褪色红或蓝色印泥。

第四节　竣工图图纸折叠方法

一、一般要求

(1)图纸折叠前应按裁图线裁剪整齐，其图纸幅面应符合图 10-2 及表 10-2 的规定。

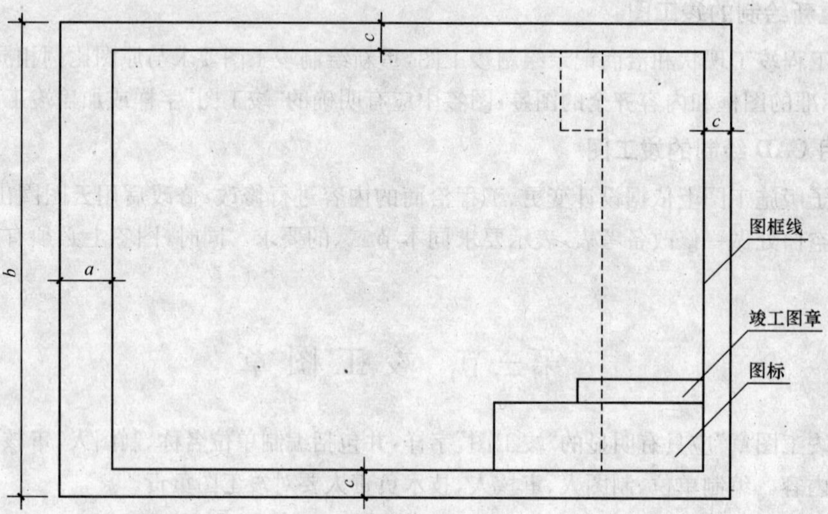

图 10-2　图纸幅面

表 10-2　图纸幅面尺寸　(mm)

基本幅面代号	0	1	2	3	4
$b\times l$	841×1189	594×841	420×594	297×420	297×210
c	10			5	
a	25				

注：尺寸代号见图 10-2；尺寸单位为 mm。

(2)图面应折向内，成手风琴风箱式。

(3)折叠后幅面尺寸应以 4# 图纸基本尺寸(297mm×210mm)为标准。

(4)图纸及竣工图章应露在外面。

(5)3# ～0# 图纸应在装订边 297mm 处折一三角或剪一缺口，折进装订边。

二、折叠方法

(1)4# 图纸不折叠。

(2)3# 图纸折叠见图 10-3(图中序号表示折叠次序，虚线表示折起的部分，以下同)。

(3)2# 图纸折叠见图 10-4。

(4)1# 图纸折叠见图 10-5。

(5)0# 图纸折叠见图 10-6。

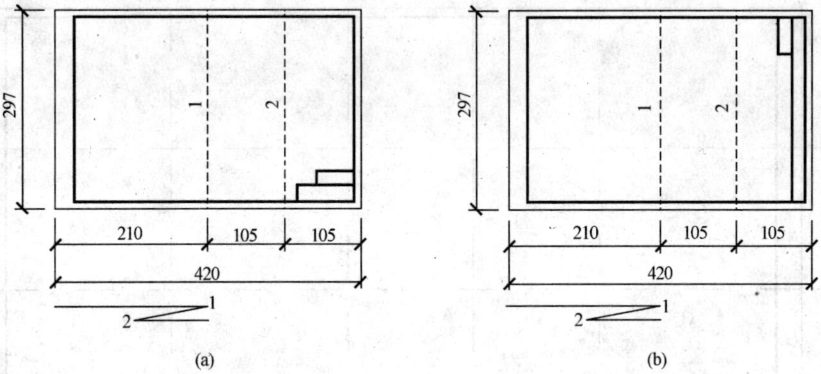

图 10-3　3# 图纸折叠示意

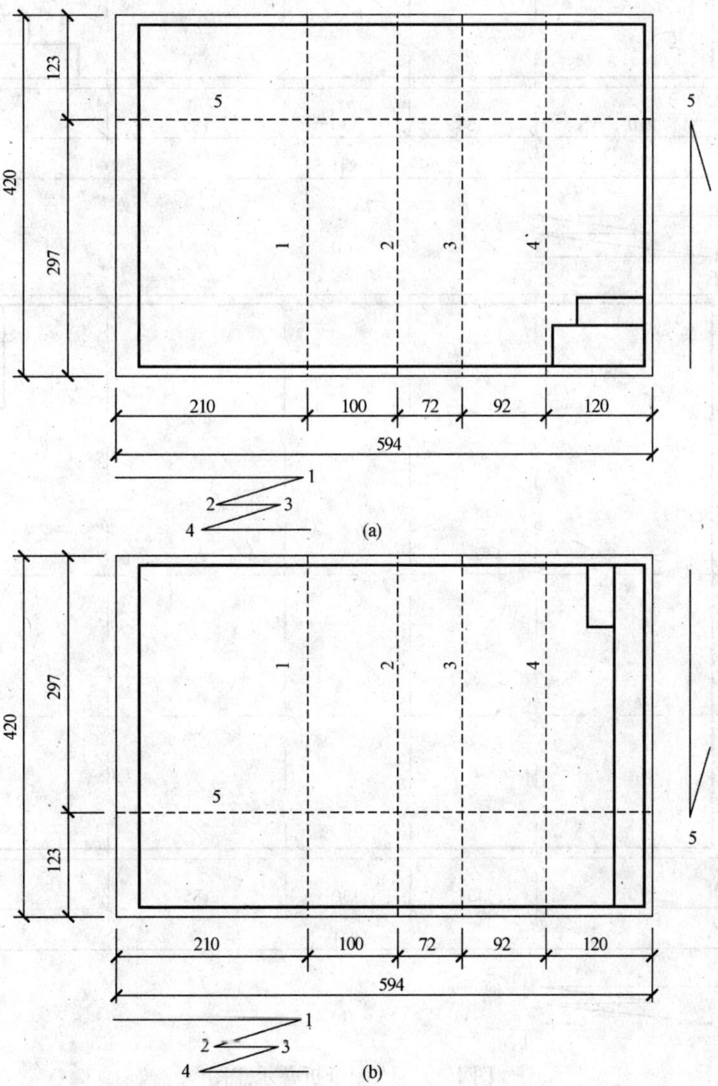

图 10-4　2# 图纸折叠示意

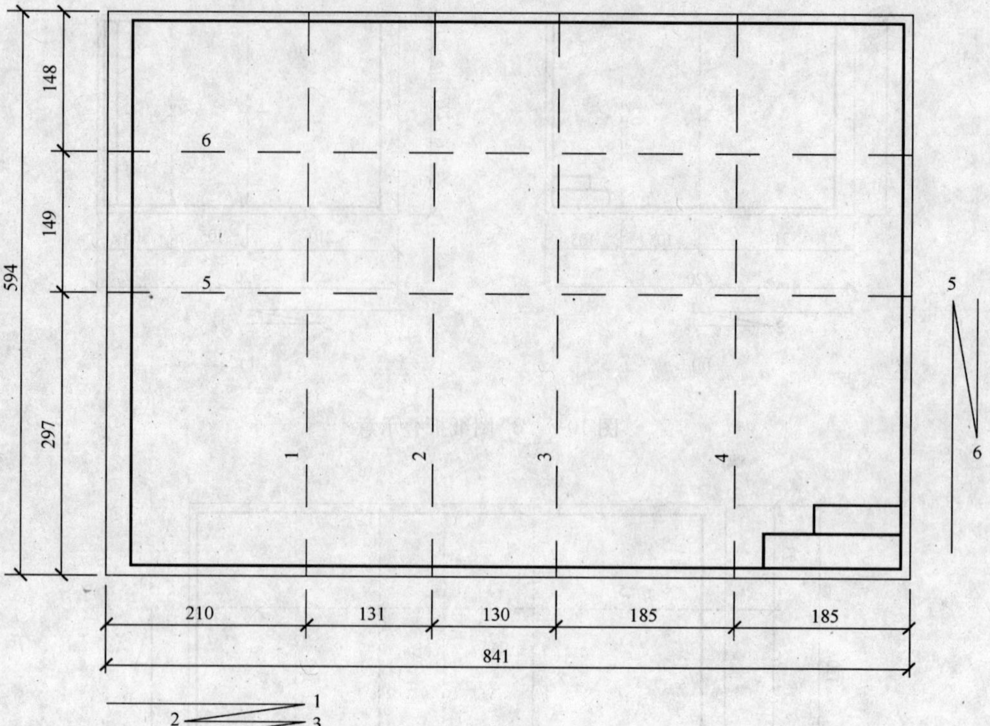

(a)

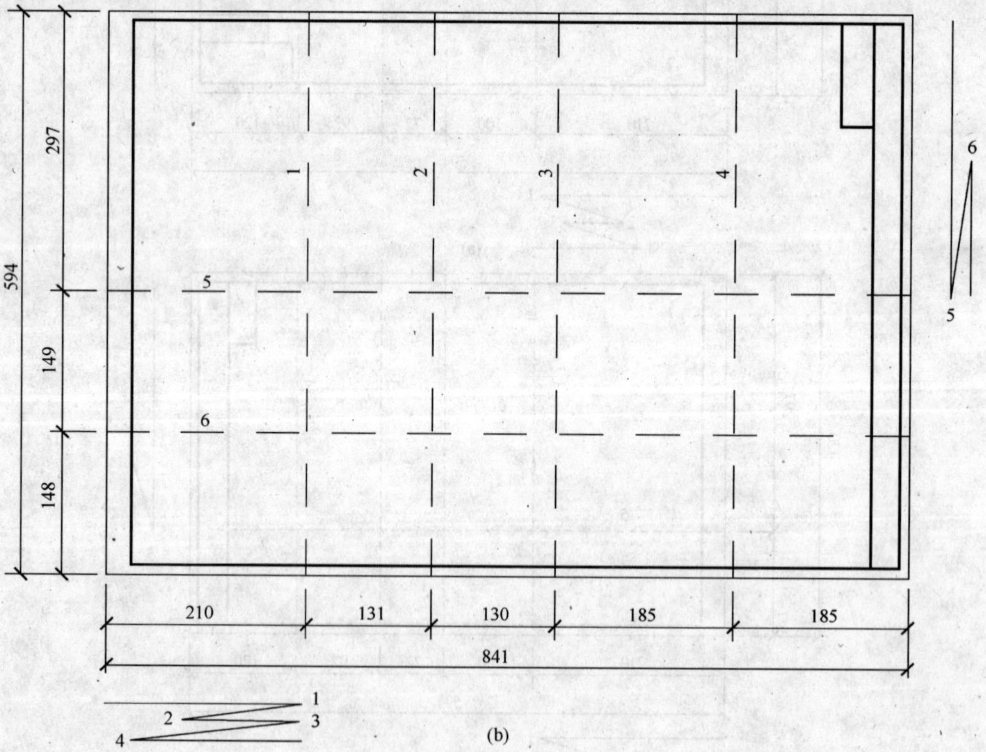

(b)

图 10-5　1# 图纸折叠示意图

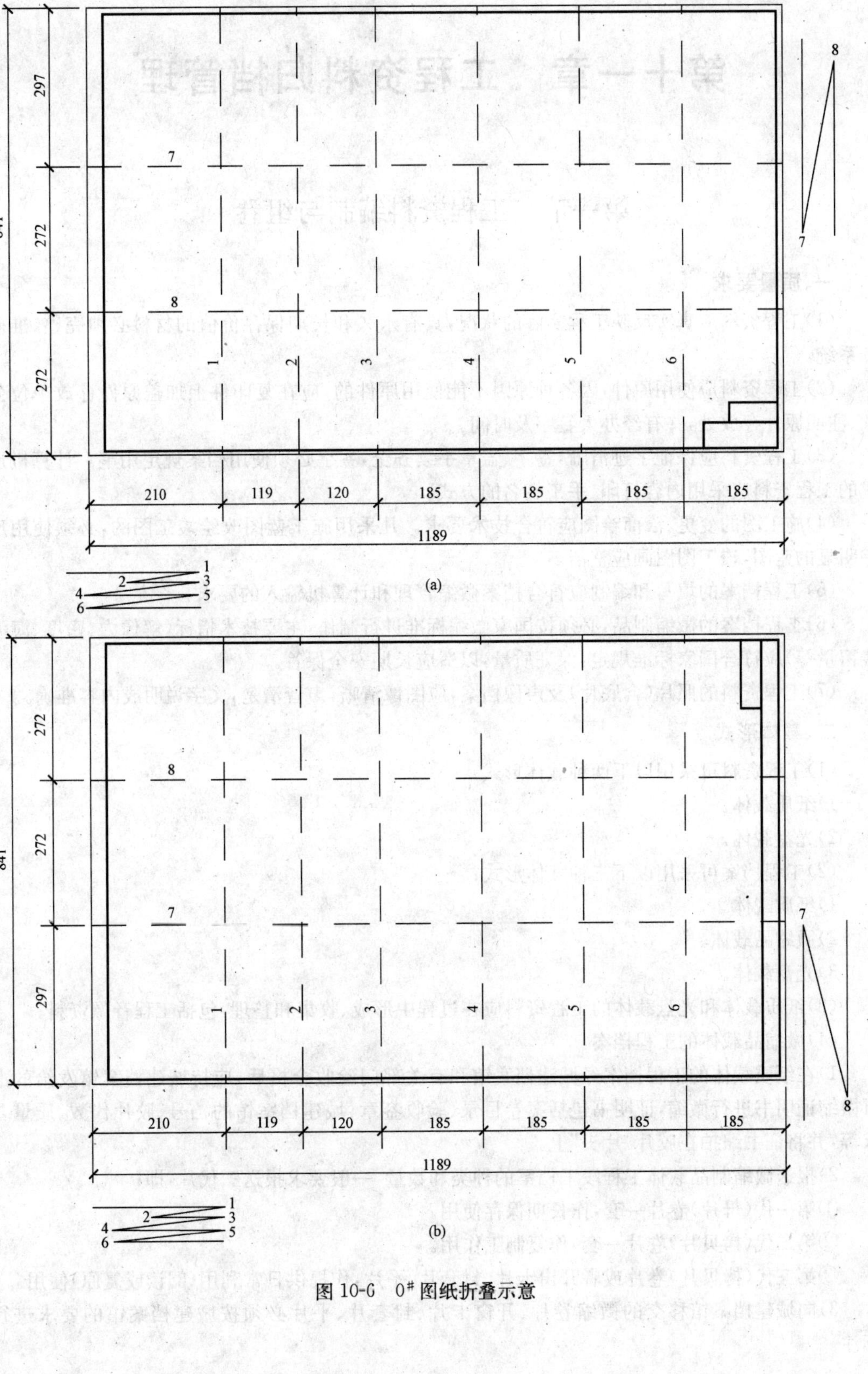

图 10-6　0# 图纸折叠示意

第十一章　工程资料归档管理

第一节　工程资料编制与组卷

一、质量要求

(1)工程资料应真实反映工程实际的状况，具有永久和长期保存价值的材料必须完整、准确和系统。

(2)工程资料应使用原件，因各种原因不能使用原件的，应在复印件上加盖原件存放单位公章、注明原件存放处，并有经办人签字及时间。

(3)工程资料应保证字迹清晰，签字、盖章手续齐全，签字必须使用档案规定用笔。计算机形成的工程资料应采用内容打印、手工签名的方式。

(4)施工图的变更、洽商绘图应符合技术要求。凡采用施工蓝图改绘竣工图的，必须使用反差明显的蓝图，竣工图图画应整洁。

(5)工程档案的填写和编制应符合档案微缩管理和计算机输入的要求。

(6)工程档案的微缩制品，必须按国家微缩标准进行制作，主要技术指标(解像力、密度、海波残留量等)应符合国家标准规定，保证质量，以适应长期安全保管。

(7)工程资料的照片(含底片)及声像档案，应图像清晰，声音清楚，文字说明或内容准确。

二、载体形式

(1)工程资料可采用以下两种载体形式：

1)纸质载体。

2)光盘载体。

(2)工程档案可采用以下三种载体形式：

1)纸质载体。

2)微缩品载体。

3)光盘载体。

(3)纸质载体和光盘载体的工程资料应在过程中形成、收集和整理，包括工程音像资料。

(4)微缩品载体的工程档案。

1)在纸质载体的工程档案经城建档案馆和有关部门验收合格后，应持城建档案馆发给的准可微缩证明书进行微缩，证明书包括案卷目录、验收签章、城建档案馆的档号、胶片代数、质量要求等，并将证书缩拍在胶片“片头”上。

2)报送微缩制品载体工程竣工档案的种类和数量，一般要求报送三代片，即：

①第一代(母片)卷片一套，作长期保存使用。

②第二代(拷贝片)卷片一套，作复制工作用。

③第三代(拷贝片)卷片或者开窗卡片、封套片、平片，作提供日常利用(阅读或复原)使用。

3)向城建档案馆移交的微缩卷片、开窗卡片、封套片、平片必须按城建档案馆的要求进行标注。

(5)光盘载体的电子工程档案。

1)纸质载体的工程档案经城建档案馆和有关部门验收合格后，进行电子工程档案的核查，核查无误后，进行电子工程档案的光盘刻制。

2)电子工程档案的封套、格式必须按城建档案馆的要求进行标注。

三、组卷要求

1. 组卷的质量要求

(1)组卷前应保证基建文件、监理资料和施工资料齐全、完整，并符合规程要求。

(2)编绘的竣工图应反差明显、图面整洁、线条清晰、字迹清楚，能满足微缩和计算机扫描的要求。

(3)文字材料和图纸不满足质量要求的一律返工。

2. 组卷的基本原则

(1)建设项目应按单位工程组卷。

(2)工程资料应按照不同的收集、整理单位及资料类别，按基建文件、监理资料、施工资料和竣工图分别进行组卷。

(3)卷内资料排列顺序应依据卷内资料构成而定，一般顺序为封面、目录、资料部分、备考表和封底。组成的卷案应美观、整齐。

(4)卷内若存在多类工程资料时，同类资料按自然形成的顺序和时间排序，不同资料之间的排列顺序可参照表 1-2 的顺序排列。

(5)案卷不宜过厚，一般不超过 40mm。案卷内不应有重复资料。

3. 组卷的具体要求

(1)基建文件组卷。基建文件可根据类别和数量的多少组成一卷或多卷，如工程决策立项文件卷、征地拆迁文件卷、勘察、测绘与设计文件卷、工程开工文件卷、商务文件卷、工程竣工验收与备案文件卷。同一类基建文件还可根据数量多少组成一卷或多卷。

基建文件组卷具体内容和顺序可参考表 1-2；移交城建档案馆基建文件的组卷内容和顺序可参考相关规范。

(2)监理资料组卷。监理资料可根据资料类别和数量多少组成一卷或多卷。

(3)施工资料组卷。施工资料组卷应按照专业、系统划分，每一专业、系统再按照资料类别从 C1～C7 顺序排列，并根据资料数量多少组成一卷或多卷。

对于专业化程度高，施工工艺复杂，通常由专业分包施工的子分部(分项)工程应分别单独组卷，如有支护土方、地基(复合)、桩基、预应力、钢结构、木结构、网架(索膜)、幕墙、供热锅炉、变配电室和智能建筑工程的各系统，应单独组卷子分部(分项)工程并按照顺序排列，并根据资料数量的多少组成一卷或多卷。

按规定应由施工单位归档保存的基建文件和监理资料按表 1-2 的要求组卷。

(4)竣工图组卷。应竣工图应按专业进行组卷。可分为工艺平面布置竣工图卷、建筑竣工图卷、结构竣工图卷、给排水及采暖竣工图卷、建筑电气竣工图卷、智能建筑竣工图卷、通风空调竣工图卷、电梯竣工图卷、室外工程竣工图卷等，每一专业可根据图纸数量多少组成一卷或多卷。

(5)向城建档案馆报送的工程档案应按《建设工程文件归档整理规范》(GB/T 50328—2001)的要求进行组卷。

(6)文字材料和图纸材料原则上不能混装在一个装具内，如资料材料较少，需放在一个装具内时，文字材料和图纸材料必须混合装订，其中文字材料排前，图样材料排后。

(7)单位工程档案总案卷数超过20卷的，应编制总目录卷。

4. 案卷页号的编写

(1)编写页号应以独立卷为单位。再案卷内资料材料排列顺序确定后，均以有书写内容的页面编写页号。

(2)每卷从阿拉伯数字1开始，用打号机或钢笔一次逐张连续标注页号，采用黑色、蓝色油墨或墨水。案卷封面、卷内目录和卷内备案表不编写页号。

(3)页号编写位置：单面书写的文字材料页号编写在右下角，双面书写的文字材料页号正面编写在右下角，背面编写在左下角。

(4)图纸折叠后无论何种形式，页号一律编写在右下角。

四、封面与目录

1. 工程资料封面与目录(E1)

(1)工程资料案卷封面(表E1-1)：案卷封面包括名称、案卷题名、编制单位、技术主管、编制日期(以上由移交单位填写)、保管期限、密级、共____册第____册等(由档案接收部门填写)

1)名称：填写工程建设项目竣工后使用名称(或曾用名)。若本工程分为几个(子)单位工程应在第二行填写(子)单位工程名称。

2)案卷题名：填写本卷卷名。第一行按单位、专业及类别填写案卷名称；第二行填写案卷内主要资料内容提示。

3)编制单位：本卷档案的编制单位，并加盖公章。

4)技术主管：编制单位技术负责人签名或盖章。

5)编制日期：填写卷内资料材料形成的起(最早)、止(最晚)日期。

6)保管期限：由档案保管单位按照本单位的保管规定或有关规定填写。

7)密级：由档案保管单位按照本单位的保密规定或有关规定填写。

(2)工程资料卷内目录(表E1-2)：工程资料的卷内目录，内容包括序号、工程资料题名、原编字号、编制单位、编制日期、页次和备注。卷内目录内容应与案卷内容相符，排列在封面之后，原资料目录及设计图纸目录不能代替。

1)序号：案卷内资料排列先后用阿拉伯数字从1开始一次标注。

2)工程资料题名：填写文字材料和图纸名称，无标题的资料应根据内容拟写标题。

3)原编字号：资料制发机关的发字号或图纸原编图号。

4)编制单位：资料的形成单位或主要负责单位名称。

5)编制日期：资料的形成时间(文字材料为原资料形成日期，竣工图为编制日期)。

6)页次：填写每份资料在本案卷的页次或起止的页次。

7)备注：填写需要说明的问题。

(3)分项目录(表E1-3、E1-4)：

1)分项目录(一)(表E1-3)适用于施工物资材料(C4)的编目，目录内容应包括资料名称、厂名、型号规格、数量、使用部位等，有进场见证试验的，应在备注栏中注明。

2)分项目录(二)(表E1-4)适用于施工测量记录(C3)和施工记录(C5)的编目，目录内容包括资料名称、施工部位和日期等。

①资料名称：填写表格名称或资料名称；

②施工部位：应填写测量、检查或记录的层、轴线和标高位置；

③日期：填写资料正式形成的年、月、日。

(4)混凝土(砂浆)抗压强度报告目录(表E1-5):混凝土(砂浆)抗压强度报告目录应分单位工程、按不同龄期汇总、编目。有见证试验应在备注栏中注明。

(5)钢筋连接试验报告目录(表E1-6):钢筋连接试验报告目录适用于各种焊(连)接形式。有见证试验应在备注栏中注明。

(6)工程资料卷内备考表(表E1-7):内容包括卷内文字材料张数、图样材料张数、照片张数等,立卷单位的立卷人、审核人及接收单位的审核人、接收人应签字。

1)案卷审核备考表分为上下两栏,上一栏由立卷单位填写,下一栏由接受单位填写。

2)上栏应表明本案卷一编号资料的总张数:指文字、图纸、照片等的张数;

审核说明填写立卷时资料的完整和质量情况,以及应归档而缺少的资料的名称和原因;立卷人有责任立卷人签名;审核人有案卷审查人签名;年月日按立卷、审核时间分别填写。

3)下栏由接收单位根据案卷的完成及质量情况标明审核意见。

技术审核人由接收单位工程档案技术审核人签名;档案接收人由接收单位档案管理接收人签名;年月日按审核、接收时间分别填写。

2. 工程档案封面和目录(E2)

(1)工程档案案卷封面:使用城市建设档案封面(表E2-1),注明工程名称、案卷题名、编制单位、技术主管、保存期限、档案密级等。

(2)工程档案卷内目录:使用城建档案卷内目录(表E2-2),内容包括顺序号、文件材料题名,原编字号、编制单位、编制日期、页次、备注等。

(3)工程档案卷内备案:使用城建档案案卷审核备考表(表E2-3),内容包括卷内为字材料张数,图样材料张数,照片张数等和立卷单位的立卷人、审核人及接收单位的审核人、接收人签字。

城建档案案卷审核备考表(表E2-2)的下栏部分由城建档案馆根据案卷的完整及质量情况标明审核意见。

3. 案卷脊背编制

案卷脊背项目有档号、案卷题名,有档案保管单位填写。城建档案的案卷脊背由城建档案馆填写。

4. 移交书

(1)工程资料移交书(表E3-1):工程资料移交书是工程资料进行移交的凭证,应有移交日期和移交单位、接收单位的盖章。

(2)工程档案移交书:使用城市建设档案移交书(表E3-2),为竣工档案进行移交的凭证,应有移交日期和移交单位、接收单位的盖章。

(3)工程档案微缩品移交书:使用城市建设档案馆微缩品移交书(表E3-3),为竣工档案进行移交的凭证,应有移交日期和移交单位、接收单位的盖章。

(4)工程资料移交目录:工程资料移交,办理的工程资料移交书(表E3-1)应附工程资料移交目录(表E3-4)。

(5)工程档案移交目录:工程档案移交,办理的工程档案移交书(表E3-2)应附城市建设档案移交目录(表E3-5)。

五、案卷规格与装订

1. 案卷规格

卷内资料、封面、目录、备考表统一采用A4幅(197mm×210mm)尺寸,图纸分别采用A0

(841mm×1189mm)、A1(594mm×841mm)、A2(420mm×594mm)、A3(297mm×420mm)、A4(297mm×210mm)幅面。小于 A4 幅面的资料要用 A4 白纸(297mm×210mm)衬托。

2. 案卷装具

案卷采用统一规格尺寸的装具。属于工程档案的文字、图纸材料一律采用城建档案馆监制的硬壳卷夹或卷盒,外表尺寸 310mm(高)×220mm(宽),卷盒厚度尺寸分别为 50mm、30mm 两种,卷夹厚度尺寸为 25mm;少量特殊的档案也可采用外表尺寸为 310mm(高)×430mm(宽),厚度尺寸为 50mm。案卷软(内)卷皮尺寸为 297mm(高)×210mm(宽)。

3. 案卷装订

(1)文字材料必须装订成册,图纸材料可装订成册,也可散装存放。

(2)装订时要剔除金属物,装订线一侧根据案卷薄厚加垫草板纸。

(3)案卷用棉线在左侧三孔装订,棉线装订结打在背面。装订线距左侧 20mm,上下两孔分别距中孔 80mm。

(4)装订时,须将封面、目录、备考表、封底与案卷一起装订。图纸散装在卷盒内时,需将案卷封面、目录、备考表三件用棉线在左上角装订在一起。

第二节　工程资料封面与目录填写样例

表 E1-1

工　程　资　料

名　　称:　××大厦

案卷题名:　建筑与结构工程施工文件

　　　　　隐蔽工程检查记录

编制单位:　××建筑工程公司

技术主管:　×××

编制日期:　自××年×月×日起至××年×月×日止

保管期限:　　　　　　密级:

保存档号:

共　　　册　　　　第　　　册

表 E1-2

工程资料卷内目录

工程名称	××大厦					
序号	工程资料题名	原编字号	编制单位	编制日期	页次	备注
1	钢筋质量证明及试验报告	×××	×××	××年×月×日	1	
2	水泥质量证明及试验报告	×××	×××	××年×月×日	42	
3	砂试验报告	×××	×××	××年×月×日	59	
4	石试验报告	×××	×××	××年×月×日	67	
5	外加剂质量证明及试验报告	×××	×××	××年×月×日	76	
6	防水卷材质量证明及试验报告	×××	×××	××年×月×日	82	
7	防水涂料质量证明及试验报告	×××	×××	××年×月×日	89	
8	砌块质量证明及试验报告	×××	×××	××年×月×日	97	
9	装饰装修材料质量证明	×××	×××	××年×月×日	110～160	

表 E1-3

分 项 目 录(一)

工程名称	××大厦				物资类别	水泥	
序号	资料名称	厂名	品种、型号、规格	数量	使用部位	页次	备注
1	水泥出厂检验报告及 28d 强度补报单	×××	P·O 42.5	100t	基础	1	
2	水泥厂家资质证书	×××		3			
3	水泥试验报告	×××	P·O 42.5	100t	基础	5	
4	水泥出厂检验报告及 28d 强度补报单	×××	P·O 42.5	56t	地下一、二层	9	
5	水泥出厂检验报告及 28d 强度补报单	×××	P·O 32.5	87t	地上一至四层	11	
6	水泥试验报告	×××	P·O 32.5	87t	地上一至四层	13	
7							
8							
9							

表 E1-4

分 项 目 录(二)

工程名称	×××大厦		物资类别	基础主体结构钢筋工程
序号	施工部位(内容摘要)	日期	页次	备注
1	基础底板钢筋绑扎	××年×月×日	1	
2	地下二层墙体钢筋绑扎	××年×月×日	2	
3	地下二层顶板钢筋绑扎	××年×月×日	3	
4	地下一层墙体钢筋绑扎	××年×月×日	4	
5	地下一层顶板钢筋绑扎	××年×月×日	5	
6	首层①~⑥/Ⓐ~Ⓓ轴墙体钢筋绑扎	××年×月×日	6	
7	首层⑦~⑪/Ⓐ~Ⓓ轴墙体钢筋绑扎	××年×月×日	7	
8	首层①~⑥/Ⓐ~Ⓓ轴顶板、梁钢筋绑扎	××年×月×日	8	
9	首层⑦~⑪/Ⓐ~Ⓓ轴顶板、梁钢筋绑扎	××年×月×日	9	
10	二层①~⑥/Ⓐ~Ⓓ轴墙体钢筋绑扎	××年×月×日	10	
11	二层⑦~⑪/Ⓐ~Ⓓ轴墙体钢筋绑扎	××年×月×日	11	
12	二层①~⑥/Ⓐ~Ⓓ轴顶板、梁钢筋绑扎	××年×月×日	12	
13	二层⑦~⑪/Ⓐ~Ⓓ轴顶板、梁钢筋绑扎	××年×月×日	13	

表 E1-5

混凝土(砂浆)抗压强度报告目录

工程名称	××大厦								
序号	试件编号	试验日期	施工部位	设计强度等级	龄期(天)	实际抗压强度(MPa)	达到设计强度(%)	配合比编号	备注
1	001	××年×月×日	地下一层墙体	C30	28	41.5	138	××—0121	
2	002	××年×月×日	地下一层顶板	C30	28	38.5	128	××—0124	
3	003	××年×月×日	首层墙体	C30	28	39.1	130	××—0127	
4	004	××年×月×日	首层顶板	C25	28	37.3	149	××—0132	
5	005	××年×月×日	二层墙体	C30	28	36.2	121	××—0133	
6	006	××年×月×日	二层顶板	C25	28	40.1	160	××—0139	

表 E1-6　　　　　　　　　　　　　　钢筋连接试验报告目录

工程名称	××大厦								
序号	试件编号	试验日期	种类及规格	施工部位	连接形式	代表数量	抗拉强度（MPa）	屈服点（MPa）	备注
1	001	××年×月×日	HRB335Φ20	地下一层柱、梁		60.9	590	430	
2	002	××年×月×日	HRB335Φ20	首层柱、梁		53.4	567	396	
3	003	××年×月×日	HRB335Φ16	首层墙体		50.3	590	428	
4	004	××年×月×日	HRB335Φ16	二层柱、梁		61.5	556	389	
5	005	××年×月×日	HRB335Φ14	二层墙体		42.6	570	388	

表 E1-7　　　　　　　　　　　　　　工程资料备考表

本案卷已编号的文件材料共 230 张，其中：文字材料 206 张，图样材料 20 张，照片 4 张。

立卷单位对本案卷完整准确情况的审核说明：

本案卷完整准确。

立卷人：×××　　　　日期：××年×月×日

审核人：×××　　　　日期：××年×月×日

保存单位的审核说明：

工程资料齐全、有效，符合规定要求。

技术审核人：×××　　　　日期：××年×月×日

档案接收人：×××　　　　日期：××年×月×日

第三节　工程档案封面和目录填写样例

表 E2-1

档案馆代号：

城 市 建 设 档 案

名称：××大厦

案卷题名：建筑与结构工程施工文件

隐蔽工程检查记录

编制单位：××建筑工程公司

技术主管：×××

编制日期：自××年×月×日起至××年×月×日止

保管期限：　　　　密级：

保存档号：

共　册　　　第　册

表 E2-2 城建档案卷内目录

序号	文件材料题名	原编字号	编制单位	编制日期	页次	备注
1	图纸会审纪录	C2—××	××建筑工程公司	××年×月×日	1～6	
2	工程洽商记录	C2—××	××建筑工程公司	××年×月×日	7～21	
3	工程定位测量记录	C3—××	××建筑工程公司	××年×月×日	22～23	
4	基槽验线记录	C3—××	××建筑工程公司	××年×月×日	24	
5	钢材试验报告	C4—××	××建筑工程公司	××年×月×日	25～67	
6	水泥试验报告	C4—××	××建筑工程公司	××年×月×日	68～91	
7	砂试验报告	C4—××	××建筑工程公司	××年×月×日	92～110	
8	碎(卵)石试验报告	C4—××	××建筑工程公司	××年×月×日	111～126	
9	预拌混凝土出厂合格证	C4—××	××混凝土公司	××年×月×日	127～153	
10	地基验槽检查记录	C5-××	××建筑工程公司	××年×月×日	154	
11	隐蔽工程检查记录	C5-××	××建筑工程公司	××年×月×日	155～275	
12	钢筋连接试验报告	C6-××	××建筑工程公司	××年×月×日	276～283	
13	混凝土试块强度统计、评定记录	C6-××	××建筑工程公司	××年×月×日	284～301	

第四节　工程资料移交书填写样例

表 E3-1

工 程 资 料 移 交 书

<u>××建筑工程公司(全称)</u>按有关规定向<u>××房地产开发公司(全称)</u>办理<u>××大厦</u>工程资料移交手续。共计<u>三套 63</u>册。其中图样材料<u>26</u>册，文字材料<u>37</u>册，其他材料<u>/</u>张(　　)。

附:工程资料移交目录

移交单位(公章)：　　　　接收单位(公章)：

单位负责人：　× ×　　　　单位负责人：×××

技术负责人：　×××　　　　技术负责人：×××

移　交　人：　× ×　　　　接　收　人：× ×

移交日期:××年×月×日

表 E3-2

城市建设档案移交书

＿＿＿××房地产开发公司(全称)＿＿＿向××市城市建设档案馆移交＿＿＿××大厦＿＿＿档案共计＿15＿册。其中:图样材料＿3＿册,文字材料＿12＿册,其他材料＿/＿张(　　)。

附:城市建设档案移交目录一式三份,共　3　张。

移交单位: ×××	接收单位: ×××
单位负责人: ×××	单位负责人: ×××
移交人: ×××	接收人: ××

移交日期:××年×月×日

表 E3-3

城市建设档案缩微品移交书

__________×× 房地产开发公司(全称)__________向××市城市建设档案馆移交__________××大厦__________工程缩微品档案。档号__________×××__________,缩微号__________××__________。卷片共__________××__________盘,开窗卡__________××__________张。其中母片:卷片共__________××__________盘,开窗卡__________××__________张;拷贝片:卷片共______×______套______×______盘,开窗卡______×______套______×______张。缩微原件共__________23__________册,其中文字材料__________16__________册,图样材料__________7__________册,其他材料__________/__________册。

附:城市建设档案缩微品移交目录

移交单位(公章): 接收单位(公章):

单位法人: ××× 单位法人: ×××

移 交 人: ××× 接 收 人: ×××

移交日期:××年×月×日

表 E3-4　　工程资料移交目录

工程项目名称：××大厦

序号	案卷题名	数量						备注
		文字材料		图样资料		综合卷		
		册	张	册	张	册	张	
1	施工资料—建筑与结构工程施工管理资料	1	19					
2	施工资料—建筑与结构工程施工技术资料	2	213					
3	施工资料—建筑与结构工程施工测量资料	1	87					
4	施工资料—建筑与结构工程施工物资资料	4	306					
5	施工资料—建筑与结构工程施工记录	3	210					
6	施工资料—建筑与结构工程施工质量验收记录	1	25					
7	建筑竣工图			2	51			
8	结构竣工图			1	30			
9	建筑给排水及采暖竣工图			1	27			
10	建筑电气竣工图			1	24			

表 E3-5　　城市建设档案移交目录

序号	工程项目名称	案卷题名	形成年代	文字材料		图样材料		综合卷		备注
				册	张	册	张	册	张	
1	××大厦	基建文件	××年×月	1	167					
2	××大厦	监理文件	××年×月	1	113					
3	××大厦	工程管理与验收施工文件	××年×月	1	46					
4	××大厦	建筑与结构工程施工文件	××年×月	4	359					
5	××大厦	建筑给排水及采暖工程施工文件	××年×月	2	218					
6	××大厦	建筑通风与空调工程施工文件	××年×月	1	165					
7	××大厦	建筑电气工程施工文件	××年×月	2	274					
8	××大厦	建筑竣工图	××年×月			3	72			
9	××大厦	结构竣工图	××年×月			2	54			
10	××大厦	给排水及采暖工程竣工图	××年×月			1	33			
11	××大厦	通风与空调工程竣工图	××年×月			1	28			
12	××大厦	建筑电气工程竣工图	××年×月			1	31			

参考文献

[1] 中华人民共和国国家标准. GB 50319—2000 建设工程监理规范[S]. 北京：中国建筑工业出版社，2001.

[2] 北京市建设委员会、北京市规划委员会. DBJ 01—51—2003 建设工程资料管理规程[S]，2003.

[3] 中华人民共和国国家标准. GB/T 50328—2001 建设工程文件归档整理规范[S]. 北京：中国建筑工业出版社，2001.

[4] 中国建筑工业出版社．现行建筑施工规范大全[M]. 修订缩印本．北京：中国建筑工业出版社，2002.

[5] 北京土木建筑学会. 建筑工程资料表格填写范例[M]. 北京：经济科学出版社，2003.

[6] 蔡高金. 建筑安装工程施工技术资料管理实例应用手册[M]. 2 版. 北京：中国建筑工业出版社，2003.